TUMU GONGCHENG CELIANG

土木工程测量

张 宇 杨承杰 主 编

U0195129

西北工业大学出版社

【内容简介】　本书共十四章，主要内容为测量学的基本知识，包括测量的基础理论、测量仪器的构造和使用方法等；测量误差的基础知识及其在工程测量中的应用；控制测量的基本知识，坐标投影换带和地方坐标系的建立方法等；地形测量的相关知识，包括地形图测绘、分幅编号以及数字地形图的应用等；测量学在土木工程中的应用技术，主要包括工业与民用建筑施工测量、道路和桥梁工程测量、地下工程测量以及建筑物的变形观测等工程测量技术与方法。

　　本书可作为普通高等院校工程管理等专业的教材，也可作为土木工程、工程管理技术人员的参考书。

图书在版编目（CIP）数据

土木工程测量/张宇，杨承杰主编. —西安：西北工业大学出版社，2016.3

Ⅰ.①土…　Ⅱ.①张…②杨…　Ⅲ.①土木工程—工程测量—高等学校—教材　Ⅳ.①TU198

中国版本图书馆 CIP 数据核字（2016）第 062105 号

出版发行：西北工业大学出版社
通信地址：西安市友谊西路 127 号　　邮编：710072
电　　话：(029) 88493844　88491757
网　　址：www. nwpup. com
印 刷 者：虎彩印艺股份有限公司
开　　本：787 mm×1 092 mm　　1/16
印　　张：18.125
字　　数：409 千字
版　　次：2016 年 3 月第 1 版　　2016 年 3 月第 1 次印刷
定　　价：39.00 元

前　言

　　本书根据全国高等院校土木工程专业"工程测量"教学大纲的要求，本着"满足大纲，精选内容，推陈出新"的原则，在参阅大量中外文献并广泛征求同行意见的基础上精心编写而成。

　　全书共分十四章，较系统、全面地介绍测量学的基础理论和方法以及土木工程测量技术的要求和应用。主要内容包括测量学的基本知识，常规光学仪器的构造以及使用、检验、校正的方法，测量误差的基本理论以及在土木工程测量中的应用，控制测量、地形测量的理论和方法，测量学在建筑工程、道路工程、桥梁工程应用的技术与方法，并针对我国目前地铁工程广泛建设的情况，对其地面、地下控制测量、竖井联系测量、隧道施工测量等技术进行较为详细的介绍。同时本书还对测量的新仪器、新技术、新方法做了介绍，并设置数字地形图的应用、坐标投影换带、地方坐标系的建立方法等内容，使读者在掌握基本测量理论的基础上，能利用最新的理论知识解决工程实践问题。

　　本书由张宇、杨承杰担任主编，编写分工如下：第一、二章由付开隆负责编写，第三、四、七章由张宇负责编写，第五、六、十四章由徐京达负责编写，第八、十、十一、十三章和参考文献由张承杰负责编写，第九、十二章由宋清峻负责编写。

　　由于水平有限，书中难免存在疏漏和不足，敬请读者批评指正。

编　者

2016 年于冰城

目　　录

第一章 绪 论

1.1 概 述

1.1.1 测绘学的研究内容及其分类

测量学是研究地球的形状和大小，以及确定地球表面各种物体的形状、大小和空间位置的科学。测量学主要包括测定和测设两个方面。测定是指使用测量仪器和工具，通过测量和计算将地物及地貌的位置按一定比例尺、规定的符号缩小并绘制成地形图，供科学研究和工程建设规划设计使用；测设（放样）是指用一定的测量方法，按要求的精度，将在地形图上设计出的建筑物和构筑物的位置在实地标定出来，作为施工的依据。

根据研究对象、采用技术手段和应用的不同，分为以下几个学科。

大地测量学：研究地球的形状、大小和重力场，测定地面点空间位置和地球整体和局部运动的理论和技术的学科。

普通测量学：研究地球表面局部区域形状、大小的测量理论、技术和方法的学科。

摄影测量学：利用摄影测量或遥感的手段获取目标物的影像数据，从中提取几何的或物理的信息，并用图形、图像和数字形式表达测绘成果的学科。

地图制图学：研究地图制作的地图学基础理论、地图设计、地图编绘和复制的技术方法及应用的学科。

工程测量学：研究工程建设在勘测、设计、施工、竣工验收和运行管理中进行各种测量的理论、技术和方法的科学。由于对象不同，其分为建筑工程测量、线路工程测量、桥隧测量和矿山测量等。

海洋测绘学：研究以海洋水体和海底为对象进行的测量和海图编制的理论和方法的学科。

1.1.2 测绘学在国民经济建设中的作用

测量工作在国民经济建设、国防建设和科学研究等领域起到非常重要的作用。国民经济建设发展的总体规划、土地资源调查和利用、海洋开发、农林牧渔业的发展、工矿企业的建设、公路和铁路的修建、各项水利工程的兴建、地下矿藏的勘探与开发、森林资源的调查和保护、地籍测量与土地规划利用和生态环境保护等都必须进行相应的测量工作；在国防建设中也有着重要的作用，如远程导弹、空间武器、人造卫星或航天器的发射等要保证其精确发射至预定的位置或轨道，随时校正轨道和命中目标，除了测算出发射点和目标点的准确坐标、方位和距离外，还必须掌握地球形状、大小的精确数据和有关重力场资料；近年来，在地震预测、海底资源勘测、灾情监测、地壳运动、重力场的时空变化及其他科学研究中测量技术也得到广泛应用。

1.1.3　本课程的学习任务

根据本专业的特点，结合我国国民经济的发展状况以及交通事业的发展现状，相关专业的学生学习完本课程后要达到以下要求：

1）熟练掌握测量学的基本理论和基本方法。

2）在熟练掌握常规测量仪器使用的基础上，能够了解当代新型仪器的测量原理，并能够正确使用各种先进仪器，如全站仪、GPS 和 RTK 等。

3）能够利用不同的仪器进行小区域控制测量和大比例尺的地形测量。

4）学会识别各种图纸并能掌握工程施工的各种放样工作。

5）学会道路勘测的设计和施工。

1.2　地球的形状和大小

地球表面是错综复杂的，有高山、平原和丘陵，有纵横交错的江河湖泊和浩瀚的海洋。其中海洋水面约占整个地球表面的 71%，而陆地仅占 29%。陆地最高的是珠穆朗玛峰，高出海水面为 8844.43m，海洋中最深的是马里亚纳海沟，低于海水面 11 022m，但这样的高低差距相对于地球平均半径 6371km 是很微小的。由于地球的质量和自转运动，地球上任何一点都同时受到地心引力和地球自转运动的离心力影响，这两个力的合力称为地球重力，重力的方向线称为铅垂线。设想一个自由静止的海水面（只有重力作用，无潮汐、风浪影响），并延伸通过大陆、岛屿形成一个包围地球的封闭曲面，这个曲面就称为水准面。水准面是一个处处与重力线方向垂直的连续曲面。水准面有无数多个，其中与平均海水面相吻合的水准面称为大地水准面，大地水准面包围的地球形体称为大地体。大地水准面和铅垂线是测量外业所依据的基准面和基准线。

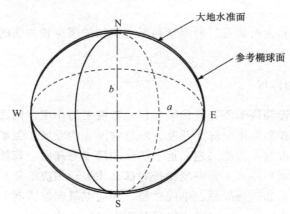

图 1.1　地球的形状

地球内部质量分布不均匀，使铅垂线的方向产生不规则变化。因此，大地水准面是不规则的、很难用数学表达的复杂曲面。如果将地球表面的物体投影在这个复杂的曲面上，人们还是无法在这个曲面上直接进行测量数据的处理。为此，通常用一个非常接近大地体的旋转椭球体作为地球的参考形状和大小，如图 1.1 所示。旋转椭球体亦称为参考椭球体，又称为地球椭球体，其表面称为参考椭球面，由地表任一点向参考椭球面所作的垂线称法线。法线和参考椭球面是测量计算的基准线和基准面。决定参考椭球面形状和大小的元素是椭球的长半轴 a，短半轴 b，根据 a 和 b 还定义了扁率 f、第一偏心率 e、第二偏心率 e'，即

$$f = \frac{a-b}{a} \tag{1.1}$$

$$e^2 = \frac{a^2 - b^2}{a^2} \tag{1.2}$$

$$e'^2 = \frac{a^2 - b^2}{b^2} \tag{1.3}$$

表 1.1 给出了我国曾先后采用过的 1954 年北京坐标系、1980 年西安坐标系和 2000 年国家大地坐标系及 GPS 测量采用的 WGS-84 坐标系的参考椭球元素值。

表 1.1 参考椭球元素值

坐标系名称	a/m	f	e^2	e'^2
1954 年北京坐标系	6 378 245	1∶298.3	0.006 693 421 622 966	0.006 738 525 414 683
1980 年西安坐标系	6 378 140	1∶298.257	0.006 694 384 999 59	0.006 739 501 819 47
2000 年国家大地坐标系	6 378 137	1∶298.257 223 563	0.006 694 679 990 13	0.006 739 496 742 23
WGS-84 坐标系	6 378 137	1∶298.257 222 101	0.006 694 380 022 90	0.006 739 496 775 48

由于参考椭球的扁率很小，当测区范围不大时，可以将参考椭球近似看作半径为 6371 km 的圆球。

1.3 地面点位的确定

1.3.1 测量坐标系统

测量工作的根本任务是确定地面点的位置，表示地面点的空间位置需要三个分量。测量工作中一般是用地面某点投影到参考曲面上的位置和该点到大地水准面间的铅垂距离来表示该点在地球上的位置，即地面点的坐标和高程。随着卫星大地测量学的发展，地面点的空间位置也采用空间直角坐标表示。

1. 大地坐标系

大地坐标系是表示地面点在参考椭球面上的位置，它的基准是法线和参考椭球面。大地坐标系如图 1.2 所示，表示为 $P(L, B, H_0)$：L 指 P 点的子午面和起始子午面（通过英国格林尼治天文台的子午面）所夹的二面角，称为 P 点的大地经度，由起始子午面起算，规定向东为

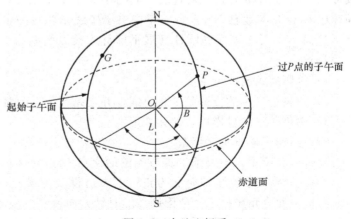

图 1.2 大地坐标系

正，称东经（0°～180°），向西为负，称西经（0°～180°）；B 指 P 点的法线与赤道面的夹角，称为 P 点的大地纬度，由赤道面起算，规定向北为正，称北纬（0°～90°），向南为负，称南纬（0°～90°）；如果 P 点不在椭球面上，还要附加另一参数——大地高 H_0，其定义为从观测点沿椭球法线方向至椭球面的距离。我国于 2008 年 7 月 1 日起正式启用 2000 国家大地坐标系。

2. 空间直角坐标系

如图 1.3 所示，空间任一点的坐标表示为 (X, Y, Z)，坐标原点在总地球质心或参考椭球中心，Z 轴与平均自转轴相重合，指向某一时刻的平均北极点，X 轴指向平均自转轴与平均格林尼治天文台所决定的子午面与赤道面的交点 G_e，而 Y 轴与 XOZ 平面垂直，且与 X 轴，Z 轴构成右手坐标系。

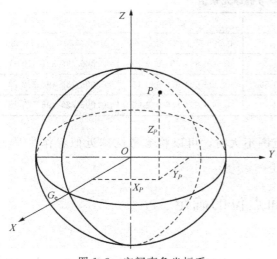

图 1.3　空间直角坐标系

3. 高斯平面直角坐标系

（1）高斯投影

大地坐标系只能用来确定地面点在旋转椭球面上的位置，而大比例尺地形图的测绘是相对于水平面而言，其测量计算也是在平面上进行。为此，有必要将旋转椭球面上的点位投影到平面上，这种投影称为地图投影。地图投影的方法很多，我国采用的是高斯-克吕格投影方法（简称高斯投影）。使用高斯投影的国家主要有德国、中国与苏联等。

高斯投影是一种横轴等角切椭圆柱投影，如图 1.4 所示。设想用一个横椭圆柱套在参考椭球外面，并与某一子午线相切，称该子午线为中央子午线；地球的赤道面的投影与椭圆柱面相交成一条直线，其与中央子午线正交；圆柱的中心轴 CC' 通过参考椭球中心 O 并与地轴 NS 垂直；将中央子午线东西各一定经差范围内的地区投影到横椭圆柱面上，再将该横椭圆柱面展平即称为投影面如图 1.5 所示。高斯投影具有以下三个特点：

1）投影后角度保持不变。

2）中央子午线的投影是一条直线，并且是投影点的对称轴。

3）中央子午线投影后长度无变形。

（2）高斯平面直角坐标系

如图 1.5 所示以中央子午线与赤道的交点 O 作为坐标原点；以中央子午线的投影为纵坐标轴 X，规定 X 轴向北为正；以赤道投影为横坐标轴 Y，规定 Y 轴向东为正；构成高斯平面直角坐标系。象限则按顺时针方向编号，这样就可以将数学上定义的各类三角函数在高斯平面坐标系中直接应用，不须作任何变更。

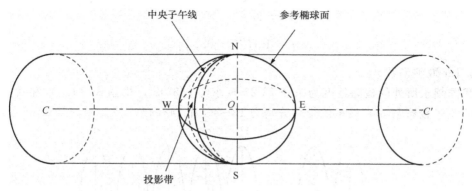

图 1.4　高斯投影

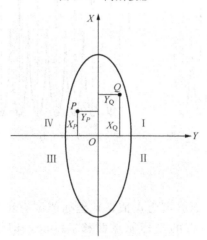

图 1.5　高斯平面直角坐标系

（3）投影带

　　为了控制长度变形，将地球椭球面按一定的经度差分成若干范围不大的带，称为投影带，常用带宽为 6°和 3°，分别称为 6°带投影和 3°带投影。

　　6°带投影：如图 1.6 所示，从首子午线起，每隔经度 6°自西向东将整个地球划分为 60 个投影带，依次编号 1，2，3，…，60，任意带的中央子午线经度 L_0 与投影带号 N 的关系为

$$L_0 = 6N - 3 \tag{1.4}$$

反之，已知地面任一点的经度 L，要计算该点所在 6°带编号的公式为

$$\left.\begin{array}{l} L_0 = 6N - 3 \\ N = \mathrm{Int}\left(\dfrac{L}{6}\right) + 1 \end{array}\right\} \tag{1.5}$$

式中，Int 取整函数。

　　3°带投影：如图 1.6 所示，从东经 1.5 子午线起，每隔经差 3°自西向东分带，依次编号为 1，2，3，…，120，投影带号 n 与相应中央子午线经度 L_0' 的关系为

$$L_0' = 3n \tag{1.6}$$

反之，已知地面任一点的经度 L，要计算该点所在的 3°带编号的公式为

$$L'_0 = 3n$$
$$n = \text{Int}\left(\frac{L}{3} + 0.5\right) \Bigg\}$$
$$\tag{1.7}$$

式中，Int 取整函数。

我国领土所处的概略经度为东经 73°27′～东经 135°09′，根据式（1.5）和式（1.7）求得的 6°带投影与 3°带投影的带号分别为 13～23 和 24～45。

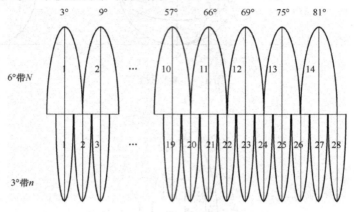

图 1.6　3°带/6°带分带方法

4. 国家统一坐标

我国位于北半球，X 坐标值恒为正值，Y 坐标值则有正有负。为了避免 Y 坐标出现负值，我国统一规定将每带的坐标原点西移 500km，即给每个点的 Y 坐标值加上 500km，使之恒为正，且在 Y 坐标值前冠以带号，以标定在哪个投影带内，这种坐标称为国家统一坐标。

例如：P 点的高斯平面直角坐标为

$$X_P = 3\,567\,291.233\text{m}, \qquad Y_P = -233\,425.601\text{m}$$

若该点位于第 20 带内，则国家统一坐标表示为

$$X_P = 3\,567\,291.233\text{m}, \qquad Y_P = 20\,266\,575.399\text{m}$$

5. 独立平面直角坐标系

当测区面积较小时（如小于 100km²），常把球面投影面看作平面，这样地面点在投影面上的位置就可用平面直角坐标系来确定。测量工作中采用的独立平面直角坐标系规定：南北方向为纵轴 X 轴，向北为正东西方向为横轴 Y 轴，向东为正。

如图 1.7 所示，将中心点 C 沿铅垂线投影到大地水准面上的 c 点，用过 c 点的切

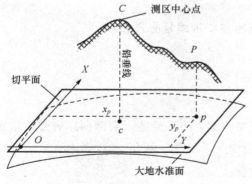

图 1.7　独立平面直角坐标系

平面来代替水准面，在切平面上建立的测区平面直角坐标系 XOY 即为独立平面直角坐标系，其坐标原点选在测区西南角处，使测区内坐标值均为正值，将测区内任一点 P 沿铅垂线投影到切平面上得 p 点，通过测量，计算出的 p 点坐标（x_p，y_p）就是 P 点在独立平面直角坐标系中的坐标。

1.3.2 测量高程系统

地面点沿铅垂线到大地水准面的距离称为该点的绝对高程或海拔，简称高程。通常用 H 加点名作下标表示，图 1.8 中 A、B 两点的高程表示为 H_A、H_B。高程系是一维坐标系，它的基准是大地水准面。1956 年我国采用青岛大港验潮站 1950—1956 年共 7 年的潮汐记录资料推算出大地水准面，以其为基准引测出水准原点的高程为 72.289m，以该大地水准面为高程基准建立的高程系称为"1956 年黄海高程系"。

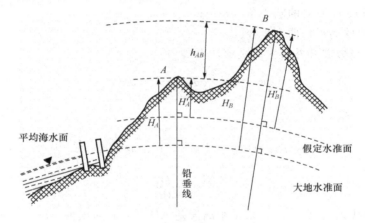

图 1.8 高程及高差的定义

20 世纪 80 年代，我国又采用青岛大港验潮站 1953—1977 年共 25 年的潮汐记录资料推算出的大地水准面为基准，引测出水准原点的高程为 72.260m，以这个大地水准面为高程基准建立的高程系称为"1985 国家高程基准"。

在局部地区，当无法知道绝对高程时，也可假定一个水准面作为高程起算面，地面点到假定水准面的垂直距离，称为假定高程或相对高程，通常用 H' 加点名作下标表示，如图 1.8 中 A、B 两点的相对高程表示为 H'_A、H'_B。

地面两点间的绝对高程或相对高程之差称为高差，用 h 加两点点名作下标表示，如 A、B 两点高差为

$$h_{AB} = H_B - H_A = H'_B - H'_A \qquad (1.8)$$

同一点高程随着高程基准面的不同而变化，但是两点间高差不管基准面如何，其值为固定值，且在比较高差时，两点必须基于同一基准面。

1.4 用水平面代替水准面的限度

当测区范围较小时，可忽略地球曲率的影响，将大地水准面近似作为水平面。下面

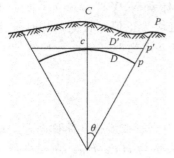

图 1.9　切平面代替大地水准面的影响

讨论，用水平面代替大地水准面对距离、高差和角度的影响，以便给出水平面代替水准面的限度。

1.4.1　水准面曲率对距离的影响

如图 1.9 所示，设地面 C 为测区中心点，P 为测区内任一点，两点沿铅垂线投影到大地水准面上的点分别为 c 点和 p 点。过 c 点作大地水准面的切平面，P 点在切平面上的投影为 p' 点。图中大地水准面的曲率对水平距离的影响为 $\Delta D = D' - D$，对高程的影响为 $\Delta h = pp'$。由图 1.9 可知

$$\Delta D = D' - D = R\tan\theta - R\theta = R(\tan\theta - \theta) \tag{1.9}$$

式中，θ——弧长 D 所对的圆心角（rad）；

R——地球的平均曲率半径。

将 $\tan\theta$ 按级数展开并略去高次项，得

$$\tan\theta = \theta + \frac{1}{3}\theta^3 + \cdots \approx \theta + \frac{1}{3}\theta^3 \tag{1.10}$$

考虑到 $\theta = \dfrac{D}{R}$，得

$$\Delta D = R\left\{\left(\theta + \frac{1}{3}\theta^3\right) - \theta\right\} = R\frac{\theta^3}{3} = \frac{D^3}{3R^2} \tag{1.11}$$

$$\frac{\Delta D}{D} = \frac{D^2}{3R^2} \tag{1.12}$$

以不同的 D 值代入式（1.12），求出距离误差 ΔD 及其相对误差 $\Delta D/D$，列于表 1.2。

表 1.2　切平面代替大地水准面的距离误差及其相对误差

距离 D/km	距离误差 ΔD/mm	距离相对误差 $\Delta D/D$	距离 D/km	距离误差 ΔD/mm	距离相对误差 $\Delta D/D$
10	8	$1/120 \times 10^4$	50	1027	$1/4.9 \times 10^4$
25	128	$1/20 \times 10^4$	100	8212	$1/1.2 \times 10^4$

由表 1.2 可知，当距离 D 为 10km 时，所产生的相对误差为 $1/120 \times 10^4$，相当于每千米的误差为 0.8mm，这样小的误差，即使是精密量距，也是允许的。因此，在以 10km 为半径的圆面积之内进行距离测量时，可以用切平面代替大地水准面，而不必考虑地球曲率对距离的影响。

1.4.2　水准面曲率对角度的影响

由球面几何学可知，球面三角形内角和与平面三角形内角和之差为球面角超 ε，它的大小与图形面积成正比，其公式为

$$\varepsilon = \rho'' \frac{P}{R^2} \tag{1.13}$$

式中，P——球面三角形面积；

R——地球半径；

$\rho'' \approx 206\ 265''$。

式（1.13）表明，对于小范围内的水平角测量工作，地球曲率对其影响只有在最精密的测量时才考虑，一般情况下不予考虑。如，当 $P = 100\mathrm{km}^2$ 时，$\varepsilon = 0.51''$。

1.4.3 水准面曲率对高差的影响

由图 1.9 可知

$$\Delta h = R\sec\theta - R = R(\sec\theta - 1) \tag{1.14}$$

将 $\sec\theta$ 按级数展开并略去高次项

$$\sec\theta = 1 + \frac{1}{2}\theta^2 + \frac{5}{24}\theta^4 + \cdots \approx 1 + \frac{1}{2}\theta^2 \tag{1.15}$$

$$\Delta h = R\left(1 + \frac{1}{2}\theta^2 - 1\right) = \frac{R}{2}\theta^2 = \frac{D^2}{2R} \tag{1.16}$$

则用不同的距离代入式（1.16），可得相应的高差误差，如表 1.3 所示。

表 1.3 切平面代替大地水准面的高程误差

距离 D/km	0.1	0.2	0.3	0.4	0.5	1	2	5	10
$\Delta h/\mathrm{mm}$	0.8	3	7	13	20	78	314	1962	7848

由表 1.3 可知，用切平面代替大地水准面作为高程的起算面，对高程的影响是很大的，距离为 1km 时就有 78mm 的高程误差，这是不允许的。因此，高程测量时，距离很短也应考虑地球曲率的影响，采用相应的措施减少误差。

1.5 测量工作的基本内容和原则

1.5.1 基本内容

测量工作分为内业和外业两大部分，外业是指在野外利用测量仪器和工具（如经纬仪、全站仪、GPS、水准仪、钢尺、花杆等）测定地面上点与点之间的水平距离、角度、高差，这些称为测量工作的外业，而在室内将外业所测得的数据进行整理、计算、绘图等则称为测量工作的内业。

因此，测量工作的基本内容就是测角、量距、测高差，这些是研究地球表面上点与点之间相对位置的基础，而测图、放样、用图则是工程技术人员的基本功。

1.5.2 基本原则

在土木工程建设中，测量的主要任务是测绘地形图、施工放样和变形监测（以及竣工测量）。测量工作都不可避免地会产生误差，为防止误差的累积和传播，保证测区具有规定的精度，在实际测量工作中应当遵守以下基本原则：在布局上应遵循"从整体到局部"的原则，在测量程序上应遵循"先控制后碎部"的原则，在测量精度上应遵循"由高级到低级"的原则。

思考题与习题

1. 测量学研究的对象和任务是什么？

2. 熟悉和理解铅垂线、法线、水准面、大地水准面、参考椭球面的概念。

3. 高程的基准面是什么？

4. 测量中所使用的高斯平面坐标系与数学上使用的坐标系有何区别？

第二章　水　准　测　量

2.1　高程测量概述

2.1.1　高程测量的定义

测量地面点高程的工作称为高程测量。高程测量是测量的基本工作之一，其目的在于获得未知点的高程。一般是通过测出已知点和未知点之间的高差，再根据已知点的高程推算出未知点的高程。

2.1.2　高程测量的方法

依据测量所使用的仪器和施测方法不同，高程测量分为水准测量、三角高程测量、物理高程测量（如气压高程测量、重力高程测量）及 GPS 拟合高程测量等几种。其中水准测量是最基本、最常用、精度较高的一种方法，在国家高程控制测量、工程勘测和施工测量中被广泛采用。三角高程测量是通过测量两点之间的水平距离（或倾斜距离）和倾斜角，利用三角公式计算出两点之间的高差，此方法的精度受各种条件的限制，一般只在适当的条件下才被采用。此外，利用大气压力的变化测量高差的气压高程测量，利用液体的物理性质的重力高程测量，受自然条件和客观条件的限制较少采用。

本章将着重介绍水准测量原理、微倾式水准仪的构造和使用、水准测量的施测方法及成果检核和计算、三（四）等水准测量等内容。三角高程测量将在第七章具体介绍。

2.2　水准测量原理

2.2.1　水准测量原理

水准测量是利用水准仪获得水平视线，并借助水准尺，测定地面上两点间的高差，从而由已知点高程和测得的高差推求未知点的高程。常用的计算方法有高差法、视线高法。

如图 2.1 所示，地面上有 A、B 两点，设 A 点为已知点，其高程为 H_A，B 点为待定点，其高程未知。水准测量方向是由已知高程点 A 开始向待定点 B 方向行进，若要测定 B 点高程，可在 A、B 两点间安置水准仪，在 A、B 两点上竖立水准尺，利用水准仪提供的水平视线，分别读取 A 点水准尺上的读数 a 和 B 点水准尺上的读数 b，则 A、B 两点间的高差为后视读数减去前视读数

$$h_{AB} = a - b \tag{2.1}$$

式中，a——后视读数；

b——前视读数。

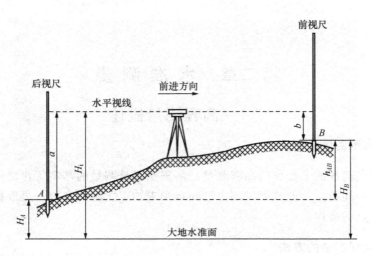

图 2.1　水准测量基本原理

A 点称为后视点，其尺上读数 a 为后视读数，B 点称为前视点，其尺上读数 b 为前视读数，安置水准仪之处称为测站，竖立水准尺的点 A、B 称为测点。若 A、B 两点相距较远或高差较大，安置一次仪器无法测得其高差时，就需要在两点间增设若干个传递高程的临时立尺点，也称转点，如图 2.2 所示的 TP_1、TP_2、…。依次连续设站观测，测出相邻点间的高差 $h_{A1} = h_1 = a_1 - b_1$，$h_{12} = h_2 = a_2 - b_2$、…、$h_{(n-1)B} = h_n = a_n - b_n$，则 A、B 两点间的高差为

$$h_{AB} = \sum_{i=1}^{n} h_i = \sum_{i=1}^{n} a_i - \sum_{i=1}^{n} b_i \tag{2.2}$$

式中，a_i——各测站的后视读数；

　　　b_i——各测站的前视读数；

　　　h_i——各测站高差。

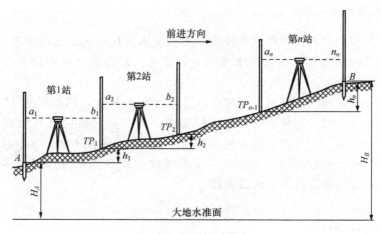

图 2.2　连续水准测量

2.2.2 高差法

测得 A、B 两点的高差 h_{AB} 后，就可以由已知高程点 H_A 计算待定点 B 的高程 H_B，B 的高程为

$$\left.\begin{array}{l}H_B = H_A + h_{AB} = H_A + (a - b) \\ H_B = H_A + h_{AB} = H_A + \left(\sum_{i=1}^{n} a_i - \sum_{i=1}^{n} b_i\right)\end{array}\right\} \quad (2.3)$$

式 (2.3) 是直接利用已知点和待定点间高差计算待定点的高程，称为高差法。

2.2.3 视线高法

此外，还可以通过视线的高程 H_i 计算 B 点的高程，即

$$\left.\begin{array}{l}H_i = H_A + a \\ H_B = H_i - b = (H_A + a) - b\end{array}\right\} \quad (2.4)$$

式 (2.4) 是利用仪器视线高程计算待定点高程的，称为视线高法，也称为仪器高法。当安置一次仪器要求测出若干个前视点的高程时，视线高法比高差法方便，施工测量中常采用视线高法测设一条线上或一块面积上许多地面点的高程。

2.3 水准测量的仪器和工具

水准测量所使用的仪器为水准仪，全称为大地测量水准仪，按精度分为 DS_{05}、DS_1、DS_3、DS_{10} 等几个等级。D、S 分别为"大地测量"、"水准仪"的汉语拼音第一个字母，通常书写时 D 可以省略，下标数值表示仪器的精度，即该型号仪器每千米往、返测高差中数的中误差，以毫米为单位，如 DS_3 型水准仪，表示用该型号仪器进行水准测量每千米往、返测高差精度可达 $\pm 3mm$。DS_3 型水准仪称为普通水准仪，用于国家三、四等水准测量及一般工程测量；DS_{05}、DS_1 型水准仪称为精密水准仪，用于国家一、二等水准测量及其他精密水准测量。常见的水准仪见表 2.1，本节着重介绍 DS_3 型水准仪。

水准仪主要功能是测量两点间的高差，另外，利用视距测量原理，它还可以测量两点间的水平距离。水准测量常用的工具包括水准尺和尺垫。

表 2.1 常见水准仪一览

名称	型号	精度及技术指标	产地或厂家
光学水准仪	DS_3	$\pm 3mm/km$，水泡符合式	南京
	DS_3-D	$\pm 3mm/km$，水泡符合式，带度盘	
	DS_3-Z	$\pm 3mm/km$，水泡符合式，正像	
	DS_3-DZ	$\pm 3mm/km$，带度盘，正像	
	DS_{20}	$\pm 2.5mm/km$，正像，自动安平	南京、天津
	DS_{28}	$\pm 1.5mm/km$，正像，自动安平	
	DS_{32}	$\pm 1.0mm/km$，正像，自动安平	

名称	型号	精度及技术指标	产地或厂家
光学水准仪	DSZ3	±2.5mm/km，正像，自动安平	江苏徐州
	DSZ2	±1.5mm/km，正像，自动安平	
	DSZ2＋FS1	±1.0mm/km，正像，自动安平	
	DSZ1	±1.0mm/km，正像，自动安平	
	Ni007	±0.7mm/km，正像，自动安平	德国蔡司
	Ni004	±0.4mm/km，倒像	
	Ni002	±0.2mm/km，正像，自动安平	
	NA720	±2.5mm/km，自动安平	瑞士莱卡
	NA724	±2.0mm/km，自动安平	
	NA728	±1.5mm/km，自动安平	
	NA2	±0.7mm/km，自动安平	
	NA3003	±0.4mm/km，正像，自动安平	
	N3	±0.2mm/km，倒像	
电子水准仪	DINI 20	±0.7mm/km	德国蔡司
	DINI 10	±0.3mm/km	
	DL-102	±1.0mm/km	日本拓普康
	DL-101	±0.4mm/km	
激光水准仪	TMTO	±3.0mm/km	美国
	YJS3	±3.0mm/km	山东烟台

2.3.1　DS₃型微倾式光学水准仪

水准仪是能够提供水平视线的仪器，所谓微倾是指在水准仪上设有微倾装置，可使望远镜在很小的范围内上下微倾，使水准管气泡居中，从而使望远镜视线水平。如图 2.3 所示为我国生产的 DS₃ 型微倾式光学水准仪，主要由望远镜、水准器和基座三部分构成。

1. 望远镜

望远镜主要用于照准目标并在水准尺上读数，因此要求望远镜能看清水准尺上的分划和注记并有读数标志。图 2.4 是水准仪望远镜的构造图，它主要由物镜、调焦透镜、十字丝分划板和目镜组成。根据在目镜端观察到的物体成像情况，望远镜可以分为正像望远镜和倒像望远镜。根据调焦方式不同，望远镜分内调焦和外调焦两种，现在的仪器多采用内调焦望远镜。

物镜和目镜多采用复合透镜组，十字丝分划板上刻有两条互相垂直的长线，竖直的一条称为竖丝，横的一条称为中丝或横丝，是瞄准目标和读数用的。在中丝的上下还对称地刻有两条与中丝平行的短横线，是用来测量距离的，称为视距丝。十字丝分划板由平行玻璃圆片制成，平行玻璃片装在分划板座上，分划板座由螺丝固定在望远镜筒上。图 2.5 为十字丝及分划板构造详图。

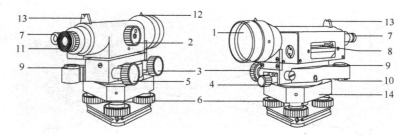

图 2.3　DS$_3$ 型微倾式光学水准仪

1. 物镜；2. 物镜调焦螺旋；3. 微动螺旋；4. 制动螺旋；5. 微倾螺旋；6. 脚螺旋；
7. 水准管气泡观察窗；8. 管水准器；9. 圆水准器；10. 圆水准器校正螺旋；11. 目
镜；12. 准星；13. 照门；14. 基座

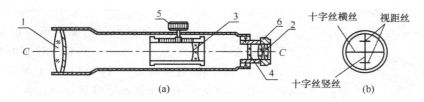

图 2.4　望远镜构造

1. 物镜；2. 目镜；3. 对光透镜；4. 十字丝分划板；5. 对光螺旋；6. 目镜对光螺旋

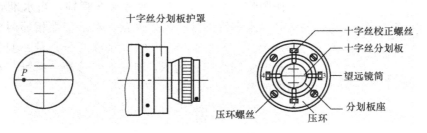

图 2.5　十字丝分划板构造

　　十字丝交点与物镜光心的连线称为望远镜的视准轴，即视线（图 2.4 中的 CC），它是水准仪的主要轴线之一。水准测量是在视准轴水平时，用十字丝的中丝截取水准尺上的读数。

　　图 2.6 为望远镜成像原理图。目标 AB 经过物镜和对光透镜后，在十字丝平面上形成倒立的缩小实像 ab，通过目镜便可看清同时放大了的十字丝和目标影像 $a'b'$。通过目镜看到的目标影像的视角 β 与未通过望远镜直接观察该目标的视角 α 之比，称为放大镜的放大率 V，即 $V=\beta/\alpha$。DS$_3$ 水准仪望远镜的放大率一般为 28 倍。

　　2. 水准器

　　水准器是用来指示仪器视准轴是否水平或仪器竖轴是否铅垂的装置。水准器有管水准器和圆水准器两种。管水准器用来指示视准轴是否水平；圆水准器用来指示竖轴是否铅垂。

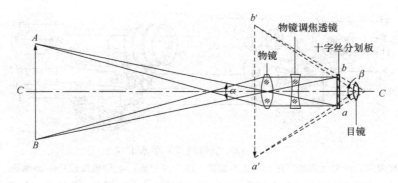

图 2.6　望远镜成像原理

（1）管水准器

管水准器也称水准管或长水准器，它由玻璃圆管制成，其内壁磨成一定半径 R 的

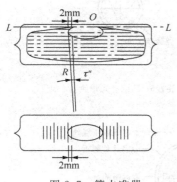

图 2.7　管水准器

圆弧（圆弧半径一般为 7～20m），将管内注满酒精和乙醚的混合液，加热融封冷却后，管内留有一个小气泡，称为水准气泡。因为气泡的比重小于液体，所以水准气泡总是位于内圆弧的最高点，如图 2.7 所示。管面刻有间隔为 2mm 的分划线，分划线的中点 O 称为水准管零点，过零点作圆弧的纵切线 LL，称为水准管轴，当水准管气泡居中时，水准管轴处于水平位置。水准管上相邻两分划线的 2mm 弧长所对圆心角 τ 称为水准管分划值（见图 2.7），设水准管圆弧半径为 R，则气泡每移动一格时，水准管轴倾斜的角值为

$$\tau = \frac{2}{R}\rho \qquad (2.5)$$

式中，$\rho = 206\ 265''$；

　　R——水准管圆弧半径（mm）。

水准管分划值的大小反映了仪器置平精度的高低，从式（2.5）可知，τ 与 R 成反比，R 越大，τ 越小，相应的气泡移动的灵敏度就越高。DS₃ 型水准仪水准管分划值为 $20''/2mm$。为了提高调整气泡居中的精度和速度，微倾式水准仪在水准管的上方安有符合棱镜系统，如图 2.8 所示。通过符合棱镜的折光作用，将气泡各半个影像反映在望远镜的观察窗中。当气泡居中时，两端气泡的影像就能吻合，如果两端影像错开，则表示气泡不居中，这时可旋转微倾螺旋使气泡影像吻合，这种水准器称为符合水准器。

（2）圆水准器

如图 2.9 所示，圆水准器由玻璃圆柱管制成，其顶面内壁是一定半径的球面，中央刻有小圆圈，其圆心称为圆水准器零点。过零点的球面法线 $L'L'$ 称为圆水准器轴。当圆水准气泡居中时，圆水准器轴处于竖直位置。当气泡不居中时，气泡中心偏离零点

2mm 的弧长所对圆心角的大小，称为圆水准器的分划值。DS₃ 水准仪圆水准器分化值一般为 $8'\sim10'/2$mm。由于它的精度较低，只用于仪器的粗略整平。

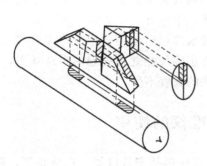　　　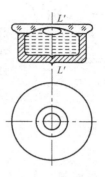

　　图 2.8　水准管的符合棱镜系统　　　　　　图 2.9　圆水准器

3. 基座

基座主要由轴座、脚螺旋、底板和三角压板构成（图 2.3），其作用是置平仪器，支承仪器的上部使其在水平方向上转动，并通过中心螺旋与三脚架连接。调节三个脚螺旋可使圆水准器的气泡居中，使仪器粗略整平。

2.3.2　水准尺和尺垫

1. 水准尺

水准尺是水准测量时使用的标尺，为保证尺的质量和测量精度，水准尺一般用优质木材或玻璃钢制成，常见的有直尺、塔尺和折尺，长度从 2～5m 不等，如图 2.10 所示。

塔尺和折尺因尺的形状而得名，常用于图根水准测量和等外水准测量。塔尺全长可达 5m，一般由三节尺身套接而成，可以伸缩，尺面上的最小分划为 1cm 或 0.5cm，在每 1m 和每 1dm 处均有注记。塔尺携带方便，但连接处易产生误差。

直尺又分单面分划和双面分划两种。双面水准尺多用于三、四等水准测量，以两把尺为一对使用，长度有 2m 和 3m 两种。双面尺的两面均有分划，一面为黑白相间称黑面尺或主尺，另一面为红白相间称红面尺或副尺，两面的最小分划均为 1cm，只在分米处有注记，注记数字有正写和倒写两种，分别与正像和倒像两种结构的水准仪相匹配，两根尺的黑面均从 0 开始刻画和注记，而红面的刻画和注记，一根从 4687mm 到 6687mm 或 7687mm，另一根

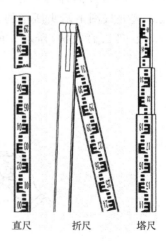

　　直尺　　折尺　　塔尺

　　图 2.10　水准尺

从 4787mm 到 6787mm 或 7787mm，这样可以用来检核水准测量时读数的正确性。

图 2.11　尺垫

2. 尺垫

尺垫多由钢板或铸铁制成，一般为三角形，中央有一凸起的半球体，下方有三个尖脚，如图 2.11 所示。主要是在转点处放置水准尺时使用，用时将尖脚踩入土中，保持稳定不动，将水准尺竖立在突起的半球体上，以保证在测量过程中尺底的高程不变。

2.4　水准仪的使用

使用 DS₃ 型微倾式光学水准仪的基本操作包括安置仪器、粗略整平、瞄准水准尺、精确整平、读数记录等步骤。

2.4.1　安置仪器

进行水准测量时，首先在测站上安置三角架，按观测者的身高调节好三脚架的高度，为便于整平仪器，要求三脚架的架头面应大致水平，并将三脚架的三个脚尖踩入土中，使脚架稳定。然后从仪器箱内取出水准仪，放在三脚架的架头上，并立即用中心连接螺旋将仪器牢固地固定在三角架头上，以防止仪器从架头上摔落。

2.4.2　粗略整平

粗略整平简称粗平。通过旋转脚螺旋将圆水准气泡居中，使仪器的竖轴大致铅垂，从而望远镜的视准轴大致水平。旋转脚螺旋方向与圆水准气泡移动方向的规律是用左手旋转脚螺旋，则左手大拇指移动方向即为水准气泡移动方向；用右手旋转脚螺旋，则右手食指移动方向即为水准气泡移动方向。如图 2.12 （a）所示，气泡未居中而位于 a 处，则先按图上箭头所指的方向用两手相对转动脚螺旋①和②，使气泡移动到 b 的位置，如图 2.12 （b）所示，再转动脚螺旋③即可使气泡居中。

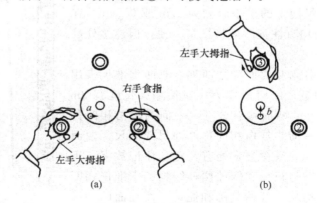

图 2.12　圆水准器的整平

2.4.3　瞄准水准尺

首先进行目镜对光，即将望远镜对着明亮的背景，旋转目镜调焦螺旋，使十字丝清晰。然后松开制动螺旋，转动望远镜，用望远镜上的照门和准星瞄准水准尺，拧紧制动螺旋。再从望远镜中观察目标，旋转物镜调焦螺旋，使目标清晰，再旋转微动螺旋，使竖丝对准水准尺。如果调焦不到位，水准尺成像平面与十字丝分划板平面就不会重合，当观测者的眼睛在目镜端上、下微微移动时，目标像（尺上读数）与十字丝之间就会有相对运动［图2.13（b）］，这种现象称为视差。视差的存在将会影响读数的准确性，读数之前必须消除。消除视差的方法是轻轻地反复调节目镜和物镜对光螺旋，直至水准尺成像清晰稳定，观察时读数不变为止［图2.13（a）］。

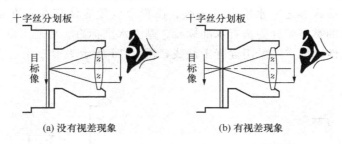

十字丝分划板　　　　　　　　　十字丝分划板

目标像　　　　　　　　　　　目标像

(a) 没有视差现象　　　　　　　　(b) 有视差现象

图 2.13　视差现象

2.4.4　精确整平

圆水准器的精度较低，只能用于仪器粗平，因此在每次读数前还必须调节微倾螺旋使水准管气泡吻合，才能使视线完全水平，这一操作称为精确整平，简称精平。具体是从望远镜的一侧观察管水准气泡偏离零点的方向，旋转微倾螺旋，使气泡大致居中，这时再从目镜左边的附合气泡观察窗中察看两个气泡影像是否吻合，如不吻合，再慢慢旋转微倾螺旋直至完全吻合为止。

2.4.5　读数记录

仪器精平后，应立即用十字丝的横丝在水准标尺上读数。从尺上可直接读出米、分米、厘米数，并估读出毫米数，保证每个读数均为4位数，即使某位数为零也不能省略。不管是正像还是倒像望远镜，读数前都应先认清各种水准尺的分划特点，特别应注意与注记相对应的分米分划线位置，从小往大，先估读毫米数，然后报出全部读数，并由记录员将数据记录在事先设计好的手簿上。如图 2.14 所示，黑面尺上的读数是1.608m，红面尺上的读数是 6.295m。

值得注意的是，精平后读数时切勿用手扶仪器，以免仪器晃动影响数据的正确性，读数后还要检查水准管气泡是否完全吻合，若不吻合须重新精平再读数。总之，

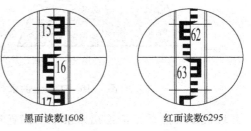

黑面读数1608　　　　　红面读数6295

图 2.14　水准尺的读数

要遵循水准测量的基本操作步骤：粗平→瞄准水准尺→精平→读数。

2.5　水准测量的施测方法

2.5.1　水准点

水准点就是高程控制点，为统一全国的高程系统和满足各种测量的需要，测绘部门在全国各地埋设并测定的很多高程点，简记为 BM，有永久性和临时性两种。水准测量通常是从已知水准点引测其他未知点的高程。一、二等水准测量称为精密水准测量，三、四等水准测量称为普通水准测量，采用某等级的水准测量方法测出其高程的水准点称为该等级水准点。因此，国家水准点分为 4 个等级。按国家规范要求，各等水准点均应埋设永久性标石或标志，水准点的等级、高程及位置应注记在水准点标石或标记面上。水准点标石的类型可分为基岩水准标石、基土水准标石、普通水准标石和墙脚水准标志四种。永久性水准点一般用混凝土制成，图 2.15 所示为混凝土普通水准标石和墙脚水准标志。

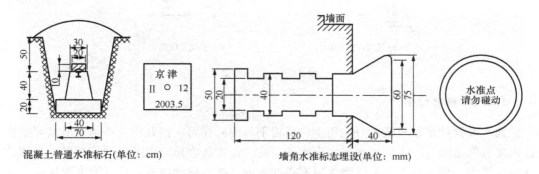

混凝土普通水准标石(单位：cm)　　　　墙角水准标志埋设(单位：mm)

图 2.15　普通水准标石和墙脚水准标志

工地上的永久性水准点一般用混凝土或钢筋混凝土制成，其样式如图 2.16（a）所示。临时性水准点可用地面上突出的坚硬岩石或用大桩打入地下，桩顶钉以半球形铁钉，如图 2.16（b）所示。

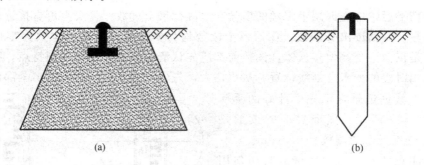

图 2.16　工地上的永久性水准点和临时性水准点

埋设水准点后，应绘出水准点与附近地物关系图，在图上还要写明水准点的编号和高程，称为点之记，便于日后寻找水准点位置。

2.5.2 水准路线

水准路线是水准测量所经过的路线，根据已知水准点的分布情况和测区的实际情况，测量前应根据要求选定水准点的位置，埋设好水准点标石，拟定水准测量进行的路线。水准路线有以下几种布设形式。

1. 附合水准路线

如图 2.17（a）所示，从已知高程的水准点 BM1 出发，沿各待定高程水准点 1、2、3 进行水准测量，最后附合到另一个已知高程水准点 BM2 上，称为附合水准路线。附合水准路线测量所测得各段高差总和理论上应等于两端已知高程水准点间的高差，即检核条件为 $\sum h_{理论} = h_{BM2} - h_{BM1}$。

2. 闭合水准路线

如图 2.17（b）所示，从已知高程水准点 BM5 出发，沿各待定高程水准点 1、2、3、4、5 进行水准测量，最后仍回到原已知高程水准点 BM5 上，称为闭合水准路线。闭合水准路线测量所测得各段高差总和理论上应等于零，即检核条件为 $\sum h_{理论} = 0$。

3. 支水准路线

如图 2.17（c）所示，从已知高程水准点 BM8 出发，沿各待定高程水准点 1、2 进行水准测量，其线路既不闭合又不附合，称为支水准路线。支水准路线应进行往、返水准测量，往测高差总和与返测高差总和符号应相反，绝对值应相等，即检核条件为 $\sum h_{往} + \sum h_{返} = 0$。

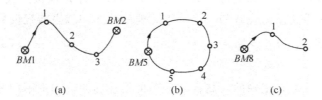

(a)　　　　　　　　(b)　　　　　　　　(c)

图 2.17 水准路线的布设形式

2.5.3 水准测量的施测方法

水准测量一般是从已知水准点开始，经过高程待定点，形成水准路线。当已知点和待定点间相距不远，高差不大，且无视线遮挡时，只需要安置一次水准仪就可以测得两点间的高差。当两水准点间相距较远或高差较大或有障碍物遮挡视线时，仅安置一次仪器不可能测得两点间的高差，此时可以把原水准路线分成若干段，依次连续安置水准仪测定各段高差，最后取各段高差的代数和，即得到起、终点间的高差。例如，如图 2.2 所示，设 A、B 之间有 4 个测站，在各转点 TP 上竖立水准尺，按水准仪的操作方法，在各测站读取水准尺的后视读数和前视读数，最终将观测数据记入水准测量手簿，计算过程见表 2.2。

表 2.2　水准测量记录手簿

观测日期　　　　　　　　　　天气情况　　　　　　　　仪器编号
观测者　　　　　　　　　　　记录者　　　　　　　　　校核者

测站	测点	后视读数 a/m	前视读数 b/m	高差/m		高程 /m	备注
				+	−		
Ⅰ	A	1.835	1.258	0.577		12.255	
	1						
Ⅱ		1.168	0.442	0.726			
	2						
Ⅲ		0.696	1.226		0.530		
	3						
Ⅳ		1.981	0.774	1.207			
	B					14.035	
计算检核		$\sum a = 5.458$	$\sum b = 3.678$	2.310	0.530	14.035−12.255 =+1.780	
		$\sum a - \sum b = +1.780$		$\sum h = +1.780$			

2.5.4　水准测量的检核

为保证水准测量成果的正确性必须要进行检核，主要有以下几种方法。

1. 计算检核

在每一测段结束后或手簿上每一页末尾，必须进行计算检核。式（2.2）说明了两点间的高差等于各段高差的代数和，也等于后视读数之和减去前视读数之和，可作为计算检核公式，如表 2.2 中 $\sum h = +1.780m$，$\sum a - \sum b = +1.780m$，$H_B - H_A = 14.035 - 12.255 = +1.780m$。

这说明高差的计算是正确的，高程的计算也是正确的。如果不相等，则计算中必有错误，应进行检查。但这种检核只能检查计算工作中有无错误，并不能检查出测量过程中的错误，如观测和记录不符等环节发生的错误。

2. 测站检核

在进行连续水准测量时，如果任何一测站的后视读数或前视读数有错误，都将影响最终高差的正确性。因此，每一测站的水准测量，为了能及时发现观测中的错误，通常采用变动仪器高法或双面尺法进行观测，以检核高差测量中可能发生的错误，这种检核称测站检核。

（1）变动仪器高法

变动仪器高法也称两次仪器高法即在同一测站上用两次不同仪器高度的水平视线来

测定相邻两点间的高差，改变仪器高度应在 10cm 以上。如果两次高差观测值不超过容许值（如图根水准测量的容许值为 ±6mm），则认为符合要求，并取其平均值作为最后结果，否则应重测。

（2）双面尺法

变动仪器高法每次都要调平仪器——重新安置仪器，降低测量速度，为此在每一测站上保持仪器高度不变时，经常采用双面尺法，即在每一测站测量过程中同时读取每一把水准尺的黑面和红面读数，然后由前后视尺的黑面读数计算出一个高差，前后视尺的红面读数计算出另一个高差，若这两个高差之差在容许值范围内（如四等水准测量为 ±5mm），并且每一根尺子红、黑两面读数差与常数（4.687m 或 4.787m）之差不超过 ±3mm 时，则认为符合要求，并取其平均值作为最后结果，否则要检查原因，重新测量。

3. 路线检核

上述检核只能检查单个测站的观测精度和计算是否正确，对于一条水准路线来说，还不足以说明所求水准点的高差精度符合要求。例如，在转点时转点的位置被移动，测站检核是检查不出来的，此外温度、风力、大气折光等外界条件引起的误差，尺子倾斜和读数的误差，水准仪本身的误差等虽然在一个测站上反映不太明显，但随着测站增多致使误差累积，有时也会超过规定的限差。因此，对整个水准路线的成果检核是必要的。实际测量得到的高差与其理论高差之差为测量误差，也称高差闭合差，用 f_h 来表示

$$f_h = \sum h_{测} - \sum h_{理} \tag{2.6}$$

如果高差闭合差在容许限差之内，说明观测结果可信，精度合乎要求，数据有效，否则应当重测。水准测量的高差闭合差的容许值根据水准测量等级的不同而不同，表 2.3 为工程测量限差的部分规定。

表 2.3 工程测量的限差规定

等级	容许闭合差/mm	一般应用范围举例
三等	$f_{h容} = \pm 12\sqrt{L}$, $f_{h容} = \pm 4\sqrt{n}$	有特殊要求的较大型工程、城市地面沉降观测等
四等	$f_{h容} = \pm 20\sqrt{L}$, $f_{h容} = \pm 6\sqrt{n}$	综合规划线路及重力自流管道工程、普通建筑工程、河道工程等
等外（图根）	$f_{h容} = \pm 40\sqrt{L}$, $f_{h容} = \pm 12\sqrt{n}$	山区线路工程、排水沟疏浚工程、小型农田水利工程等

注：1）表中 L 为水准路线单程千米数，n 为单程测站数；

2）容许闭合差 $f_{h容}$，在平地按水准路线的千米数 L 计算，在山地按测站数 n 计算。

按照水准路线的布设形式，分不同条件进行检核。

（1）附合水准路线的高差闭合差

对于附合水准路线，$\sum h_{理论} = H_{终} - H_{始}$，可得

$$f_h = \sum h_{测} - (H_{终} - H_{始}) = \sum h_{测} + H_{始} - H_{终} \tag{2.7}$$

（2）闭合水准路线的高差闭合差

对于闭合水准路线，$\sum h_{理论} = 0$，可得

$$f_h = \sum h_{测} \tag{2.8}$$

（3）支水准路线的高差闭合差

支水准路线中往返测量值理论之和应等于零，可得

$$f_h = \sum h_{测} = \sum h_{往} + \sum h_{返} \tag{2.9}$$

2.6　水准测量的成果计算

在进行水准测量的成果计算时，首先要计算出高差闭合差，它是衡量水准测量精度的重要指标。当高差闭合差在容许值范围内时，再对闭合差进行调整，求出改正后的高差，最后求出待定点的高程，下面就几种水准路线布设形式的计算方法进行介绍。

2.6.1　附合水准路线的成果计算

某一附合水准路线观测成果如图 2.18 所示，BM1、BM2 为已知高程点，1、2、3 为待定高程点，则高差闭合差的调整及各点高程的计算见表 2.4。

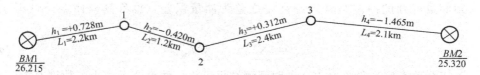

图 2.18　某附合水准路线观测成果图

表 2.4　某附合水准路线观测成果计算表

测段	点号	路线长度/km	实测高差/m	改正数/mm	改正后高差/m	高程/m
1	BM1	2.2	+0.728	−14	+0.714	26.215
2	1	1.2	−0.420	−8	−0.428	26.929
3	2	2.4	+0.312	−15	+0.297	26.501
4	3	2.1	−1.465	−13	−1.478	26.798
∑	BM2	7.9	−0.845	−50	−0.895	25.320
辅助计算		$f_h = 50\text{mm}$　$f_{h容} = \pm40\sqrt{7.9} = \pm110\text{mm}$				

1. 高差闭合差的计算

由式（2.7）得 $f_h = \sum h_{测} - (H_{终} - H_{始}) = \sum h_{测} + H_{始} - H_{终} = -0.845 -$

$(25.320-26.215)=+0.050\text{m}$，按图根水准测量的精度要求计算高差闭合差的容许值为 $f_{h容}=\pm40\sqrt{L}=\pm40\sqrt{7.9}=\pm110\text{mm}$，$f_h<|f_{h容}|$，精度符合要求。

2. 高差闭合差的调整

当闭合差在容许值范围内时，可把闭合差分配到各测段的高差上，在同一条水准路线上，假设观测条件相同，则可认为各站产生误差的机会是相同的，故闭合差应与测站数或水准路线长度成正比，所以分配的原则是将闭合差以相反的符号根据测站数或水准路线的长度成正比分配到各段高差上。各测段高差的改正数用公式表示为

$$v_i=-\frac{f_h}{\sum L}\cdot L_i \tag{2.10}$$

或

$$v_i=-\frac{f_h}{\sum n}\cdot n_i \tag{2.11}$$

式中，v_i——分配给第 i 测段高差上的改正数；

L_i、n_i——第 i 测段路线的长度和测站数；

$\sum L$、$\sum n$——水准路线的总长度和总测站数。

表 2.4 中，第 $BM1-1$ 段的改正数为 $v_i=-\dfrac{50}{7.9}\times2.2=-14\text{mm}$。

各测段改正数的总和应与高差闭合差的大小相等且符号相反，如果绝对值不等则说明计算有误。每测段的实测高差加相应的改正数便得到改正后的高差值。

3. 各待定点高程的计算

根据检验过的改正后高差，由起点 $BM1$ 开始，逐点计算出各点的高程，最后算得的 $BM2$ 点高程与已知值相等，否则说明高程的计算有误。

2.6.2 闭合水准路线的成果计算

闭合水准路线的高差闭合差按式（2.8）计算，若闭合差在容许值范围内，按与上述相同的方法调整闭合差并计算高程，否则要重新测量。

2.6.3 支水准路线的成果计算

支水准路线的高差闭合差按式（2.9）计算，若闭合差在容许值范围内，应将闭合差按相反的符号平均分配在往测和返测的实测高差值上。

【例 2.1】 在 A、B 间进行往返图根水准测量，已知 $H_A=50.215\text{m}$，$\sum h_{往}=+0.152\text{m}$，$\sum h_{返}=-0.166\text{m}$，$A$、$B$ 间路线长 2km，求改正后 B 点的高程。

【解】 根据式（2.9）得高差闭合差 $f_h=\sum h_{测}=\sum h_{往}+\sum h_{返}=0.152-0.166=-0.014\text{m}$。根据 $f_{h容}=\pm40\sqrt{L}$ 得容许高差闭合差为 57mm，$f_h<|f_{h容}|$，故精度符合要求。

改正后往测高差

$$\sum h'_{往} = \sum h_{往} + \left(-\frac{f_h}{2}\right) = +0.152 + 0.007 = +0.159\text{m}$$

改正后返测高差

$$\sum h'_{返} = \sum h_{返} + \left(-\frac{f_h}{2}\right) = -0.166 + 0.007 = -0.159\text{m}$$

故 B 点高程

$$H_B = H_A + \sum h'_{往} = 50.215 + 0.159 = 50.374\text{m}$$

或

$$H_B = H_A - \sum h'_{返} = 50.215 - (-0.159) = 50.374\text{m}$$

2.7　水准仪的检验与校正

2.7.1　水准仪的轴线及其应满足的几何条件

如图 2.19 所示，DS$_3$ 型微倾式光学水准仪的主要几何轴线有：视准轴 CC、水准管轴 LL、圆水准器轴 $L'L'$、仪器竖轴 VV。为使水准仪能提供一条水平视线，各轴线应满足以下几何条件：

1）圆水准器轴 $L'L'$ 应平行于仪器竖轴 VV。

2）十字丝横丝垂直于仪器竖轴 VV。

3）水准管轴应平行于视准轴即 $LL /\!/ CC$。

水准仪的检验就是查明仪器各轴线是否满足应有的几何条件，这些条件仪器在出厂时经检验都满足，但由于长期的使用和在运输过程中的震动，使仪器各部分的螺丝松动，各轴线之间的几何关系发生变化。水准测量作业前，应对水准仪进行检验，若不满足几何条件，且超出规定的范围，应及时校正。

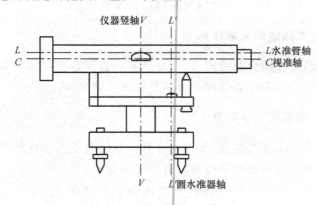

图 2.19　水准仪的主要轴线

2.7.2　水准仪的检验与校正

检验、校正的顺序应使后一项检验（校正）不破坏前一项检验（校正），检校的步骤和方法如下所述。

1. 圆水准器轴平行于仪器竖轴的检校（$L'L'/\!/VV$）

检验：安置仪器后，调节脚螺旋使圆水准器气泡居中，再将望远镜旋转 180°，若气泡仍然居中，则表示此项条件满足要求；若气泡不再居中，说明此项条件不满足，应进行校正。

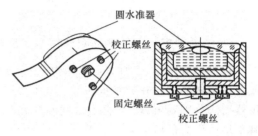

圆水准器

校正螺丝

固定螺丝

校正螺丝

校正：校正前先稍松中间的固定螺丝，如图 2.20 所示，然后旋转脚螺旋使气泡向圆水准器零点方向移动偏移量一半的距离，这时竖轴处于铅直位置。再用校正针调整圆水准器下面的三个校正螺丝，使气泡居中。这时，仪器的竖轴就竖直了，校正原理如图 2.21 所示。拨动三个校正螺丝前应一松一紧，校正完毕后应把螺丝紧固。由于一次拨动不易使圆水准器校正很完善，所以需重复上述的检校，直到仪器转动到任何方向气泡都居中为止。

图 2.20 圆水准器结构图

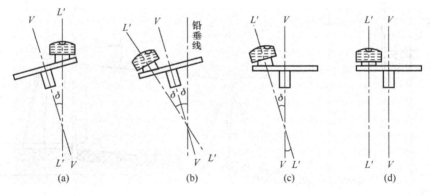

图 2.21 校正原理

2. 十字丝分划板的横丝垂直于仪器竖轴的检验与校正

检验：整平仪器后，用十字丝横丝的一端对准远处一明显标志点 P，如图 2.22（a）所示，然后旋紧制动螺旋，转动微动螺旋，如果标志点 P 始终在横丝上移动，如图 2.22（b）所示，说明横丝垂直于竖轴；否则，若如图 2.22（c）、图 2.22（d）所示，则需要校正。

校正：旋下十字丝分划板护罩，用螺丝刀松开四个压环螺丝，按横丝倾斜的反方向转动十字丝组件，再进行检验。如果 P 点始终在横丝上移动，则表示横丝已经水平，最后拧紧四个压环螺丝。大多数水准仪的十字丝分划板构造如图 2.5 所示。

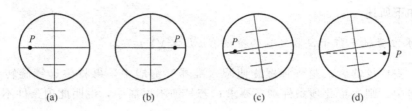

图 2.22　十字丝检验原理图

3. 视准轴平行于水准管轴的检验与校正（$LL /\!/ CC$）

　　检验：如图 2.23 所示，在相距 80m 的平坦地面上选择两点 A、B，在其上打木桩或放置尺垫做标志，并竖立水准尺。将水准仪安置在 A、B 中点 C 点，采用双面尺法和两次仪器高法分别测出 A、B 两点之间的高差 h_{AB}，若两次测得的高差之差不超过 3mm，则取其平均值作为最后结果。由于 S_1、S_2 距离相等，视准轴和水准管轴间存在的 i 角值引起的前后尺读书误差 x 相等，可在高差计算中抵消，故 h_{AB} 不受 i 角误差的影响。

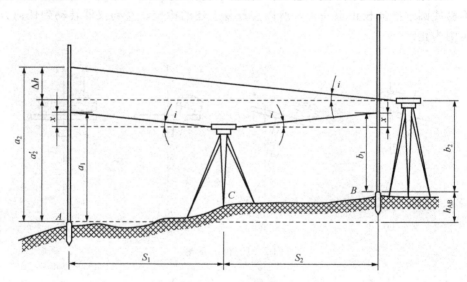

图 2.23　视准轴平行于水准管轴的检验

　　安置水准仪于 B 点左（右）附近，距 B 点 2～3m，重新测量 A、B 两点的高差。设前、后视尺的读数分别为 a_2、b_2，因仪器离 B 点很近，两轴不平行引起的读数误差可忽略不计，则 A、B 两点间的高差 $h'_{AB} = a_2 - b_2$，两次设站观测的高差之差为

$$\Delta h = h'_{AB} - h_{AB} \tag{2.12}$$

　　i 角的计算公式为

$$i'' = \frac{\Delta h}{S_{AB}} \cdot \rho'' = \frac{\Delta h}{80} \cdot \rho'' \tag{2.13}$$

对于 DS_3 级水准仪，i 角值不得大于 $20''$，如果超限，则需要校正。

　　校正：求出 A 点水准尺上的正确读数 $a'_2 = a_2 - \Delta h$，转动微倾螺旋使中丝对准 A 点水

准尺上的正确读数 a_2'，此时视准轴处于水平位置，而管水准气泡必然偏离中心，为使水准管轴也处于水平位置，达到视准轴平行于水准管轴的目的，可用拨针拨动水准管一端的上、下两个校正螺丝，如图 2.24 所示，使气泡的两个半像符合。成对的校正螺丝在校正时应遵循"先松后紧"的原则，即要降低管水准器的一端必先放松下校正螺丝，让出一定空隙，再旋出上校正螺丝。此项校正要反复进行，直到 i 角值小于 $20''$ 为止。

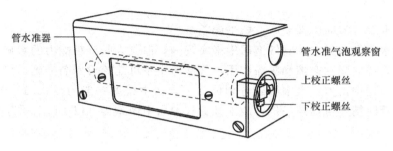

管水准器　　　　　　　　　　　　　　　　管水准气泡观察窗

上校正螺丝

下校正螺丝

图 2.24　水准管的校正

2.8　水准测量的误差与注意事项

2.8.1　水准测量误差的主要来源

水准测量误差的主要来源包括仪器误差、观测误差和外界条件影响误差三个方面。

1. 仪器误差

(1) 仪器校正后的残余误差

视准轴平行于水准管轴才能进行正确读数，水准仪在使用之前虽然经过了严格的检校，但总会存在微小的 i 角，国家水准测量规范规定，三、四等水准测量所使用的 DS₃ 水准仪的 i 角不得超过 $20''$，若以此为限值，i 角引起的读数误差为

$$m_i = \frac{i}{\rho''} \cdot S \qquad (2.14)$$

式中，i——夹角（"）；

S——视线长。

若 $i=20''$，$S=40\text{m}$，则 $m_i = \dfrac{i}{\rho''} \cdot S = \dfrac{20}{206\,265} \times 40 \times 1000 = 3.87\text{mm}$。

i 角引起的水准尺读数误差与仪器至标尺的距离成正比，只要观测时注意使前、后视距相等，便可消除或减弱 i 角误差的影响。在水准测量的每站观测中，使前、后视距完全相等是不容易做到的，因此规范规定，对于四等水准测量，一站的前、后视距差应不大于 5m，任一测站的前后视距累积差应不大于 10m。

(2) 水准尺误差

该项误差包括尺长误差、刻划误差和零点误差，是由水准尺尺长变化、分划不准确、尺弯曲等原因而引起的。此项误差将会对水准测量精度产生较大影响，因此不同精

度等级的水准测量对水准尺有不同的要求。精密水准测量须检验水准尺上米分划间隔平均真长与名义长之差。规范规定，对于区格式木质标尺不应大于 0.5mm，否则应在所测高差中进行尺长改正。零点误差在成对使用水准尺时，可在一个水准测段的观测中安排偶数个测站予以消除，也可在前后视中使用同一根水准尺来消除。

2. 观测误差

(1) 水准管气泡居中误差——整平误差

视准轴水平是通过水准管气泡居中来实现的，但受人眼分辨能力的影响，以及水准管内液体与管壁曲面的摩擦和黏滞作用，气泡居中不可能绝对判断准确。因而，肯定存在水准管气泡居中误差。设水准管分划值为 τ''，居中误差一般为 $\pm(0.1\sim0.15)\tau''$，采用符合水准管时精度可提高一倍，故水准管气泡居中误差为（以 $\pm0.15\tau''$ 为例）

$$m_\tau = \pm \frac{0.15\tau''}{2 \cdot \rho''} \cdot S \tag{2.15}$$

式中，S——水准仪到水准尺的距离。

若 $\tau''=20''$，$S=40$m，则 $m_\tau = \pm \dfrac{0.15\times20}{2\times206\ 265}\times40\times1000=0.29$mm。

精平仪器时，如果水准管气泡没有精确居中，将造成水准管轴偏离水平面而产生误差。由于这种误差在前视与后视读数中不相等，高差计算中不能抵消。

(2) 读数误差

读数误差来源于两个方面：一是视差，前面已经讲过其产生原因和消除方法；二是估读不准确，普通水准测量观测中的毫米位数字是根据十字丝横丝在水准尺的厘米分划内的位置估读的，估读的误差与人眼的分辨能力、望远镜的放大倍数和视距有关，视距愈长，读数误差愈大，此项误差通常计算为

$$m_v = \frac{60'' \cdot S}{V \cdot \rho''} \tag{2.16}$$

式中，V——望远镜放大率倍数；

$60''$——人眼的极限分辨能力。

为减小此项误差，规范规定，使用 DS_3 水准仪进行四等水准测量时，视距应不大于 80m。

(3) 水准尺倾斜误差

读数时水准尺必须竖直，如果水准尺前后倾斜，由此引起的水准尺读数将总是偏大。且视线高度越大，误差就越大。例如尺子前（后）倾斜 3°，当读数为 1.8m 时，会产生 $1.8\times(1-\cos3°)\times1000\approx2.47$mm 的误差。在水准尺上安装圆水准器是保证尺子竖直的主要措施，此项误差在前后读数中均有发生，所以高差计算中可以抵消一部分。

3. 外界条件的影响

(1) 仪器下沉或尺垫下沉

水准仪或水准尺安置在软土或植被上时，在自身重力作用下容易产生下沉，致使视线降低。当采用"后—前—前—后"的观测顺序可以削弱仪器下沉的影响，采用往返观

测取观测高差的中数可以削弱尺垫下沉的影响。因此，安置仪器时要求将脚架踩实，竖立水准尺时将尺垫踩实。

（2）地球曲率和大气折光

1）地球曲率的影响。如图 2.25 所示，理论上水准测量应根据水准面来求出两点的高差，但视线是一条直线，因此读数中含有地球曲率引起的误差 C，由绪论中的相关内容可知

$$C = \frac{S^2}{2R} \tag{2.17}$$

式中，S——视线长；

R——地球半径，取 6371km。

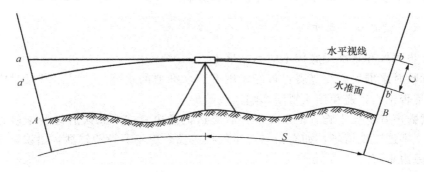

图 2.25 地球曲率的影响

2）大气折光的影响。在太阳光的照射下，地面的温度较高，靠近地面的空气温度也较高，空气密度不均匀，致使光线产生折射，视线不成一条直线。特别是晴天，水准仪的水平视线离地面越近，光线的折射也就越大，因此规范规定视线必须高出地面一定高度，三、四等水准测量时应保证上、中、下三丝应能读数，二等水准测量则要求下丝读数 $\geqslant$ 0.3m。在稳定的气象条件下，大气折光影响 r 为地球曲率影响的 1/7，且符号相反，即

$$r = -\frac{S^2}{2 \times 7R} \tag{2.18}$$

故地球曲率和大气折光的共同影响为

$$f = \left(1 - \frac{1}{7}\right)\frac{S^2}{2R} = 0.43\frac{S^2}{R} \tag{2.19}$$

当前后视距相等时，此项误差可以减弱或消除。

（3）温度和风力

当太阳光照射水准仪时，由于仪器各构件受热不均而引起不规则膨胀，将影响仪器轴线间的正常关系，使观测产生误差。因此，观测时尽量选择阴天，晴天应注意撑伞遮阳。此外，当风力超过四级时将影响仪器的稳定性与读数的精确性，应停止作业。

2.8.2 水准测量注意事项

测量误差是不可避免的，也是无法完全消除的，但可采取措施减弱其影响，以提高测量结果的精度。同时应绝对避免在测量结果中存在错误，因此在进行水准测量时应注

意以下事项。

1. 水准仪操作过程

1) 测量作业开始前必须进行仪器检校。

2) 力求水准仪放置在测点中间,使前后视距相等且不超限。

3) 消除视差影响,视线高度离地面应不小于 0.3m,且上、中、下三丝均能读数。

4) 严格遵守"粗平—瞄准—精平—读数"操作顺序。

5) 三等水准测量严格遵守"后—前—前—后"观测顺序,四等水准测量一般采用"后—后—前—前"观测顺序。

6) 强光下要撑伞,减小温度变化的不利影响。

2. 立尺、读数和记录过程

1) 尺垫顶部和水准尺底部不应黏泥带土。

2) 读数时水准尺必须竖直,最好采用有圆水准器的水准尺。采用塔尺时应注意接头处连接是否正确,避免接头滑动影响读数结果。

3) 读数声音洪亮干脆,记录者听到后应边记录边复述、无误后记录于事先准备好记录表格,字迹工整清晰,如有记错切忌用橡皮擦,更不要眷清转抄,错误记录用铅笔划去,在旁边重写。

4) 读数后,记录者应当场计算,测站检核无误,方可转站。

5) 本站观测完成前,后尺员不能将后视点上的尺垫碰动或拔起,在本站观测完成前应保持不动。

2.9　面水准测量

在某个面状区域内进行的高精度水准测量称为面水准测量,其目的在于测定区域内地面高低起伏状况,并绘制断面图,供土方工程的设计和施工使用。面水准测量可以采用平行线法或方格网法。

2.9.1　平行线法

当用平行线法进行面水准测量时,应先在测区内选择一条或若干条干线,然后垂直于干线以等间距测设一系列的平行线,并在这些平行线上根据地形情况用木桩标定若干地形特征点。桩点的数量及间隔,根据地形及比例尺而定,桩距应尽量相等。平行线间的距离可采用 20~500m 范围内的某个整数。当距离为 100m 或更大时,在每条平行线上应设置横断面。

2.9.2　方格网法

当用方格法进行面水准测量时,必须在地面上设置一系列互相垂直和平行的直线,以组成一个方格网。方格的大小取决于测区的地貌特征及施测面水准的工作目的,一般在 5～250m 内变动。

面水准测量的成果整理，首先从一个起始点开始，计算出第一个转点的高程，依次推算整个方格网转点的高程，再回到起始点，以求得水准路线的闭合差。若闭合差在容许范围内，即按距离成正比的进行分配，并根据各转点调整后的高程，计算所有格网点的高程。

2.10 精密水准仪与自动安平水准仪

2.10.1 精密水准仪

精密水准仪主要用于国家一、二等水准测量及精密工程测量，比如建筑物变形观测、沉降观测，大型桥梁工程以及精密安装工程等测量工作。

精密水准仪的类型很多，我国目前常用的 DS_{05} 型（如威特 N3、蔡司 Ni004）和 DS_1 型（如蔡司 Ni007、国产 DS_1）水准仪均属精密水准仪。图 2.26 为新 N3 微倾式精密水准仪，其每千米往返测高差中数的中误差为 $\pm0.3mm$。

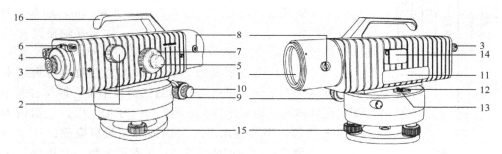

图 2.26 新 N3 型微倾式精密水准仪

1. 物镜；2. 物镜调焦螺旋；3. 目镜；4. 测微尺与管水准气泡观察窗；5. 微倾螺旋；6. 微倾螺旋行程指示器；7. 平行玻璃测微螺旋；8. 平行玻璃板旋转轴；9. 制动螺旋；10. 微动螺旋；11. 管水准器照明窗口；12. 圆水准器；13. 圆水准器校正螺丝；14. 圆水准器观察装置；15. 脚螺旋；16. 手柄

1. 构造特点

精密水准仪的基本构造与一般微倾式水准仪相同，也是由基座、望远镜、水准器三部分组成，其主要特点在于：

1）望远镜光学性能好，放大倍数大，分辨率高，规范要求 DS_1 不小于 38 倍，DS_{05} 不小于 40 倍；望远镜的物镜有效孔径大（不小于 47mm），亮度高。

2）望远镜外表材料一般采用受温度变化影响小的因瓦合金钢，以减小环境温度变化的影响，仪器结构坚固，各轴线关系稳定。

3）水准管分划值为 $10''/2mm$，精平精度高。

4）采用平板玻璃测微器读数，能直读 0.1mm，读数误差小。

5）配备一副温度膨胀系数很小的精密水准尺。

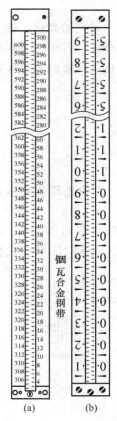

图 2.27　精密水准尺

2. 精密水准尺

与精密水准仪配套使用的是精密水准尺，是用一种膨胀系数极小的因瓦合金制成，也称因瓦水准尺。这种尺是在木质尺身中间的凹槽内，引张一根因瓦合金钢带，其零点端固定在尺身上，另一端用弹簧以一定的拉力引张在尺身上，以使因瓦合金钢带不受木质尺身伸缩变形的影响，其长度分划刻在因瓦合金钢带上，而数字注记则在木质尺身上。精密水准尺的长度分划值有 1cm 和 5mm 两种，数字注记因生产厂家不同而有多种形式。

图 2.27 (a) 为莱卡公司生产的与新 N3 精密水准仪配套的精密水准尺，因为新 N3 的望远镜为正像望远镜，所以水准尺上的注记也是正立的。水准尺全长约 3.2m，在因瓦合金钢带上刻有两排分划，左边一排分划为基本分划，数字注记从 0 到 300cm，右边一排分划为辅助分划，数字注记从 300cm 到 600cm，基本分划与辅助分划的零点相差一个常数 301.55cm，称为基辅差又称尺常数，用以检查读数中是否存在错误（粗差）。

图 2.27 (b) 的分划值为 5mm，该尺左右两边均为基本分划，刻划间隔为 1cm，但两边刻划相互错开半格，即左右两相邻刻划实际间隔是 5mm，但尺面仍按 1cm 注记，因此尺面值为实际长度的两倍，用这种水准尺测出的高差最后应除以 2 才是实际高差。这种尺右边注记的数字 0～5 表示米数，左边的数字注记为分米数。尺身标有三角形标志，小三角形所指为半分米数，长三角形所指为分米的起始处。因瓦尺使用前应进行检验，其检验方法和过程参见规范，此不详述。

3. 平板玻璃测微器及其读数方法

为了提高读数精度，精密水准仪上设有平行玻璃板测微器，新 N3 的平行玻璃板测微器的结构如图 2.28 所示，它由平行玻璃板、测微尺，传动杆和测微螺旋等构件组成。

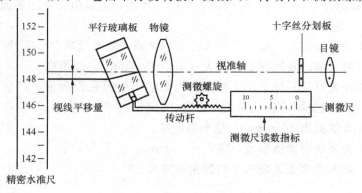

图 2.28　平板玻璃测微器

平行玻璃板安装在物镜前，它与测微尺之间用带有齿条的传动杆连接，当旋转测微螺旋时，传动杆带动平行玻璃板绕其旋转轴作俯仰倾斜，视线经过倾斜的平行玻璃板时产生上下平行移动，可以使原来并不对准尺上某一分划的视线能够精确对准某一分划，从而读到一个整分划读数（图 2.29 中的 148cm 分划），而视线在尺上的平行移动量则由测微尺记录下来，测微尺的读数通过光路成像在测微尺读数窗内。

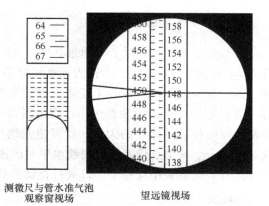

测微尺与管水准气泡观察窗视场　　　　望远镜视场

图 2.29　精密水准尺的读数

旋转 N3 的平行玻璃板可以产生的最大视线平移量为 10mm，它对应测微尺上的100 个分格。测微尺上 1 个分格等于 0.1mm，如在测微尺上估读到 0.1 分格，则可以估读到 0.01mm。将标尺上的读数加上测微尺上的读数就等于标尺的实际读数。如图 2.29所示的读数为 148＋0.655＝148.655cm＝1.486 55m。

2. 10. 2　自动安平水准仪

水准仪使用中最重要的就是通过调节水准器来获得水平视线，因此每次读数前都要精平，这样就影响了水准测量的效率和精度。自动安平水准仪的结构特点是没有管水准器和微倾螺旋，而是在望远镜中设置了一个补偿装置，当圆水准器居中后（粗平后），视准轴虽仍稍有倾斜，但借助补偿装置，视准轴在几秒钟内自动成水平状态，可读得准确读数。因此，自动安平水准仪不仅能缩短观测时间，简化操作，而且对于施工现场地面的微小震动、风吹、脚架下沉等使仪器出现微小倾斜的不利状况，能迅速自动地安平仪器，有效地减小外界影响，提高了观测精度和作业效率。

国产自动安平水准仪的型号是在 DS 后加字母 Z，即为 DSZ05、DSZ1、DSZ3、DSZ10，其中 Z 代表"自动安平"汉语拼音的第一个字母。图 2.30 为北京光学仪器厂生产的 DZS3-1 自动安平水准仪。

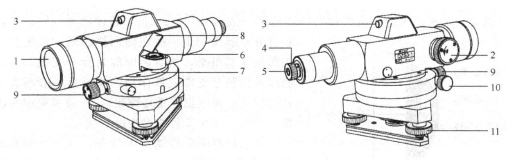

图 2.30　DZS3-1 型自动安平水准仪

1. 物镜；2. 物镜调焦螺旋；3. 粗瞄器；4. 目镜调焦螺旋；5. 目镜；6. 圆水准器；7. 圆水准器校正螺丝；
8. 圆水准器反光镜；9. 制动螺丝；10. 微动螺旋；11. 脚螺旋

1. 自动安平原理

自动安平水准仪视线安平原理如图 2.31 所示，当视准轴水平时，在水准尺上的读数为 a，如图 2.31（a）所示；当视准轴倾斜了一个微小角度 α 后，十字丝交点向上移动，其读数变成 a'。如果在十字丝交点的光路上安装一个光学补偿器，使水平视线偏转一个 β 角，由于 α、β 角都很小，则由图 2.31（b）可知，$d\beta = f\alpha$。因此，只要适当选择补偿器的位置，即 d 的大小，就可使光线正好通过十字丝交点，即视线倾斜一个角度 α 时，十字丝交点仍能读出视线水平时的读数 a，从而达到了自动补偿的目的。

此外，也有采用移动十字丝进行补偿的装置，此不详述。

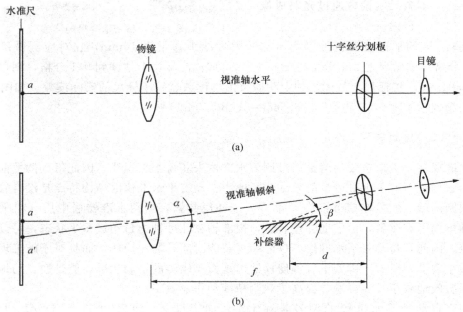

(a)

(b)

图 2.31　自动安平水准仪的视线安平原理图

2. 自动安平水准仪的使用方法

自动安平水准仪的补偿装置的补偿范围一般为 $\pm 5' \sim \pm 15'$，超过此范围时，补偿装置就不起作用了。故在使用仪器时，首先必须用圆水准器粗平，然后再瞄准目标和读数。为了确保补偿装置正常发挥作用，仪器上一般都设有补偿控制按钮（也称重复按钮），一般可采用两次按动按钮，两次读数的方法进行核对。

有的仪器附有自动警告装置，如上面提到的 DZS3-1 型自动安平水准仪，当指示窗内出现绿色时，表示可以进行读数；当窗内一端出现红色时，表示整平精度不足，须重新整平，图 2.32 为

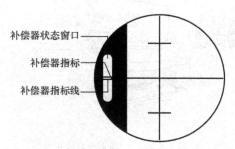

补偿器状态窗口 ——

补偿器指标 ——

补偿器指标线 ——

图 2.32　DZS3-1 型自动安平水准仪
望远镜视场

DZS3-1 型自动安平水准仪望远镜视场，左边为补偿器状态窗口，当仪器安置好、补偿器指标线位于补偿器指标附近时，即可以进行读数。

思考题与习题

1. 设 A 为后视点，高程为 92.433m，B 为前视点，当后视读数为 1.126m 时，前视读数为 1.765m，问 A、B 两点间的高差是多少？B 点的高程是多少？并绘图说明。

2. 水准仪有哪些主要轴线？它们应满足什么几何条件？

3. 什么是视准轴？什么是水准管轴？

4. 什么是视差？它产生的原因是什么？如何消除视差？

5. 水准测量时采用前后视距相等可以消除哪些误差？

6. 什么是水准管分划值？它的大小和整平仪器的精度有什么关系？圆水准器和管水准器各起什么作用？

7. 水准测量中有哪些检核内容？目的和方法是什么？

8. 道路纵断面测量的目的是什么？有哪些工作内容？如何绘制纵断面图？

9. 施测道路横断面通常有哪些方法？怎样进行？

10. 图 2.33 为附合水准路线的观测成果，请分别计算各点高程。（按图根水准测量精度计算）

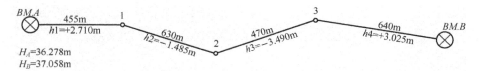

图 2.33 附合水准路线的观测成果

11. 图 2.34 为闭合水准路线的观测成果，请分别计算各点高程。（按图根水准测量精度计算）

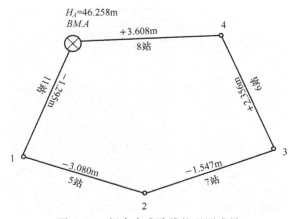

图 2.34 闭合水准路线的观测成果

12. 安置水准仪在离 A、B 两点等距处，A 尺读数 $a_1 = 1.320$m，B 尺读数 $b_1 = 1.116$m，然后将仪器搬到 B 点近旁，B 尺读数 $b_2 = 1.467$m，A 尺读数 $a_2 = 1.700$m，试问水准管轴是否平行于视准轴？为什么？若不平行怎样校正？

第三章 角 度 测 量

3.1 角度测量原理

第二章讲述了测量工作中的三项基本工作之一的高程测量，本章将讲述另一项基本工作——角度测量，角度测量包括水平角测量和竖直角测量，其中水平角测量是用于测量地面点的位置，竖直角测量用于间接测定地面点的高程。在确定地面点的位置时，常常进行角度测量。

角度测量最常用的仪器是经纬仪，分为水平角测量与竖直角测量。水平角测量用于求算点的平面位置，竖直角测量用于测定高差或将倾斜距离改化成水平距离。

3.1.1 水平角测量原理

1. 水平角的概念

相交于一点的两方向线在水平面上的垂直投影所形成的夹角，称为水平角。水平角一般用 β 表示，角值范围为 $0°\sim360°$。

如图 3.1 所示，A、O、B 是地面上任意三个点，OA 和 OB 两条方向线所夹的水平角，即为 OA 和 OB 垂直投影在水平面 H 上的投影 O_1A_1 和 O_1B_1 所构成的夹角 β。

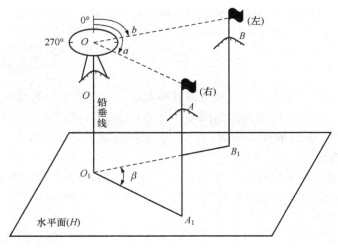

图 3.1 水平角测量原理

2. 水平角测角原理

如图 3.1 所示，可在 O 点的上方任意高度处，水平安置一个带有刻度的圆盘，并

使圆盘中心在过 O 点的铅垂线上；通过 OA 和 OB 各作一铅垂面，设这两个铅垂面在刻度盘上截取的读数分别为 a 和 b，则水平角 β 的角值为

$$\beta = b - a \qquad (3.1)$$

用于测量水平角的仪器，必须具备一个能置于水平位置的水平度盘，且水平度盘的中心位于水平角顶点的铅垂线上。仪器上的望远镜不仅可以在水平面内转动，而且还能在竖直面内转动。经纬仪就是根据上述基本要求设计制造的测角仪器。

3.1.2 竖直角测量原理

竖直角概念：同一竖直面内倾斜视线与水平视线间的夹角，用 α 表示。α 为 AB 方向线的竖直角，其值从水平线算起，向上为正，称为仰角，范围是 $0°\sim90°$；向下为负，称为俯角，范围为 $0°\sim-90°$。天顶距概念：视线与测站点天顶方向之间的夹角，以 Z 表示，其数值为 $0°\sim180°$，均为正值。与竖直角的关系为

$$\alpha = 90° - Z \qquad (3.2)$$

为了测定天顶距或竖直角，同测水平角类似，在 A 点安置一个竖直度盘，同样是带有刻划和注记的。这个竖直度盘随着望远镜上下转动，瞄准目标后则有一个读数，此读数就为竖直角。

根据上述角度测量原理，研制出的能同时完成水平角和竖直角测量的仪器称为经纬仪。经纬仪根据度盘刻度和读数方式的不同，分为游标经纬仪，光学经纬仪和电子经纬仪。目前，我国主要使用光学经纬仪和电子经纬仪，游标经纬仪早已被淘汰。经纬仪按不同测角精度又分成多种等级，如 DJ07、DJ1、DJ2、DJ6、DJ15 等。D、J 为"大地测量"和"经纬仪"的汉语拼音第一个字母，数字表示该仪器测量精度。DJ6 表示一测回方向观测中误差不超过 $\pm6''$。工程中常用的精度有 $2''$、$6''$。

3.2 光学经纬仪

光学经纬仪的水平度盘和竖直度盘用玻璃制成，在度盘平面的周围边缘刻有等间隔的分划线，两相邻分划线间距所对的圆心角称为度盘的格值，又称度盘的最小分格值。一般以格值的大小确定精度，分为：DJ6 度盘格值为 $1°$，DJ2 度盘格值为 $20''$，DJ1（T3）度盘格值为 $4'$。

按精度从高精度到低精度分 DJ07、DJ1、DJ2、DJ6、DJ15 等，"D"、"J"为"大地"、"经纬仪"的首字母汉语拼音缩写，07、1、2、6、15 分别为该经纬仪一测回方向观测中误差（以秒为单位）。

经纬仪是测量任务中用于测量角度的精密测量仪器，可以用于测量角度、工程放样以及粗略的距离测取。整套仪器由仪器、脚架两部分组成。

3.2.1 DJ6 型光学经纬仪

DJ6 型光学经纬仪是一种广泛使用在地形测量、工程测量及矿山测量中的光学经纬仪，其主要由照准部、水平度盘和基座三部分组成。

1. 照准部

照准部是指经纬仪水平度盘之上，能绕其旋转轴旋转部分的总称。照准部主要由竖轴、望远镜、竖直度盘、读数设备、照准部水准管和光学对中器等组成。

（1）竖轴

照准部的旋转轴称为仪器的竖轴。通过调节照准部制动螺旋和微动螺旋，可以控制照准部在水平方向上的转动。

（2）望远镜

望远镜用于瞄准目标。另外为了便于精确瞄准目标，经纬仪的十字丝分划板与水准仪的稍有不同，如图 3.2 所示。

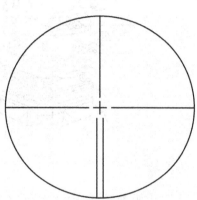

望远镜的旋转轴称为横轴。通过调节望远镜制动螺旋和微动螺旋，可以控制望远镜的上下转动。

望远镜的视准轴垂直于横轴，横轴垂直于仪器竖轴。因此，在仪器竖轴铅直时，望远镜绕横轴转动扫出一个铅垂面。

（3）竖直度盘

竖直度盘用于测量垂直角，竖直度盘固定在横轴的一端，随望远镜一起转动。

图 3.2　经纬仪的十字丝分划板

（4）读数设备

读数设备用于读取水平度盘和竖直度盘的读数。

（5）照准部水准管

照准部水准管用于精确整平仪器。

水准管轴垂直于仪器竖轴，当照准部水准管气泡居中时，经纬仪的竖轴铅直，水平度盘处于水平位置。

（6）光学对中器

光学对中器用于使水平度盘中心位于测站点的铅垂线上。

2. 水平度盘

水平度盘用于测量水平角，是由光学玻璃制成的圆环，环上刻有 0°～360°的分划线，在整度分划线上标有注记，并按顺时针方向注记，其度盘分划值，为 1°或 30″。

水平度盘与照准部是分离的，当照准部转动时，水平度盘并不随之转动。如果需要改变水平度盘的位置，可通过照准部上的水平度盘变换手轮，将度盘变换到所需要的位置。

3. 基座

基座用于支承整个仪器，并通过中心连接螺旋将经纬仪固定在三脚架上。基座上有三个脚螺旋，用于整平仪器。在基座上还有一个轴座固定螺旋，用于控制照准部和基座之间的衔接（图 3.3）。

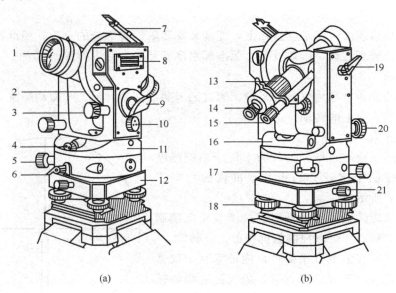

(a)　　　　　　　　　　　　　(b)

图 3.3　DJ6 型光学经纬仪

1. 物镜；2. 竖直度盘；3. 竖盘指标水准管微动螺旋；4. 圆水准器；5. 照准部微动螺旋；6. 照准部制动扳钮；7. 水准管反光镜；8. 竖盘指标水准管；9. 度盘照明反光镜；10. 测微轮；11. 水平度盘；12. 基座；13. 望远镜调焦筒；14. 目镜；15. 读数显微镜目镜；16. 照准部水准管；17. 复测扳手；18. 脚螺旋；19. 望远镜制动扳钮；20. 望远镜微动螺旋；21. 轴座固定螺旋

3.2.2　DJ2 型光学经纬仪

1. DJ2 型光学经纬仪的特点

DJ2 型光学经纬仪构造图如图 3.4 所示，与 DJ6 型光学经纬仪相比主要有以下特点：

1）轴系间结构稳定，望远镜的放大倍数较大，照准部水准管的灵敏度较高。

2）在 DJ2 型光学经纬仪读数显微镜中，只能看到水平度盘和竖直度盘中的一种影像，读数时，通过转动换像手轮，使读数显微镜中出现需要读数的度盘影像。

3）DJ2 型光学经纬仪采用对径符合读数装置，相当于取度盘对径相差 180°处的两个读数的平均值，以消除偏心误差的影响，提高读数精度。

2. DJ2 型光学经纬仪的读数方法

对径符合读数装置是通过一系列棱镜和透镜的作用，将度盘相对 180°的分划线，同时反映到读数显微镜中，并分别位于一条横线的上、下方，如图 3.5 所示，右下方为分划线重合窗，右上方读数窗中上面的数字为整度值，中间凸出的小方框中的数字为整 10′数，左下方为测微尺读数窗。

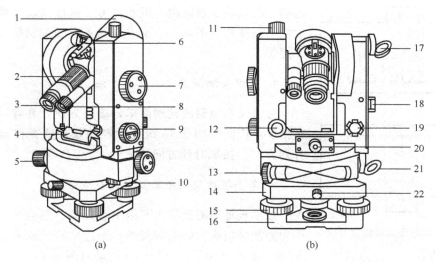

图 3.4　DJ2 型光学经纬仪

1. 物镜；2. 望远镜调焦筒；3. 目镜；4. 照准部水准管；5. 照准部制动螺旋；6. 粗瞄准器；7. 测微轮；8. 读数显微镜；9. 度盘换向旋钮；10. 水平度盘变换手轮；11. 望远镜制动螺旋；12. 望远镜微动螺旋；13. 照准部微动螺旋；14. 基座；15. 脚螺旋；16. 基座底板；17. 竖盘照明反光镜；18. 竖盘指标水准器观察镜；19. 竖盘指标水准器微动螺旋；20. 光学对中器；21. 水平度盘照明反光镜；22. 轴座固定螺旋

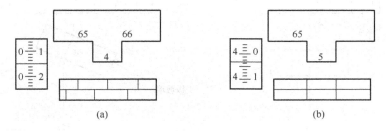

图 3.5　DJ2 型光学经纬仪读数

测微尺刻划有 600 小格，最小分划为 1″，可估读到 0.1″，全程测微范围为 10′。测微尺的读数窗中左边注记数字为分，右边注记数字为整 10″数。读数方法如下：

1）转动测微轮，使分划线重合窗中上、下分划线精确重合，如图 3.5（b）所示。

2）在读数窗中读出度数。

3）在中间凸出的小方框中读出整 10′数。

4）在测微尺读数窗中，根据单指标线的位置，直接读出不足 10′的分数和秒数，并估读到 0.1″。

5）将度数、整 10′数及测微尺上读数相加，即为度盘读数，如图 3.5（b）所示读数为 $65° + 5 × 10′ + 4′02.2″ = 65°54′02.2″$。

3.2.3　光学经纬仪的读数系统和读数方法

DJ6 型光学经纬仪的水平度盘和竖直度盘分化线通过一系列的棱镜和透镜，成像于望

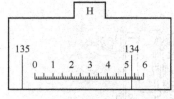

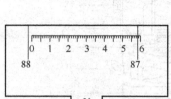

图 3.6　读数显微镜内度盘成像

远镜旁的读数显微镜内，观测者可以通过读数显微镜读取度盘上的读数（图 3.6）。常用的读数装置和读数方法有以下两种。

1. 分微尺测微器及其读数方法

分微尺测微器的结构简单，读数方便，具有一定的读数精度，广泛应用于 J6 级光学经纬仪。这类仪器的度盘分划为 1°，按顺时针方向注记。

2. 单平板玻璃测微器及其读数方法

单平板玻璃测微器主要由平板玻璃、测微尺、连接机构和测微轮组成。转动测微轮，通过齿轮带动平板玻璃和与之固连在一起的测微尺一起转动，测微尺和平板玻璃同步转动（图 3.7）。

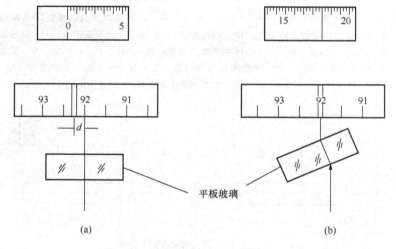

　　　　　　　(a)　　　　　　　　　　　　　　　　(b)

图 3.7　单平板玻璃测微器读数原理

3. 对径符合读法

上述两种读数方法，都是利用位于直径一端的指标读数。如图 3.8 所示，如果度盘的刻划中心 O 与照准部的旋转中心 O 不相重合，它会使读数产生误差 x，这个误差称偏心差。为了能在读数过程中将这个误差消除，一些精度较高（如 DJ2 级以上）的仪器，都利用直径两端的指标读数，以取其平均值。这种仪器在构造上有两种：双平行玻璃板法和双光楔法。由于两种构造的作用相同，现只对双平行玻璃板法加以说明。

采用双平行玻璃板构造的仪器，其原理如图 3.8 所示。位于支架一侧的测微手轮也与两块平行玻璃板及测微分划尺相连。度盘直径两端的影像，通过一系列光学组件，分别传至两块平行玻璃板，再传至读数显微镜。当旋转测微手轮时，两块平行玻璃板以相同的速度作相反方向的旋转，因而在读数窗内，度盘直径两端的刻划影像、也作相反方向的移动。当移动到对径两端的刻划线互相对齐后，则可从相差 180° 的两条刻划线上读出度数及整 10′ 数，再从测微分划尺上读出不足 10′ 的分数及秒数，两者相加，即为完整的读数。

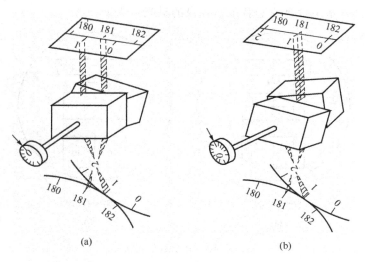

图 3.8　双平行玻璃板构造原理

在图 3.9（a）中，其对径两端的刻划线对齐后，相差 180° 的 96°40′ 与 276°40′ 两条刻划线对齐。由于这两条线注字的像一为正像另一为倒像，为了方便，通常按正像的数字读度及 10′ 数，图中的读数即为 96°49′28″。有时读数窗内的影像可能如图 3.9（b）所示，当对径两端刻划线对齐后，没有相差 180° 的刻划线相对，这时需在两相差 180° 刻划线的中间位置取读数，图中读数为 295°57′36.4″。

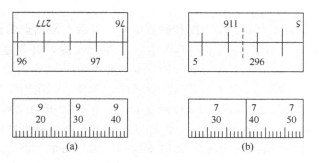

图 3.9　J2 级经纬仪读数原理

上述读数方法，在读取 10′ 数时十分不便，而且极易出错，所以现在新的仪器产品，都改为"光学数字读法"，其读数显微镜的视场如图 3.10 所示。中间小窗为度盘直径两端的影像，上面的小窗可读取度数及 10′ 数，下面小窗即为测微分划尺影像。当旋转测微手轮，使中间小窗的上下刻划线对齐后，可从上面小窗读出度数及 10′ 数，再从下面小窗的测微尺上读出不足 10′ 的分、秒数，如图 3.10（a）所示的完整读数为 176°38′25.8″。但在图 3.10（b）中，应注意此时上面小窗的 0 相当于 60′，故读数应为

177°00′而不是 176°00′，完整的读数应为 177°03′35.8″。在使用这种仪器时，读数显微镜不能同时显示水平度盘及竖直度盘的读数。在支架左侧有一个刻有直线的旋钮，当直线水平时，所显示的是水平度盘读数；而直线竖直时，则显示的是竖直度盘读数。此外，读数时应打开水平度盘或竖直度盘各自的进光反光镜。

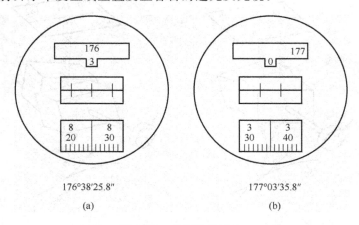

图 3.10　光学数字读法

3.2.4　光学经纬仪的使用

经纬仪的技术操作包括对中—整平—瞄准—读数。

在测量角度以前，首先要把经纬仪安置在设置有地面标志的测站上。所谓测站，是所测角的顶点。安置工作包括对中、整平两项。

1. 对中

目的：将照准部旋转中心、水平度盘旋转中心，安置在测站点的铅垂线上。

操作：在安置仪器以前，首先将三脚架打开，抽出架腿，并旋紧架腿的固定螺旋。然后将三个架腿安置在以测站为中心的等边三角形的角顶上。这时架头平面约略水平，且中心与地面点约略在同一铅垂线上，从仪器箱中取出仪器，用附于三脚架头上的连接螺旋，将仪器与三脚架固连在一起，即可精确对中。根据仪器的结构，可用垂球对中，也可用光学对中器对中。用垂球对中时，先将垂球挂在三脚架的连接螺旋上，并调整垂球线的长度，使垂球尖刚刚离开地面。再看垂球尖是否与角顶点在同一铅垂线上，如果偏离，则将角顶点与垂球尖连一方向线，将最靠近连线的一条腿，沿连线方向前后移动，直到垂球与角顶对准，如图 3.11（a）所示。这时如果架头平面倾斜，则移动与最大倾斜方向垂直的一条腿，从高的方向向低的方向划一以地面顶点为圆心的圆弧，直至架头基本水平，且对中偏差不超过 1～2cm 为止。最后将架腿踩实，如图 3.11（b）。为使精确对中，可稍稍松开连接螺旋，将仪器在架头平面上移动，直至准确对中，最后再旋紧连接螺旋。

如果使用光学对中器对中，可以先用垂球粗略对中，然后取下垂球，再用光学对中器对中。但在使用光学对中器时，仪器应先利用脚螺旋使圆水准器气泡居中，再看光学对中器是否对中，如有偏离，仍在仪器架头上平行移动仪器，在保证圆水准气泡居中的条件下，使其与地面点对准。如果不用垂球粗略对中，则一面观察光学对中器一面移动脚架，使光学对中器与地面点对准。这时仪器架头可能倾斜很大，则根据圆水准气泡偏移方向，伸缩相关架腿，使气泡居中。伸缩架腿时，应先稍微旋松伸缩螺旋，待气泡居中后，立即旋紧。光学对中器的精度较高，且不受风力影响，应尽量采用。待仪器精确整平后，仍要检查对中情况，因为只有在仪器整平的条件下，光学对中器的视线才居于铅垂位置，对中才是正确的。

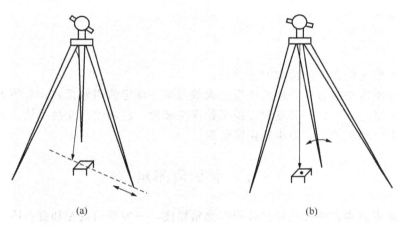

图 3.11 对中示意图

2. 整平

目的：使竖轴与角的顶点居于一条铅垂线位置，水平度盘居于水平位置。

操作：整平时要先用脚螺旋使圆水准气泡居中，以粗略整平，再用管水准器精确整平。由于位于照准部上的管水准器只有一个，如图 3.12 （a） 所示，可以先使它与一对脚螺旋连线的方向平行，然后双手以相同速度向相反方向旋转这两个脚螺旋，使管水准器的气泡居中。再将照准部平转 90°，用另外一个脚螺旋使气泡居中。这样反复进行，直至管水准器在任一方向上气泡都居中为止。在整平后还需检查光学对中器是否偏移，如果偏移，则重复上述操作方法，直至水准气泡居中，对中器对中为止。

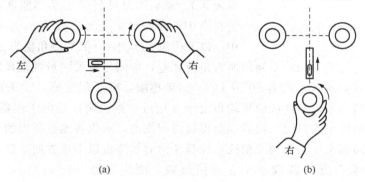

图 3.12 整平示意图

3. 瞄准

目的：确定目标方向所在的位置和所在度盘的读数位置。

操作：经纬仪安置好后。用望远镜瞄准目标，首先将望远镜照准远处，调节目镜对光螺旋使十字丝清晰；然后旋松望远镜和照准部制动螺旋，用望远镜的光学瞄准器照准目标，转动物镜对光螺旋使目标影像清晰；最后旋紧望远镜和照准部的制动螺旋，通过旋转望远镜和照准部的微动螺旋，使十字丝交点对准目标，并观察有无视差，如有视差，应重新对光，予以消除。

4. 读数或置数

读数：按照先前介绍的读数方法进行。

置数：照准需要的方向，使水平度盘读数为某一预定值叫做置数。具体方法是先照准后置数，照准目标后，打开度盘变换手轮保险装置，转动度盘变换手轮，使度盘读数等于预定读数，然后关上变换手轮保险装置。

3.3　水平角测量

在水平角观测中，为发现错误并提高测角精度，一般要用盘左和盘右两个位置进行观测。当观测者对着望远镜的目镜，竖盘在望远镜的左边时称为盘左位置，又称正镜；若竖盘在望远镜的右边时称为盘右位置，又称倒镜。水平角观测方法，一般有测回法和方向观测法两种。

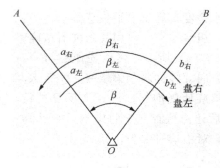

图 3.13　测回法观测水平角示意图

3.3.1　测回法

设 O 为测站点，A、B 为观测目标，$\angle AOB$ 为观测角，如图 3.13 所示。先在 O 点安置仪器，进行整平、对中，然后按以下步骤进行观测：

1）盘左位置：先照准左方目标，即后视点 A，读取水平度盘读数为 $a_左$，并记入测回法测角记录表中，见表 3.1。然后顺时针转动照准部照准右方目标，即前视点 B，读取水平度盘读数为 $b_左$，并记入记录表中。以上称为上半测回，其观测角值为 $\beta_左 = b_左 - a_左$。

值得注意的是上下两个半测回所得角值之差，应满足有关测量规范规定的限差，对于 DJ6 级经纬仪，限差一般为 $30''$ 或 $40''$，如果超限，则必须重测。如果重测的两半测回角值之差仍然超限，但两次的平均角值十分接近，则说明这是由于仪器误差造成的。取盘左盘右角值的平均值时，仪器误差可以得到抵消，所以各测回所得的平均角值是正确的。两个方向相交可形成两个角度，计算角值时始终应以右边方向的读数减去左边方向的读数。如果右方向读数小于左方向读数，则应先加 $360°$ 后再减，所得的则是 $\angle AOB$ 的外角。所以测得的是哪个角度与照准部的转动方向无关，与先测哪个方向也无关，而是取决于用哪个方向的读数减去哪个方向的读数。在下半测回时，仍要顺时针转动照准部，以消减度盘带动误差的影响。

表 3.1　测回法测角记录

测站	盘位	目标	水平度盘读数	水平角		备注
				半测回角	测回角	
O	左	A	0°01′24″	60°49′06″	60°49′03″	
		B	60°50′30″			
	右	C	180°01′30″	60°49′00″		
		D	240°50′30″			

2) 盘右位置：先照准右方目标，即前视点 B，读取水平度盘读数为 $b_左$，并记入记录表中，再逆时针转动照准部照准左方目标，即后视点 A，读取水平度盘读数为 $a_右$，并记入记录表中，则得下半测回角值为

$$\beta_右 = b_右 - a_左$$

3) 上、下半测回合起来称为一测回。一般规定，用 J6 级光学经纬仪进行观测，上、下半测回角值之差不超过 40″ 时，可取其平均值作为一测回的角值，即

$$\beta = \frac{1}{2}(\beta_左 + \beta_右) \tag{3.3}$$

3.3.2　方向观测法

测回法是对两个方向的单角观测，如要观测三个以上的方向，则采用方向观测法（全圆测回法）进行观测。

方向观测法应首先选择一起始方向作为零方向，如图 3.14 所示，设 A 方向为零方向。零方向应选择距离适中、通视良好、呈像清晰稳定、俯仰角和折光影响较小的方向。

将经纬仪安置于 O 站，对中整平后按下列步骤进行观测：

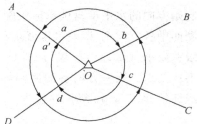

图 3.14　方向观测法观测水平角示意图

1) 盘左位置，瞄准起始方向 A，转动度盘变换钮把水平度盘读数配置为 0°00′，而后再松开制动，重新照准 A 方向，读取水平度盘读数 a，并记入方向观测法记录表中，见表 3.2。

2) 按照顺时针方向转动照准部，依次瞄准 B、C、D 目标，并分别读水平度盘读数为 b、c、d，并记入记录表中。

3) 最后回到起始方向 A，再读取水平度盘读数为 a′，这一步称为"归零"。a 与 a′ 之差称为"归零差"，其目的是为了检查水平度盘在观测过程中是否发生变动。"归零差"不能超过允许限值（J2 级经纬仪为 12″，J6 级经纬仪为 18″）。

以上操作称为上半测回观测。

4) 盘右位置，按逆时针方向旋转照准部，依次瞄准 A、D、C、B、A 目标，分别

读取水平度盘读数，记入记录表中，并算出盘右的"归零差"，称为下半测回。上、下两个半测回合称为一测回，观测记录及计算如表 3.2 所示。

表 3.2　方向观测法（全圆观测法）记录手簿

测站	测回	目标	读数		2C=左一(右±180)]	平均读数=1/2[左+(右±180)]	归零后的方向值	各测回归零方向值的平均值	备注
			盘左	盘右					
			° ′ ″	° ′ ″	″	° ′ ″	° ′ ″	° ′ ″	
1	2	3	4	5	6	7	8	9	10
O	1	A	0 02 12	180 02 00	±12	(0 02 10) 0 02 06	0 00 00	0 00 00	
		B	37 44 15	217 44 05	±10	37 44 10	37 42 00	37 42 04	
		C	110 29 04	290 28 52	±12	110 28 58	110 26 48	110 26 52	
		D	150 14 51	330 14 43	±8	150 14 47	150 12 37	150 12 33	
		A	0 02 18	180 02 08	±10	0 02 13			
	2	A	90 03 30	270 03 22	±8	(90 03 24) 90 03 26	0 00 00		
		B	127 45 34	307 45 28	±6	127 45 31	37 42 07		
		C	200 30 24	20 30 18	±6	200 30 21	110 26 57		
		D	240 15 57	60 15 49	±8	240 15 53	150 12 29		
		A	90 03 25	270 03 18	±7	90 03 22			

5）限差，当在同一测站上观测几个测回时，为了减少度盘分划误差的影响，每测回起始方向的水平度盘读数值应配置在 $(180°/n+60'/n)$ 的倍数（n 为测回数）。在同一测回中各方向 2c 误差（也就是盘左、盘右两次照准误差）的差值，即 2c 互差不能超过限差要求（J2 级经纬仪为 18″）。表 3.2 中的数据是用 J6 级经纬仪观测的，故对 2c 互差不作要求。同一方向各测回归零方向值之差，即测回差，也不能超过限值要求（J2 级经纬仪为 12″，J6 级经纬仪为 24″）。

3.4　竖直角测量

3.4.1　竖直度盘的构造

竖直度盘垂直固定在望远镜旋转轴的一端，随望远镜的转动而转动。竖直度盘的刻划与水平度盘基本相同，但其注字随仪器构造的不同分为顺时针和逆时针两种形式。

在竖盘中心的铅垂方向装有光学读数指示线，为了判断读数前竖盘指标线位置是否正确，在竖盘指标线（一个棱镜或棱镜组）上设置了管水准器，用来控制指标位置，如图 3.15 所示。当竖盘指标水准管气泡居中时，竖盘指标就处于正确位置。对于 J6 级光学经纬仪竖盘与指标及指标水准管之间应满足下列关系：当视准轴水平，指标水准管气泡居中时，指标所指的竖盘读数值盘左为 90°，盘右为 270°。

3.4.2　竖直角的计算公式

当经纬仪在测站上安置好后，首先应依据竖盘的注记形式，推导出测定竖直角的计算公式，其具体做法如下：

1）盘左位置把望远镜大致置水平位置，这时竖盘读数值约为 90°（若置盘右位置约为 270°），这个读数称为始读数。

2）慢慢仰起望远镜物镜，观测竖盘读数（盘左时记作 L，盘右时记作 R），并与始读数相比，是增加还是减少。

3）以盘左为例，若 $L>90°$，则竖角计算公式为

$$\left.\begin{array}{l} \alpha_{左} = L - 90° \\ \alpha_{右} = 270° - R \end{array}\right\} \tag{3.4a}$$

若 $L<90°$，则竖角计算公式为

$$\left.\begin{array}{l} \alpha_{左} = 90° - L \\ \alpha_{右} = R - 270° \end{array}\right\} \tag{3.4b}$$

对于图 3.15（a）的竖盘注记形式，其竖直角计算公式为式（3.4b）。

平均竖直角为

$$\alpha = \frac{\alpha_{左} + \alpha_{右}}{2} = \frac{R - L - 180°}{2} \tag{3.5}$$

3.4.3　竖盘指标差

上述竖直角的计算公式是认为竖盘指标处在正确位置时导出的，即当视线水平，竖盘指标水准管气泡居中时，竖盘指标所指读数应为始读数。但当指标偏离正确位置时，这个指标线所指的读数就比始读数增大或减少一个角值 X，此值称为竖盘指标差，也就是竖盘指标位置不正确所引起的读数误差。

在有指标差时，如图 3.15（b）所示，以盘左位置瞄准目标，转动竖盘指标水准管微动螺旋使水准管气泡居中，测得竖盘读数为 L，它与正确的竖直角 α 的关系是

$$\alpha = 90° - (L - X) = \alpha_{左} + X \tag{3.6}$$

以盘右位置按同法测得竖盘读数为 R，它与正确的竖角 α 的关系是

$$\alpha = (R - X) - 270° = \alpha_{右} - X \tag{3.7}$$

将式（3.6）加式（3.7）得

$$\alpha = \frac{\alpha_{左} + \alpha_{右}}{2} = \frac{R - L - 180°}{2} \tag{3.8}$$

由此可知，在测量竖角时，用盘左、盘右两个位置观测取其平均值作为最后结果，可以消除竖盘指标差的影响。

若将式（3.6）减式（3.7）即得指标差计算公式

$$X = \frac{\alpha_{左} - \alpha_{右}}{2} = \frac{R + L - 360°}{2} \tag{3.9}$$

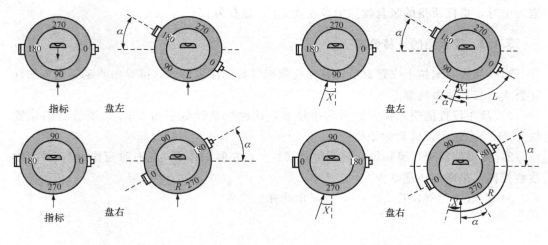

(a) 竖直角计算示意图　　　　　　　　　　　(b) 指标差计算示意图

图 3.15　竖直角及指标差计算示意图

一般指标差变动范围不得超过±30″，如果超限，须对仪器进行检校。此公式适用于竖盘顺时针刻划的注记形式，若竖盘为逆时针刻划的注记形式，按上式求得指标差应改变符号。

3.4.4　竖直角观测

在测站上安置仪器，用下述方法测定竖直角：

1）盘左位置：瞄准目标后，用十字丝横丝卡准目标的固定位置，旋转竖盘指标水准管微动螺旋，使水准管气泡居中或使气泡影像符合，读取竖盘读数 L，并记入竖直角观测记录表中，见表 3.3。用推导好的竖角计算公式，计算出盘左时的竖直角，上述观测称为上半测回观测。

表 3.3　竖直角观测记录表

测站	目标	盘位	竖盘读数	半测回竖直角	指标差	一测回竖直角	备注
O	M	左	59°29′48″	+30°30′12″	−12″	+30°30′00″	盘左 270 180 0 90
		右	300°29′48″	+30°39′48″			
	N	左	93°18′40″	−3°18′40″	−13″	−3°18′53″	盘右 90 180 0 270
		右	266°40′54″	−3°19′06″			

2）盘右位置：仍照准原目标，调节竖盘指标水准管微动螺旋，使水准管气泡居中，

读取竖盘读数值 R，并记入记录表中。用推导好的竖角计算公式，计算出盘右时的竖角，称为下半测回观测。

上、下半测回合称一测回。

3）计算测回竖直角 α：$\alpha = \dfrac{\alpha_左 + \alpha_右}{2}$ 或 $\alpha = \dfrac{R - L - 180°}{2}$。

4）计算竖盘指标差 X：$X = \dfrac{\alpha_左 + \alpha_右}{2}$ 或 $X = \dfrac{R + L - 360°}{2}$。

3.4.5 竖盘指标自动归零补偿装置

目前光学经纬仪普遍采用竖盘自动归零补偿装置来代替竖盘指标水准管，使用时，将自动归零补偿器锁紧手轮逆时针旋转，使手轮上红点对准照准部支架上黑点，再用手轻轻敲动仪器，如听到竖盘自动归零补偿器有了"当、当"响声，表示补偿器处于正常工作状态，如听不到响声表明补偿器有故障。可再次转动锁紧手轮，直到用手轻敲有响声为止。竖直角观测完毕，一定要顺时针旋转手轮，以锁紧补偿机构，防止震坏吊丝。

3.5 经纬仪的检验与校正

由于仪器经过长期外业使用或长途运输及外界影响等，会使各轴线的几何关系发生变化，因此在使用前必须对仪器进行检验和校正。

3.5.1 光学经纬仪轴线应满足的条件

经纬仪的轴线（图 3.16）应满足以下条件：

1）平盘水准管轴应垂直于纵轴。
2）圆水准轴应平行于纵轴。
3）视准轴应垂直于横轴。
4）横轴应垂直于纵轴。
5）十字丝纵丝应垂直于横轴。
6）竖盘指标差应小于规定的数值。

3.5.2 经纬仪的检验与校正

1. 照准部水准管的检验与校正

目的：当照准部水准管气泡居中时，使水平度盘水平，竖轴铅垂。

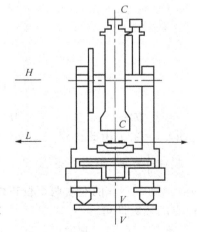

图 3.16 经纬仪各轴线示意图

检验方法：将仪器安置好后，使照准部水准管平行于一对脚螺旋的连线，转动这对脚螺旋使气泡居中。再将照准部旋转 $180°$，若气泡仍居中，说明条件满足，即水准管轴垂直于仪器竖轴，否则应进行校正。

校正方法：转动平行于水准管的两个脚螺旋使气泡退回偏离零点的格数的一半，再用拨针拨动水准管校正螺丝，使气泡居中。

2. 十字丝竖丝的检验与校正

目的：使十字丝竖丝垂直横轴。当横轴居于水平位置时，竖丝处于铅垂位置。

检验方法：用十字丝竖丝的一端精确瞄准远处某点，固定水平制动螺旋和望远镜制动螺旋，慢慢转动望远镜微动螺旋。如果目标不离开竖丝，说明此项条件满足，即十字丝竖丝垂直于横轴，否则需要校正。

校正方法：要使竖丝铅垂，就要转动十字丝板座或整个目镜部分。校正时，首先旋松固定螺丝，转动十字丝板座，直至满足此项要求，然后再旋紧固定螺丝。

3. 视准轴的检验与校正

目的：使望远镜的视准轴垂直于横轴。视准轴不垂直于横轴的倾角 c 称为视准轴误差，也称为 $2c$ 误差，它是由于十字丝交点的位置不正确而产生的。

检验方法：选一长约 80m 的平坦地区，将经纬仪安置于中间 O 点，在 A 点竖立测量标志，在 B 点水平横置一根水准尺，使尺身垂直于视线 OB 并与仪器同高。

盘左位置，视线大致水平照准 A 点，固定照准部，然后纵转望远镜，在 B 点的横尺上读取读数 B_1，如图 3.17（a）所示。松开照准部，再以盘右位置照准 A 点，固定照准部。再纵转望远镜在 B 点横尺上读取读数 B_2，如图 3.17（b）所示。如果 B_1、B_2 两点重合，则说明视准轴与横轴相互垂直，否则需要进行校正。

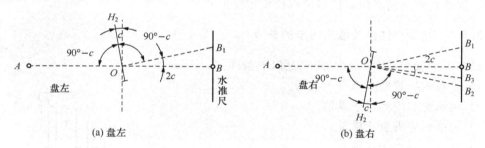

图 3.17　用横尺法检校视准轴示意图

校正方法：盘左时，$\angle AOH_2 = \angle H_2OB_1 = 90 - c$，则 $\angle B_1OB = 2c$；盘右时，同理 $\angle BOB_2 = 2c$。由此得到 $\angle B_1OB_2 = 4c$，B_1B_2 所产生的差数是四倍视准误差。校正时从 B_2 起在 $\frac{1}{4}B_1B_2$ 距离处得 B_3 点，则 B_3 点在尺上读数值为视准轴应对准的正确位置。用拨针拨动十字丝的左右两个校正螺丝，注意应先松后紧，边松边紧，使十字丝交点对准 B_3 点的读数即可。

要求：在同一测回中，同一目标的盘左、盘右读数的差为两倍视准轴误差，以 $2c$ 表示。对于 DJ2 型光学经纬仪当 $2c$ 的绝对值大于 30″ 时，就要校正十字丝的位置。c 值可按下式计算

$$c = \frac{B_1B_2}{4S} \cdot \rho'' \tag{3.10}$$

式中，S——仪器到横置水准尺的距离；

$\rho'' = 206\ 265''$。

视准轴的检验和校正也可以利用度盘读数法按下述方法进行：

检验：选与视准轴近于水平的一点作为照准目标，盘左照准目标的读数为 $\alpha_左$，盘右再照准原目标的读数为 $\alpha_右$，如 $\alpha_左$ 与 $\alpha_右$ 不相差 180°，则表明视准轴不垂直于横轴，视准轴应进行校正。

校正：以盘右位置读数为准，计算两次读数的平均数 α，即 $\alpha = \dfrac{\alpha_右 + (\alpha_左 \pm 180°)}{2}$。

转动水平微动螺旋将度盘读数值配置为读数 α，此时视准轴偏离了原照准的目标，然后拨动十字丝校正螺丝，直至使视准轴再照准原目标为止，即视准轴与横轴相垂直。

4. 横轴的检验与校正

目的：使横轴垂直于仪器竖轴。

检验方法：将仪器安置在一个清晰的高目标附近，其仰角为 30°左右。盘左位置照准高目标 M 点，固定水平制动螺旋，将望远镜大致放平，在墙上或横放的尺上标出 m_1 点。纵转望远镜，盘右位置仍然照准 M 点，放平望远镜，在墙上标出 m_2 点。如果 m_1 和 m_2 相重合，则说明此条件满足，即横轴垂直于仪器竖轴，否则需要进行校正。

校正方法：此项校正一般应由厂家或专业仪器修理人员进行。

5. 竖盘指标水准管的检验与校正

目的：使竖盘指标差 X 为零，指标处于正确的位置。

检验方法：安置经纬仪于测站上，用望远镜在盘左、盘右两个位置观测同一目标，当竖盘指标水准管气泡居中后，分别读取竖盘读数 L 和 B，用式（3.9）计算出指标差 X。如果 X 超过限差，则须校正。

校正方法：按式（3.5）求得正确的竖直角 α 后，不改变望远镜在盘右所照准的目标位置，转动竖盘指标水准管微动螺旋，根据竖盘刻划注记形式，在竖盘上配置竖角为 α 值时的盘右读数 $R'(R' = 270° + \alpha)$，此时竖盘指标水准管气泡必然不居中，然后用拨针拨动竖盘指标水准管上、下校正螺丝使气泡居中即可。

6. 光学对中器的检验与校正

目的：使光学对中器视准轴与仪器竖轴重合。

检验方法：

（1）装置在照准部上的光学对中器的检验

精确地安置经纬仪，在脚架的中央地面上放一张白纸，由光学对中器目镜观测，将光学对中器分划板的刻划中心标记于纸上，然后水平旋转照准部，每隔 120°用同样的方法在白纸上作出标记点，如三点重合，说明此条件满足，否则需要进行校正。

（2）装置在基座上的光学对中器的检验

将仪器侧放在特制的夹具上，照准部固定不动，而使基座能自由旋转，在距离仪器不小于 2m 的墙壁上钉贴一张白纸，用上述同样的方法，转动基座，每隔 120°在白纸上作出一标记点，若三点不重合，则需要校正。

校正方法：在白纸的三点构成误差三角形，绘出误差三角形外接圆的圆心。由于仪器的类型不同，校正部位也不同。有的校正转向直角棱镜，有的校正分划板，有的两者均可校正。校正时均须通过拨动对点器上相应的校正螺丝，调整目标偏离量的一半，并反复 1～2 次，直到照准部转到任何位置观测时，目标都在中心圈以内为止。

必须指出：光学经纬仪这六项检验校正的顺序不能颠倒，而且照准部水准管轴垂直于仪器的竖轴的检校是其他项目检验与校正的基础，这一条件不满足，其他几项检验与校正就不能正确进行。另外，竖轴不铅垂对测角的影响不能用盘左、盘右两个位置观测而消除，所以此项检验与校正也是主要的项目。其他几项，在一般情况下有的对测角影响不大，有的可通过盘左、盘右两个位置观测来消除其对测角的影响，因此是次要的检校项目。

3.6　水平角测量误差

3.6.1　仪器误差

1. 仪器误差

（1）视准轴误差

望远镜视准轴不垂直于横轴时，其偏离垂直位置的角值 C 称视准差或照准差。

（2）横轴误差

当竖轴铅垂时，横轴不水平，而有一偏离值 I，称横轴误差或支架差。

（3）竖轴误差

观测水平角时，仪器竖轴不处于铅垂方向，而偏离一个 δ 角度，称竖轴误差。

2. 对中误差与目标偏心

观测水平角时，对中不准确，使得仪器中心与测站点的标志中心不在同一铅垂线上即是对中误差，也称测站偏心。

当照准的目标与其他地面标志中心不在一条铅垂线上时，两点位置的差异称目标偏心或照准点偏心，其影响类似对中误差，边长越短，偏心距越大，影响也越大。

3.6.2　观测误差

1. 瞄准误差

人眼分辨两个的最小视角约为 60″，瞄准误差为

$$m_v = \pm 60''/V$$

2. 读数误差

用分微尺测微器读数，可估读到最小格值的十分之一，以此作为读数误差。

3.6.3　外界条件影响误差

观测在一定的条件下进行，外界条件对观测质量有直接影响，如松软的土壤和大风影响仪器的稳定；日晒和温度变化影响水准管气泡的运动；大气层受地面热辐射的影响会引起目标影像的跳动等等，这些都会给观测水平角带来误差。因此，要选择目标成像清晰稳定的有利时间观测，设法克服或避开不利条件的影响，以提高观测成果的质量。

3.7　电子经纬仪

随着电子技术、计算机技术、光电技术、自动控制等现代科学技术的发展，1968年电子经纬仪问世。电子经纬仪与光电测距仪、计算机、自动绘图仪相结合，使地面测量工作实现了自动化和内外业一体化，这是测绘工作的一次历史性变化。图 3.18 是 Leica T2000 电子经纬仪的全貌。

电子经纬仪与光学经纬仪相比较，主要差别在读数系统，其他如照准、对中、整平等装置是相同的。

3.7.1　电子经纬仪的读数系统

电子经纬仪的读数系统是通过角-码变换器，将角位移量变为二进制码，再通过一定的电路，将其译成度、分、秒，而用数字形式显示出来。

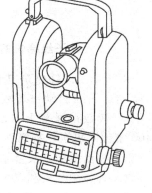

图 3.18　电子经纬仪

目前常用的角-码变换方法有编码度盘、光栅度盘及动态测角系统等，有的也将编码度盘和光栅度盘结合使用。现以光栅度盘为例，说明角-码变换的原理。

光栅度盘又分透射式及反射式两种。透射式光栅是在玻璃圆盘上刻有相等间隔的透光与不透光的辐射条纹。反射式光栅则是在金属圆盘上刻有相等间隔的反光与不反光的条纹。用得较多的是透射式光栅。

透射式光栅的工作原理如图 3.19（a）所示。它有互相重叠、间隔相等的两个光栅，一个是全圆分度的动光栅，可以和照准部一起转动，相当于光学经纬仪的度盘；另一个是只有圆弧上一段分划的固定光栅，它相当于指标，称为指示光栅。在指示光栅的下部装有光源，上部装有光电管。在测角时，动光栅和指示光栅产生相对移动。如图 3.19（b）所示，如果指示光栅的透光部分与动光栅的不透光部分重合，则光源发出的光不能通过，光电管接收不到光信号，因而电压为零；如果两者的透光部分重合，则透过的光最强，因而光电管所产生的电压最高。这样，在照准部转动的过程中，就产生连续的正弦信号，再经过电路对信号的整形，则变为矩形脉冲信号。如果一周刻有21 600个分划，则一个脉冲信号即代表角度的 1′。这样，根据转动照准部时所得脉冲的计数，即可求得角值。为了求得不同转动方向的角值，还要通过一定的电子线路来决定是加脉冲还是减脉冲。

只依靠脉冲计数，其精度是有限的，还要通过一定的方法进行加密，以求得更高的精度。目前最高精度的电子经纬仪可显示到 $0.1''$，测角精度可达 $0.5''$。

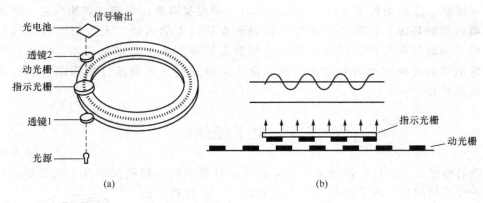

图 3.19　透射式光栅的工作原理

3.7.2　电子经纬仪的特点

由于电子经纬仪是电子计数，通过置于机内的微型计算机，可以自动控制工作程序和计算，并可自动进行数据传输和存储，具有以下特点：

1）读数在屏幕上自动显示，角度计量单位（360°六十进制、360°十进制、400g、6400 密位）可自动换算。

2）竖盘指标差及竖轴的倾斜误差可自动修正。

3）有与测距仪和电子手簿连接的接口。与测距仪连接可构成组合式全站仪，与电子手簿连接，可将观测结果自动记录，没有读数和记录的人为错误。

4）可根据指令对仪器的竖盘指标差及轴系关系进行自动检测。

5）如果电池用完或操作错误，可自动显示错误信息。

6）可单次测量，也可跟踪动态目标连续测量，但跟踪测量的精度较低。

7）有的仪器可预置工作时间，到规定时间，则自动停机。

8）根据指令，可选择不同的最小角度单位。

9）可自动计算盘左、盘右的平均值及标准偏差。

10）有的仪器内置驱动马达及 CCD 系统，可自动搜寻目标。根据仪器生产的时间及档次的高低，某种仪器可能具备上述的全部或部分特点。随着科学技术的发展，其功能还在不断扩展。

思考题与习题

1. 什么是水平角和竖直角？如何定义竖直角的符号？

2. 根据测角的要求，经纬仪应具有哪些功能？其相应的构造是什么？

3. 复测经纬仪和方向经纬仪最主要的区别是什么？如果要使照准某一方向的水平度盘读数为 $0°00'00''$，两种仪器分别应如何操作？

4. 试根据图 3.20，分别读出水平度盘的读数。

5. 如图 3.21 所示，怎样决定所测的是角 α 或角 β?

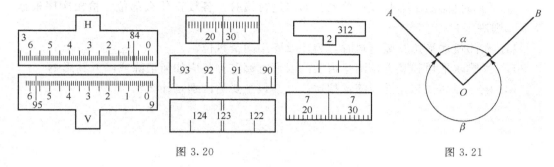

图 3.20   图 3.21

6. 试述测回法测水平角的步骤，并根据表 3.4 的记录计算平均值及平均角值。

表 3.4　测回法测水平角手簿

测站	测点	盘位	水平度盘读数			水平角值			平均角值			备注
			°	′	″	°	′	″	°	′	″	
O	A	左	20	01	10							
	B		67	12	30							
O	B	右	247	12	56							
	A		200	01	50							

7. 试述用方向法测水平角的步骤，并根据表 3.5 的记录计算各个方向的方向值。

表 3.5　方向法测水平角手簿

测站	测回	目标	读数		2C=左－(右±180)	平均读数=1/2[左+(右±180)]	归零后的方向值	各测回归零方向值的平均值	备注
			盘左	盘右	″	° ′ ″	° ′ ″	° ′ ″	
			° ′ ″	° ′ ″					
1	2	3	4	5	6	7	8	9	10
O	1	A	0 02 00	180 02 00					
		B	54 37 12	234 37 40					
		C	167 40 18	347 40 42					
		B	230 15 06	50 14 54					
		A	0 02 18	180 02 24					
	2	A	90 00 00	270 00 18					
		B	144 35 22	324 35 18					
		C	257 38 25	77 38 37					
		D	320 12 30	140 12 54					
		A	90 00 12	270 00 24					

8. 在观测竖直角时，为什么指标水准管的气泡必须居中？

9. 什么是竖盘指标差？怎样测定它的大小？怎样决定其符号？

10. 经纬仪应满足哪些理想关系？如何进行检验？各校正什么部位？检校次序根据什么原则决定？

11. 在测量水平角及竖直角时，为什么要用两个盘位？

12. 影响水平角和竖直角测量精度的因素有哪些？各应如何消除或降低其影响？

13. 电子经纬仪与光学经纬仪相比较，其最主要的区别是什么？

第四章　距离测量和直线定向

确定地面点的位置，除需要角度测量和高程测量外，还要测定地面两点之间的水平距离和直线定向。距离测量是指地面两点间的水平的直线长度，距离测量是确定地面点位的三项基本测量工作之一。本章主要介绍钢尺量距的一般方法。

地面上两点间的相对位置，除确定两点间的水平距离以外，还须确定两点连线与标准方向之间的角度关系，就是本章介绍的直线定向。

4.1　钢 尺 量 距

4.1.1　钢尺量距的器材

1. 钢尺量距

钢尺量距是传统的量距方法，适用于地面比较平坦，边长较短的距离测量，易受地形限制。目前一些施工单位仍较大量的使用。

钢尺量距是用钢卷尺沿地面直接丈量距离。钢尺量距的首要工具是钢尺，它是用钢制成的带状尺。钢尺有卷放在圆盘形的金属尺壳内，也有卷放在金属尺架内，故又称"钢卷尺"，如图 4.1 所示。

钢尺有大钢尺和小钢尺之分。钢尺的宽度均为 10~15mm，厚度均为 0.3~0.4mm，长度：小钢尺有 2m、2.5m、3m、3.5m、4m、5m 等，大钢尺有 20m、30m、50m、100m 等。钢尺的基本分划为毫米，有的钢

图 4.1　钢尺

尺仅在 0~1dm 刻画到毫米，其他部分刻画到厘米，在每厘米、每分米及每米处均刻有数字注记。

钢尺的优点是抗拉强度高，不宜拉伸，所以量距精度较高，广泛应用于工程测量中。钢尺的缺点是性脆，易折断，易生锈，因此使用时要避免扭折、压伤，防止受潮。

图 4.2　皮尺

2. 皮尺量距

皮尺又称皮卷尺，它是用麻线加入金属丝织成的带状尺，故又称"带尺"。皮尺量距一般用于地形的细部测量和土木工程的施工放样。长度有 20m、30m、50m，宽为 10~15mm，卷入皮盒中，如图 4.2 所示。

皮尺的基本划分为厘米，尺面每 10m 和整米都有注字，尺端铜环的外端为尺子的零点。尺子不用时卷入皮壳或塑料

壳内，便于使用和携带。皮尺容易伸缩，量距的精度比钢尺低。

3. 尺子的分划

由于尺的零点的位置的不同，无论皮尺或钢尺均分为端点尺和刻线尺两种，如图4.3 所示。端点尺是以尺的端部、金属环的最外端作为尺的零点，刻线尺是以尺前端的一刻线作为尺的零点，即在尺上刻出零点的位置。故使用时，应先弄清尺的零点位置和尺的刻划与注记方法。

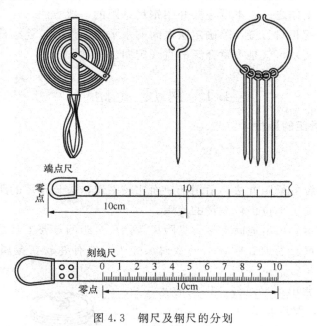

图 4.3　钢尺及钢尺的分划

4. 量距辅助工具

丈量距离还有辅助工具，量距的辅助工具有测钎、标杆和垂球等辅助工具，如图 4.4所示。

测钎用直径 5mm 左右的铁条制成，长 30～40cm，上端弯成小圆环形，下端磨尖，以便插入土中。一般以 6 根或 11 根为一组，穿在铁环中，便于携带和防止丢失。其用来标定尺的端点位置和计算已量过的整尺段数，又因其形如尖针，故又称"测针"。

标杆又称"花杆"，直径 3～4cm，长 2～3m，杆身涂以 20cm 间隔的红、白漆，以便远处清晰可见，测杆下端装有锥形铁尖，以便插入地面。花杆主要用作标定直线的方向，精密量距时用经纬仪来定线。

垂球是用金属制成，上大下尖呈圆锥形，上端中心系一耐磨的细线，以便悬吊。垂球尖与细绳在同一垂线上，用于在不平坦地面丈量时将钢尺的端点垂直投影到地面，还用来投点。

当进行精密量距时，还须配备弹簧秤和温度计，弹簧秤用于对钢尺施加规定的拉力，温度计用于测定钢尺量距时的温度，以便对钢尺丈量的距离施加温度改正，有时还有尺夹，用于安装在钢尺的末端，以方便持尺员稳定钢尺。

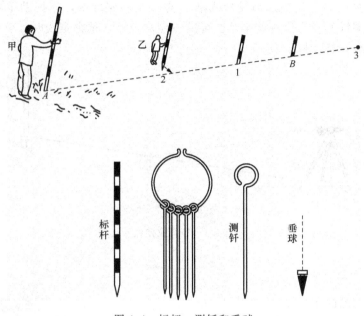

图 4.4　标杆、测钎和垂球

4.1.2　距离丈量的一般方法

1. 直线定线

当地面两点之间的距离大于钢尺的一个尺段时，就需要在直线方向上标定若干个分段点，这项工作称为直线定线，其方法有两种。

（1）目测定线

目测定线适用于钢尺量距的一般方法。如图 4.5 所示，设 A、B 两点互相通视，要在 A、B 两点的直线上标出分段点 1、2 点。先在 A、B 上竖立测杆，甲站在 A 点测杆后约 1m 处，指挥乙左右移动测杆，直到甲从 A 点沿测杆的同一侧看到 A、2、B 三支测杆在一条线上为止，然后将标杆竖直的插下。直线定线一般由远到近，先定点 1，再定点 2。

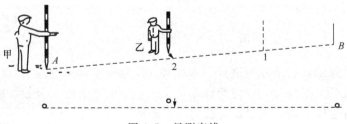

图 4.5　目测定线

（2）经纬仪定线

经纬仪定线适用于钢尺量距的精密方法。如图 4.6 所示，设 A、B 两点互相通视，将经纬仪安置在 A 点，用望远镜纵丝瞄准 B 点，制动照准部，指挥助手左右移动标杆或测钎，直至测钎的像为纵丝所平分。为减少照准误差，精密定线时，可以用直径更细的测钎或锤球线代替标杆。

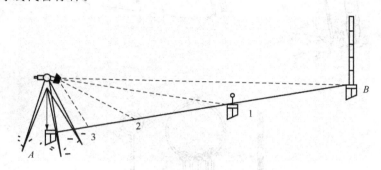

图 4.6　经纬仪定线

2. 量距的一般方法

（1）平坦地面的距离丈量

丈量工作一般由两人合作进行。如图 4.7 所示，清除待量直线上的障碍物后，在直线两地点 A、B 竖立测杆，后尺手持钢尺的零端位于 A 点，前尺手持钢尺的末端和一组测钎沿 AB 方向前进，行至一个尺段处停下。后尺手将钢尺的零点对准 A 点，两人同时把钢尺拉紧后，前尺手在钢尺末端的整尺段长刻划处竖立插下一根测钎得到 1 点，即量完一个，两人同时抬起钢尺，沿定线方向依次前进，重复上述操作，直至量完直线上的最后一段为止。

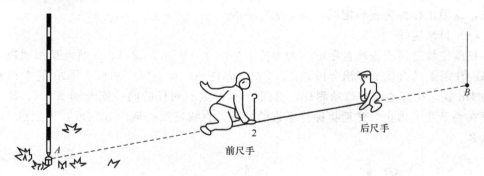

图 4.7　平坦地面的距离丈量

丈量时应注意沿着直线方向进行，钢尺必须拉紧伸直且无卷曲。直线丈量时尽量以整尺段丈量，最后丈量余长，以方便计算。丈量时应记清楚整尺段数，或用测钎数表示整尺段数，然后逐段丈量，则 AB 直线的水平距离 D 可计算为

$$D = nL + \Delta L \tag{4.1}$$

式中，L——钢尺的一整尺段长（m）；

n——整尺段数或测钎数；

ΔL——不足 1 尺的零尺段的长（m）。

在平坦地面，钢尺沿地面丈量的结果可视为水平距离。

为了防止丈量错误和提高量距的精度，需要进行三次以上的往、返丈量。若合乎要求，取往返平均数作为丈量的最后结果。

将往、返丈量的距离之差的绝对值 ΔD 与平均距离之比化成分子为 1 的分式，称为相对误差 K，可用它来衡量丈量结果的精度，即

$$K = \frac{\Delta D}{\overline{D}} = \frac{1}{\dfrac{\overline{D}}{\Delta D}} \tag{4.2}$$

可以看出，相对误差的分母越大，则 K 值越高，说明量距的精度越高。反之，精度越低。量距精度取决于工程的要求和地面起伏的情况。在平坦地区，钢尺量距的相对误差一般不应大于 1/3000，在量距较困难的地区，其相对误差也不应大于 1/1000。如果量距的相对误差没有超过上述规定，可取往、返测距离的平均值作为两点间的水平距离的成果。

【例 4.1】　A、B 的往测距离为 187.530m，返测距离为 187.580m，往返平均数为 187.555m，求丈量的相对误差 K。

【解】　根据题意，丈量的相对误差 K 为

$$K = \frac{\left|187.530 - 187.580\right|}{187.555} = \frac{1}{3751} < \frac{1}{1000}$$

（2）倾斜地面的距离丈量

1）水平量距法。沿倾斜地面丈量距离，当地面起伏不大时可将钢尺拉平分段丈量，称为水平量距法，如图 4.8（a）所示。

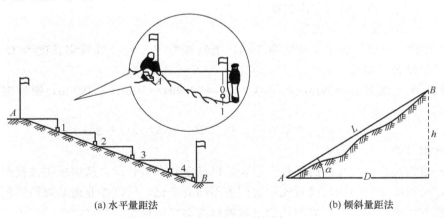

(a) 水平量距法　　　　　　　　　　　(b) 倾斜量距法

图 4.8　倾斜地面的距离丈量

丈量时均由高到低进行，即由 A 向 B 进行，后尺手将尺的零端对准 A 点，前尺手将尺抬高，并且目估使尺子水平，用垂球尖将尺段的末端投于 AB 方向线的地面上，再

插以测钎，依次进行，丈量 AB 的水平距离。若地面倾斜较大，将钢尺整尺拉平有困难时，可将一尺段分成几段来平量，各段平距的总和即为直线距离。

2）倾斜量距法。当倾斜地面的坡度比较均匀时，如图 4.8（b）所示，可以沿着斜坡丈量出 AB 的倾斜距离 L，测出地面倾斜角 α 或 AB 两端点的高差 h，然后按下式计算 AB 的水平距离 D 为

$$D = L\cos\alpha \tag{4.3}$$

或

$$D = \sqrt{L^2 - h^2} \tag{4.4}$$

4.1.3　精密量距的方法

用一般方法量距，其相对误差即量距精度只能达到 1/1000～1/5000，当量距精度要求更高达到毫米级或相对误差更小，例如 1/10 000～1/40 000 时，需采用精密量距法。

1. 钢尺的检定

精密方法量距的钢尺必须经过检验检定，并得到其检定的尺长方程式。用检定过的钢尺量距，量距结果要经过尺长改正、温度改正和倾斜改正才能得到实际距离。

尺长方程式即钢尺在标准拉力（一般 30m 钢尺加拉力 100N，50m 钢尺加拉力 150N），和标准温度（一般取 20℃）时的函数关系式为

$$l_t = l_0 + \Delta l + \alpha l_0 (t - t_0) \tag{4.5}$$

式中，l_t——钢尺在温度 t 时的实际长度；

l_0——钢尺的名义长度；

Δl——尺长改正数，即钢尺在温度 t_0 时的改正数，等于实际长度减去名义长度；

α——钢尺的线膨胀系数，其值取为 $1.25 \times 10^{-5}/℃$；

t_0——钢尺检定时的标准温度（20℃）；

t——钢尺丈量时的温度。

【例 4.2】　某钢尺的名义长度为 50m，当温度为 20℃ 时，其真实长度为 49.994m。求该钢尺的尺长方程式。

【解】　根据题意 $l_0 = 50m$，$t = 20℃$，$\Delta l = 49.994 - 50 = -0.006m$，则该钢尺的尺长方程式为

$$l_t = 50 - 0.006 + 1.25 \times 10^{-5} \times 50 \times (t - 20)$$

这就是该钢尺的尺长方程式。

每一根钢尺都有一相应的尺长方程式，以确定其真实长度，从而求得被量距离的真实长度，尺长改正数因钢尺经常使用会产生不同的变化。所以作业前必须检定钢尺以确定其尺长方程式，确定尺长方程式的过程就称为钢尺的检定。

钢尺的检定通常有比长检定法和基线检定法两种，前者是最简单的方法，一般需要往返测量三个测回，若互差不超过 2mm，则取其平均值作为最后结果，再根据标准钢尺的尺长方程式计算出被检钢尺的尺长方程式。后者检定精度要求得更高一些，通常在国家测绘机构已测定的已知精度长度的基线场进行量距。用欲检定的钢尺多次丈量基线

长度，推算出尺长改正数和尺长方程式。

2. 钢尺的精密量距

当用钢尺进行精密量距时，钢尺必须经过检定并得出在检定时拉力与温度的条件下应有的尺长方程式。

丈量前先用经纬仪定线。如地势平坦或坡度均匀，可将测得的直线两端点高差作为倾斜改正的依据；若沿线地面坡度有起伏变化，标定木桩时应注意在坡度变化处两木桩间距离略短于钢尺全长。木桩顶高出地面 2～3cm，桩顶用"＋"来标示点的位置，用水准仪测定各坡度变换点木桩桩顶间的高差，作为分段倾斜改正的依据。

丈量时钢尺两端都对准尺段端点进行读数，如钢尺仅零点端有毫米分划，则须以尺末端某分米分划对准尺段一端，以便零点端读出毫米数。每尺段丈量三次，以尺子的不同位置对准端点，其移动量一般在 1dm 以内。三次读数所得尺段长度之差视不同要求而定，一般不超过 2～5mm，若超限，须进行第四次丈量。丈量完成后还须进行成果整理，即改正数计算，最后得到精度较高的丈量成果。

(1) 尺长改正

由于钢尺的名义长度和实际长度不一致，丈量时就产生误差。设钢尺在标准温度、标准拉力下的实际长度为 l，名义长度为 l_0，则一整尺的尺长改正数为

$$\Delta l = l - l_0 \tag{4.6}$$

钢尺的实长大于名义长度时，尺长改正数为正，反之为负。

(2) 温度改正

丈量距离都是在一定的环境条件下进行的，受热胀冷缩的影响，温度的变化对距离将产生一定的影响。设钢尺检定时温度为 t_0，丈量时温度为 t，钢尺的线膨胀系数 α 一般为 $1.25 \times 10^{-5}/1℃$，则丈量一段距离 D' 的温度改正数 Δl_t，从而引起尺长变化所加的改正，称温度改正 Δl_t 为

$$\Delta l_t = \alpha(t - t_0)l_0 \tag{4.7}$$

式中，α——钢膨胀系数，一般为 0.000 012 5/1℃。

若丈量时温度大于检定时温度，改正数 Δl_t 为正，反之为负。

(3) 倾斜改正

若实地量得斜距为 l，两端点间高差为 h，将 l 改算成水平距离 d，则须加倾斜改正 Δl_h。

因为 $h^2 = l^2 - d^2 = (l+d)(l-d)$，即有 $\Delta l_h = d - l = -\dfrac{h^2}{l+d}$；又因 Δlh 很小，可近似认为 $l = d$，所以有倾斜改正数

$$\Delta l_h = -\frac{h^2}{2l} \tag{4.8}$$

倾斜改正数 Δl_h，永远为负值。

(4) 全长计算

将测量的结果加上上述三项改正值，若实量距离为 D'，经三项改正后的水平距离

D 为

$$D = D' + \Delta l + \Delta l_t + \Delta l_h \tag{4.9}$$

相对误差在限差范围之内,取平均值为丈量的结果,如相对误差超限,应重测。

钢尺量距精度较高,但工作量大,较适合于平坦地区且总长度在 1、2 个尺段范围内的测量。随着电磁波测距仪的普及,现在已经较少使用钢尺精密方法测量距离。

4.1.4　钢尺量距误差

影响钢尺量距精度的因素很多,主要的误差来源有下列几种。

1. 仪器误差

钢尺由于存在构造上的缺陷或仪器本身精密度有一定的限度,所以观测值必然带有误差。如钢尺的名义长度和实际长度不相等在测量过程中产生误差。钢尺在测量前必须检定,求得其尺长改正值。

对丈量结果产生的误差称为尺长误差,尺长误差属于系统误差,具有系统积累性,它与所量距离成正比,丈量的距离越长,误差积累越大。对于精度要求相对较低的丈量,检定的误差应小于 1~3mm,因为一般尺长检定方法只能达到 ±0.5mm 左右的精度,一般量距时可不作尺长改正,当尺长改正数大于尺长 1/10 000 时,应加尺长改正。

2. 观测误差

（1）定线误差

在量距时由于钢尺没有准确地安放在待测距离的直线方向上,即定线不准确,所量得的距离是一组折线而不是直线,造成量距结果偏大,这种误差称为定线误差。

丈量 30m 的距离,当偏离直线方向的偏差为 0.25m 时,量距偏大 1mm。若要求定线误差不大于 1/3000,则钢尺尺端偏高方向线的距离就不应越过 0.47m,若要求定线误差不大于 1/10 000,则钢尺的方向偏差不应超过 0.21m。在一般量距中,用标杆估定线能满足要求,但精密量距时须用经纬仪定线。

（2）拉力误差

钢尺具有弹性,会因受拉而伸长。因此,丈量时的拉力与检定时的标准拉力不同也会产生误差。钢尺在丈量时所受到的拉力应与检定时拉力相同。

若拉力变化 ±26N,尺长将改变 ±1mm。拉力变化 68.6N 尺长将改变 1/10 000。对于 30m 的钢尺,当拉力改变 30~50N 时,引起的尺长偏差将有 1~1.8mm。如果能保持拉力的变化在 30N 范围之内,这对于一般精度的丈量工作是足够的。对于精确的距离丈量,应使用弹簧秤,以保持钢尺的拉力是检定时的拉力。30m 钢尺施力 100N,50m 钢尺施力 150N。

（3）钢尺倾斜和垂曲误差

量距时钢尺两端不水平或中间下垂成曲线时,都会产生误差,使距离测量值偏大。因此,丈量时必须注意保持尺子水平,整尺段悬空时,中间应有人托住钢尺;若检定时悬空、则不用托尺。

用目估尺子水平的误差约为 0.44m，经统计会产生 50′的倾斜，对测距约产生 3mm 的误差。精密量距时须用水准仪测定两端点高差，以便进行高差改正。

（4）丈量误差

丈量时插测钎或垂球落点、对点不准，前、后尺手配合不好，测钎安置误差及读数误差等使量距产生的误差均属于丈量误差。这种误差属偶然误差，所以量距时应特别仔细。对丈量结果影响可正可负，大小不定。因此，在操作时应对点准确，认真仔细、尽力做到配合协调，以尽量减少误差，并采取多次丈量取平均值的方法提高量距精度。

3. 外界环境误差

测量所处的外界环境条件，如温度、湿度、气压、风力、大气折光等因素都会对观测值产生影响，气象条件会对钢尺测距产生直接的影响，因而在外界环境条件下的观测也必然带有误差。

钢尺丈量时如果温度发生了变化，则使钢尺的长度随之发生变化，丈量结果将产生温度误差，因此量距时要测定温度。尺温每变化 8.5℃，尺长将会产生 1/10 000 的尺长误差。按照钢尺的膨胀系数计算，温度每变化 1℃，钢尺温度丈量距离为 30m 时对距离测量结果的影响为 0.4mm。在一般量距时，丈量温度与标准温度之差不超过 ±8.5℃ 时，可不考虑温度误差，但精密量距时，必须进行温度改正。

4.1.5　量距应注意的事项

1. 丈量时应注意

1）应用检定过的钢尺。

2）丈量前，应辨认清钢尺的零端和末端，读数应小心。

3）丈量过程中，应抬平钢尺，拉力应均匀，钢尺的拉力应始终保持检定时的拉力。

4）测钎应对准钢尺的分划并插直。如插入土中有困难，可在地面上标志一明显记号，并把测钎尖端对准记号。

5）量距时力求定线准确，使尺段的各分段点位于一直线上。

6）单程丈量完毕后，前、后尺手应检查各自手中的测钎数目，避免加错或算错整尺段数。一测回丈量完毕，应立即检查限差是否合乎要求，不合乎要求时，应重测。

2. 钢尺的维护

1）丈量时，钢尺应逐渐用力拉平、拉直、拉紧，不能突然猛拉，不得用猛力张拉，防止拉断尺首的铁环。

2）伸展钢卷尺时，要小心慢拉，钢尺不可卷扭、打结，若发现有扭曲、打结情况，应细心解开，不能用力抖动，否则容易造成折断。

3）转移尺段时，前、后尺手应将钢尺提高，不应在地面上拖拉摩擦，以免磨损尺面分划，也不得在水中拖拉，以防锈蚀。

4）严防车辆从钢尺上碾压通过，以防折断。量距越过公路时，要有专人招呼来往车辆暂停。

5）丈量工作结束后，要用软布或棉纱头擦干净尺身，再涂少许机油，以防生锈。

6）垂球线应常换，以防丈量时线断，丢失垂球。不准用垂球尖凿地，不准用垂球敲打山石。

7）量距完时，要清点所有工具。

4.2 直 线 定 向

在测量工作中常常需要确定两点平面位置的相对关系，此时仅仅测得两点间的距离和高差是不够的，还需要知道这条直线的方向，才能确定两点间的相对位置。

在测量工作中，一条直线的方向是根据某一标准方向线来确定的，确定直线与标准方向线之间的夹角关系的工作称为直线定向。直线定向就是确定直线与标准方向之间所夹水平角的一项工作。

地面两点之间的方向一般用方位角表示。知道两点之间的边长和方位角，即可根据一个点的坐标推算另一个点的坐标。确定某直线与标准方向的水平夹角，除"坐标方位角"外，还有"坐标象限角"。

4.2.1　标准方向的种类

（1）真子午线方向

通过地球表面某点的真子午线的切线方向，即指向地球南北极的方向线，称为该点的真子午线方向。它是用天文测量方法或者陀螺经纬仪来测定的，其北端指示方向，又称真北方向，常用 N 表示。指向北极星的方向可近似的作为真子午线的方向。

（2）磁子午线方向

通过地球某点磁子午线的切线方向，称为该点的磁子午线方向。磁子午线方向是磁针在地球磁场作用下，磁针自由静止时其轴线所指的方向，其北端指示方向，亦称磁北方向，用 Nm 表示。可用罗盘仪测定。

由于地磁两极与地球两极不重合，致使磁子午线与真子午线之间形成一个夹角 δ，称为磁偏角。磁子午线北端偏于真子午线以东为东偏，δ 为正；以西为西偏，δ 为负。

（3）坐标纵轴方向

我国采用高斯平面直角坐标系，按高斯投影各带中央子午线方向作为坐标纵轴，因此该带内的直线定向，就用该带的坐标纵轴方向作为标准方向。坐标纵轴北向为正，又称轴北方向，即 X 轴方向。真子午线方向与坐标纵轴间的夹角 γ 称为子午线收敛角。坐标纵轴北端在真子午线以东为东偏，γ 为正；以西为西偏，γ 为负。

4.2.2　直线方向的表示方法——方位角

测量工作中，常用方位角来表示直线的方向。由标准方向的北端起，按顺时针方向度量至某直线的水平夹角，称为该直线的方位角。

由于采用的标准方向不同，直线的方位角有如下三种。

1. 真方位角

从真子午线方向的北端起，按顺时针方向量至某直线间的水平角，称为该直线的真方位角，用 A 表示。

2. 磁方位角

从磁子午线方向的北端起，按顺时针方向量至某直线间的水平角，称为该直线的磁方位角用 A_m 表示。

3. 坐标方位角

从平行于坐标纵轴的方向线的北端起，按顺时针方向量至某直线的水平夹角，称为该直线的坐标方位角，以 α 表示，其取值范围是 $0°\sim360°$。

4.2.3 象限角

直线的方向还可以用象限角来表示。象限角是从标准方向的北端或南端方向开始，顺时针或逆时针到某直线间所夹的锐角，以 R 表示，角值范围为 $0°\sim90°$。如果分别以真子午线、磁子午线和坐标纵轴为标准方向，则相应地称为真象限角、磁象限角和坐标象限角。由于象限角值不超过 $90°$，所以在使用象限角时，不但要说明角值的大小，而且还要指出直线所在的象限。如图 4.9 所示，直线 $o1$、$o2$、$o3$、$o4$ 的象限角分别记为北偏东 R_{o1}、南偏东 R_{o2}、南偏西 R_{o3} 和北偏西 R_{o4}。

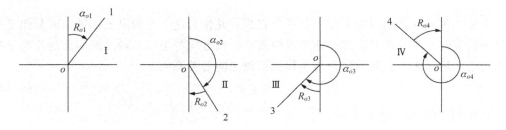

图 4.9 象限角

在实际应用中，如坐标计算，当使用计算器计算反三角函数时，只能得出象限角值，欲求方位角，还必须进行两者的换算。

象限角一般只在坐标计算时使用，这时所说的象限角是指坐标象限角。由图 4.9 的几何关系，不难证明坐标方位角与坐标象限角之间的换算关系如下：

象限Ⅰ：$R=\alpha$ $\alpha=R$

象限Ⅱ：$R=180°-\alpha$ $\alpha=180°-R$

象限Ⅲ：$R=\alpha-180°$ $\alpha=180°+R$

象限Ⅳ：$R=360°-\alpha$ $\alpha=360°-R$

4.2.4　正、反方位角的关系

测量工作中的直线都具有一定的方向，如图 4.10 所示。直线 1—2 的点 1 为起点、点 2 为终点，直线 1—2 的坐标方位角 α_{12}，称为直线 1—2 的正坐标方位角。而直线 2—1 的坐标方位角 α_{21}，称为直线 2—1 的反坐标方位角。由图中几何关系可以看出，正、反坐标方位角之间的关系为

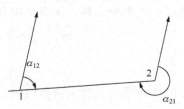

图 4.10　正、反坐标方位角

$$\alpha_{21} = \alpha_{12} + 180° \tag{4.10}$$

由于地面各点的真（或磁）子午线收敛于两极，并不互相平行，致使直线的反真（或磁）方位角不与正真（或磁）方位角差 180°，给测量计算带来不便，故测量工作中均采用坐标方位角进行直线定向。

4.2.5　几种方位角之间的关系

1. 真方位角和磁方位角

由于地球的南北极与地球磁场的南北极并不重合，过地表任一点的真子午线方向与磁子午线方向也不重合，两者间的水平夹角称为磁偏角，用 δ 表示。我国的变化范围在 $+6°\sim-10°$。真方位角和磁方位角之间的关系为

$$A = A_m + \delta \tag{4.11}$$

2. 真方位角和坐标方位角

中央子午线在高斯投影平面上是一条直线，并作为这个带的纵坐标轴，而其他子午线投影后为收敛于两极的曲线，地面点的真子午线方向与坐标纵轴之间的夹角称为子午线收敛角，用 γ 表示。真方位角与坐标方位角之间的关系为

$$A = \alpha + \gamma \tag{4.12}$$

3. 坐标方位角和磁方位角

若已知某点的磁偏角 δ 与子午线收敛角 γ，则坐标方位角和磁方位角之间的换算公式为

$$\alpha = A_m + \delta - \gamma \tag{4.13}$$

4.3　罗盘仪测定磁方位角

当测区内没有国家控制点可用，在测区范围不大地区，需要在小范围内建立假定坐标系的平面控制网时，可用罗盘仪测定南北方向线，作为直角坐标系的纵坐标轴，以便确定测图的方向。这样测定某直线的坐标方位角称为"磁方位角"。用罗盘仪测量磁方位角，作为该控制网起始边的坐标方位角。

4.3.1　罗盘仪的构造

罗盘仪是用来测定直线的磁方位角的一种仪器。它的构造简单，携带和使用都很方便，但精度不高，外界环境对仪器的影响也较大，如钢铁建筑和高压电线都会影响其精度。

如图 4.11 所示，罗盘仪的种类很多，其构造大同小异，主要部件由磁针、度盘、瞄准设备（望远镜）和基座四部分组成，分别如下所述。

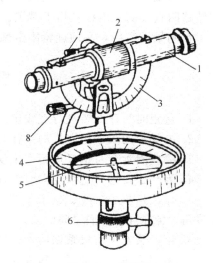

1. 磁针

磁针用人造磁铁制成，呈长条形或长菱形，磁铁中心有玛瑙轴承，置于罗盘盒中心的顶针上，磁针在度盘中心的顶针尖上可自由转动。为了减轻顶针尖的磨损，在不用时，可用位于底部的固定螺旋升高杠杆，将磁针固定在玻璃盖上。

当罗盘盒安置水平，磁针静止时，黑（蓝）色的一端指北，就是北向，将指南的一端涂成白色，以便区别南、北向。

2. 度盘

图 4.11　罗盘仪

1. 望远镜；2. 对光螺旋；3. 竖直度盘；
4. 水平度盘；5. 磁针；6. 球型支柱；7. 制动螺旋；8. 微动螺旋

用钢（铜）或铝制成的圆环，最小分划为 $1°$ 或 $30'$，有水平度盘和竖直度盘，水平度盘的刻度是按逆时针方向从 $0°$ 开始，每隔 $10°$ 有一注记，连续刻至 $360°$。刻度盘内装有一个圆水准器或者两个相互垂直的管水准器，用于控制气泡居中，使罗盘仪水平。

3. 瞄准设备（望远镜）

罗盘仪的瞄准设备，现在大多采用望远镜，老式仪器采用觇板。罗盘仪的瞄准设备（望远镜）与经纬仪的望远镜结构基本相似，也有物镜对光、目镜对光螺旋和十字丝分划板等，它与度盘相连在一起，其望远镜的视准轴与刻度盘的 $0°$ 分划线共面。

4. 基座

采用球臼结构，松开球臼接头螺旋，可摆动刻度盘，使水准气泡居中，度盘处于水平位置，然后拧紧接头螺旋。

4.3.2　罗盘仪测定磁方位角

将罗盘仪安置在直线的起点上，挂上垂球对中，松开球臼接头螺旋，用手前、后、左、右转动刻度盘，使水准器气泡居中，拧紧球臼接头螺旋，使仪器处于对中和整平状态。松开磁针固定螺旋，让它自由转动，然后转动罗盘，瞄准直线的另一端，待磁针静止后，按磁针北端（一般为黑色一端）所指的度盘分划值读数，即为该直线的磁方位角或磁象限角。

该直线的磁方位角测定后，再把罗盘仪安置在另一点，测定该直线的反磁方位角，正反磁方位角相差 180°，如不符合，不得超过最小刻度读数的 2 倍，否则应重测。

罗盘仪在使用时，不要使铁质物体接近罗盘，以免影响磁针位置的正确性。要避免在铁路附近及高压电线铁塔下观测。

在测量结束后，必须旋紧固定螺旋将磁针升起固定。

思考题与习题

1. 量距时为什么要进行直线定线？如何进行直线定线？

2. 测量中的水平距离指的是什么？如何计算相对误差？如何衡量距离的精度？

3. 哪些因素会对钢尺量距产生误差？量距时应注意哪些事项？

4. 为什么要进行直线定向？怎样进行直线定向？

5. 什么是真子午线、磁子午线、坐标子午线？什么是真方位角、磁方位角、坐标方位角、象限角？它们之间的关系如何？

6. 正、反方位角关系如何？试绘图说明。

7. 用钢尺往返丈量了一段距离，往测结果为 150.26m，返测结果为 150.32m，则量距的相对误差为多少？

8. 某钢尺的名义长度为 50m，经检定其实际长度为 50.003m。检定时的温度为 20℃，拉力为标准拉力 98N。今用它在相同的拉力条件下，温度为 30℃时，沿坡度均匀的地面丈量 A、B 两点的距离为 135.42m，设 A、B 两点的高差为 1.26m。求 A、B 两点间的水平距离。

9. 试述罗盘仪的构造。

第五章　电磁波测距仪与全站仪

电磁波测距用仪器发射并接收电磁波，通过测量电磁波在待测距离上往返传播的时间计算出距离。这种方法一般用于高精度的远距离测量和近距离的细部测量。

全站仪也称电子速测仪，它是将电子经纬仪、测距仪用光学、电子、机械的手段结合在一起的高科技产品。

5.1　电磁波测距概述

电磁波测距是用电磁波（光波或微波）作为载波，传输测距信号，以测量两点间距离的一种方法。与传统的钢尺量距和视距测量相比，具有测程长、精度高、作业快、工作强度低、不受地形限制等优点。随着科学技术的发展，电磁波测距正在逐步取代传统的量距方法。

电磁波测距仪按其所采用的载波不同可分为：用微波段的无线电波作为载波的微波测距仪；用激光作为载波的激光测距仪；用调制红外光作为载波的红外测距仪。后两者又统称为光电测距仪。微波和激光测距仪多用于远程测距，测程可达 60km，一般用于大地测量；而红外测距仪属于中、短程测距仪，测程为 15km 以下，一般用于小地区控制测量、地形测量、工程测量、地籍测量和房产测量等。

光电测距仪中利用氦氖（He-Ne）气体激光器，其波长为 0.6328μm 红色可见光的为激光测距仪，以砷化镓（GaAs）发光二极管发射红外线波段，其波长为 0.86~0.94μm 的为红外测距仪。红外测距仪具有耗电省，寿命长，体积小，抗震强等优点，在工程测量中广泛应用。

5.2　光电测距基本原理

5.2.1　光电测距的基本工作原理

光电测距的基本工作原理是利用已知光速 c 的光波，测定两点间的传播时间 t，则计算出距离 D，如图 5.1 所示。

待测距离 AB 一端 A 点安置测距仪，另一端 B 点安置反光镜，当测距仪发出光束由 A 至 B，经反射镜反射后又返回仪器。设光速 c 为已知，若光速在待测距离上往返传播的时间 t 已知，则距离 D 为

$$D = \frac{1}{2}ct \tag{5.1}$$

式中，c——电磁波在大气中的传播速度，$c = c_0/n$，c_0 为光在真空中的传播速度，其值
为 $(299\ 792\ 458 \pm 1.2)$ m/s，n 为大气折射率，与测距仪所用光源的波长、
测程上大气平均温度、气压和湿度等因素有关，其值 $\geqslant 1$。

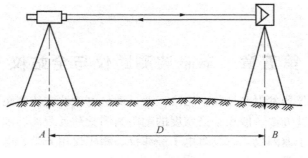

图 5.1　光电测距原理图

由上式可知，测定距离的精度主要取决于光波往返测程所耗费的时间 t 的量测精度。

5.2.2　光电测距的方法

根据测量光波在待测距离 D 上往、返一次传播时间 t 的不同，光电测距仪可分为脉冲式和相位式两种。一种是直接测定由测距仪发出的光脉冲自发射到接收所耗费的时间差，称为脉冲法测距；另一种是通过测距仪发出的连续光波经往返测程所产生的相位差，来间接测定时间，称为相位法测距。

1. 脉冲式测距

测距仪发射系统发出光脉冲，经被测目标反射后，再由测距仪的接收系统接收，测出这种光脉冲往返所需时间间隔 t 的脉冲个数，以求得距离 D。

目前由于受脉冲宽度和电子计数器电子分辨率的限制，时间 t 很难达到很高的量测精度。目前，脉冲法测距测定时间的精度一般只能达到 10^{-8} s，相应的测距误差约为 ± 1.5 m，只能达到米级精度，所以测距精度较低。

与脉冲式测距相比，相位法测距的测距误差则可精确至厘米甚至毫米级，精度高，目前短程红外光电测距仪，都是相位式测距仪。

红外测距仪一般采用 GaAs（砷化镓）发光二极管发出的红外光作为光源，这是由于其具有可直接调制的优点。若在 GaAs 发光二极管上注入的是按一定频率变化的交变电流，则其发出的光强也将按

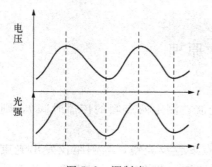

图 5.2　调制光

此频率发生变化，这种光称为调制光，如图 5.2 所示。

2. 相位法测距

相位式光电测距仪是将测量时间变成测量光在测线中传播的载波相位差，通过测定相位差来测定距离的方法。

如图 5.3 所示，设测距仪在 A 站发射的调制光在待测距离上传播至 B 点反射后又回到 A 点，被测距仪接收，往返测程所经过的时间为 t。将在 B 反射后经 A 点的光波沿测线方向的图形展开，即成为一连续的正弦曲线。则调制光往返经过了 $2D$ 的路程。

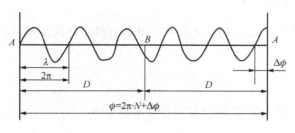

图 5.3　相位法测距

设调制光的频率为 f，角频率为 ω，则调制光在测线上的相位延迟为 ϕ，对应的时间 t，则为

$$\phi = \omega t = 2\pi f t \qquad (5.2)$$

$$t = \frac{\phi}{\omega} = \frac{\phi}{2\pi f} \qquad (5.3)$$

由图 5.3 中可见，相位 ϕ 可用相位的整周期 2π 的个数 N 和不足一个整周期的 $\Delta\phi$ 来表示，则

$$\phi = N \times 2\pi + \Delta\phi \qquad (5.4)$$

将其代入式（5.3），再代入式（5.1）得相位法测距基本公式为

$$D = \frac{C}{2} \cdot \frac{N \cdot 2\pi + \Delta\phi}{2\pi f} \qquad (5.5)$$

经变换后得

$$D = L_{s1} \cdot (N + \Delta N) \qquad (5.6)$$

式中，$L_{s1} = \dfrac{C}{2f} = \dfrac{\lambda}{2}$ 为调制光的波长，称为光尺长度；

$\Delta N = \dfrac{\Delta\phi}{2\pi}$ 为不足一个周期的尾数。

式（5.6）就是相位法测距原理的基本公式，由该式可以看出，相位法测距相当于用"光尺"代替钢尺量距，待测距离等于整尺段长度与零尺段长度之和，光尺长度由调制频率决定。

由于测距仪的测相装置相位计只能测定往返调制光波不足一个周期的小数 N，测不出整周期数 N，其测相误差一般小于 $1/1000$。这就使方程式（5.6）产生多值解，只有当待测距离小于光尺长度时（此时 $N = 0$）才有确定的距离值。一般通过在相位式光电测距仪中设置多个测尺，用各测尺分别测距，然后将测距结果组合起来的方法来解决距离的多值解问题。

在仪器的多个测尺中，用较长的测尺（1km 或 2km）测定距离的大数（千米、百米、十米、米数），称为粗尺；用较短的测尺（10m 或 20m）测定距离的尾数（米、分米、厘米、毫米数），称为精尺。粗尺和精尺的数据组合起来即可得到实际测量的距离值，精粗测尺测距结果的组合过程由测距仪内的微处理器自动完成后输送到显示窗显示。

5.2.3　测距的成果计算

与传统的量距相似，光电仪器的测距成果是倾斜距离的观测值，还须经过下述改正才能得到水平距离。

1. 仪器常数改正

仪器加常数 C 和乘常数 R 通过仪器检测求取。

2. 气象改正

由于测距时的气象条件一般不同与假定气象条件，所以应根据测距时的气温、气压代入测距仪厂家提供的气象改正计算公式来计算气象改正值。

3. 倾斜改正

倾斜改正数可按斜长乘以夹角的余弦（$\cos\alpha$）来计算。

根据上述改正，将倾斜距离观测值加上上述的各项改正之和即化为水平距离。

5.2.4　测距的误差分析

1. 调制频率误差

调制频率误差是一种与测距长短成正比的比例误差。这是由于温度与电子元件老化等影响致使频率偏离设计频率，所以要定期进行频率检测，测定乘常数，对观测值进行改正，以减弱其影响。

2. 气象元素误差

气象元素主要为气温与气压。在测距精度要求较高或气象条件与假定气象条件相差很大时，则须测定气象元素，此误差应进行气象改正加以消除。

3. 对中误差

对中误差是与测距长短无关的固定误差，因此要求用光学对点器，仔细地进行仪器与反光镜的对中，此项误差不大于 2mm。

4. 仪器加常数的校准误差

仪器在出厂前一般预置了加常数，以便由仪器自动进行此项改正，但仪器长期使用，加常数会发生变化，故应定期检测，重新预置加常数，对其观测值进行改正。

5. 测相误差

测相误差与仪器的测相单元分辨率、测距信号强度与噪声强度之比（信噪比）有关。测相单元分辨率主要取决于仪器的质量，信噪比取决于测距环境，如大气的通视情况、背景反光、视线高度、障碍物远近等。

5.3　测距仪的使用

5.3.1　测距仪的使用方法步骤

1. 安置仪器

安置仪器，对中、整平，锁定主机并接通电源。

2. 安置反射棱镜

在镜站安置三脚架，并装上基座和反射棱镜，将反射镜面对准主机方向。

3. 检查电源和电压

开机，按相应键，显示屏即显示电源和电压，并检查无误。

4. 检查主机工作状态

1) 按相应键，显示 OK，表示主机状态正常。
2) 按相应键，检查常数。

5. 竖直角、气温和气压观测

1) 仪器瞄准，读取竖直角，测定气温气压。
2) 按相应键，将各项改正数进行预置。

6. 测距

待调制光在最佳光强时，按相应的测距键进行测距。

7. 进行计算

内业数据整理及误差校核。

5.3.2　测距仪使用的注意事项

1. 测距仪的使用要点

（1）使用前
测距仪使用前要仔细阅读仪器说明书，了解仪器的主要技术指标与性能、精度、常数、配套、温度与气压的修正等。
（2）使用中
1) 测距仪应专人专用、专人保养。
2) 选择有利的观测时间，在光强显示不稳定时不要测距。

3）测距仪物镜不可对着太阳或其他强光源，强光下要打伞，风大时要有保护措施。

4）防止雨淋湿仪器，以免烧坏电气元件、发生短路。

5）测站应远离变压器、高压线等，以防强电磁场的干扰。

6）应避免测线两侧及镜站后方有反光物体，以免背景干扰产生较大测量误差。

7）电源接线须正确无误。

（3）使用后

1）测距完毕应及时关机。

2）迁站时要切断电源。

3）专机专人，防止摔、砸等事故的发生。

2. 仪器的保养维修

1）仪器必须注意防潮、防震、防高温。

2）仪器较长期存放时，要定期通电。

3）电池应充足电存放，并定期检查。

4）仪器如出故障，应让专业部门修理。

5.4 全 站 仪

5.4.1 全站仪简述

全站仪是全站型电子速测仪的简称，它是一种多功能仪器，除能自动测距、测角和测高差三个基本要素外，还能直接测定坐标以及放样等，具有高速、高精度和多功能的特点。全站仪现已广泛应用于控制测量、工程放样、安装测量、变形观测、地形图测绘和地籍测量等领域实现测量工程内外业一体化、自动化、智能化的硬件系统。

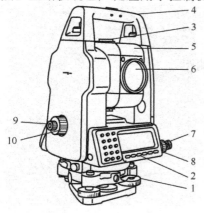

图 5.4 全站仪

1. 角螺旋；2. 操作面板；3. 光学瞄准器；4. 提手柄；5. 带有集成电路的光电测距仪望远镜；6. 测距、测角的同共轭光轴的光学部件；7. 竖直微动装置；8. 竖直制动装置；9. 水平微动装置；10. 水平制动装置

全站仪是光电测距仪与电子经纬仪及数据终端机（数据记录兼数据处理）结合的仪器，人工设站瞄准目标后，按仪器上的操作按钮键即可自动显示并记录被测距离、角度及计算数据，它能在一个测站上同时完成角度测量和距离测量。观测中，能自动显示斜距、水平角、竖直角等观测数据，并能同时得到水平距离、高差、坐标差等数据，它能将数据进行记录、计算及存储，并可通过数据传输接口将观测数据传输到计算机，从而使测量工作更为方便、快速，如图 5.4 所示。

5.4.2 全站仪的基本结构

从全站仪的结构上来看，全站仪可分为组合式和整体式两种类型。组合式全站仪是在电子经纬仪的结合器上安装电磁波测距仪，再通过标准接口与电子手簿和微处理机连接，并通过电子经纬仪两个数据输入、输出接口与测距仪相连接构成的组合体。组合式全站仪既可组合使用，也可分开使用。整体式是将电子经纬仪和电磁波测距仪安装为一体，它可同时进行水平角、垂直角测量和距离测量，它们共用一个望远镜，可通过电子处理记录和传输测量数据。整体式全站仪具有使用方便、功能强大、自动化程度高、兼容性强等诸多优点，因此作为常用测量仪器普遍使用。

目前生产的全站仪大多为整体式。整体式全站仪系列型号很多，国内外生产的高、中、低各等级精度的仪器达几十种，但基本结构类似。全站仪的测距精度同光电测距仪，测角精度同电子经纬仪。常见的全站仪有莱卡 TPS 系列、TC 系列、索佳 SET 系列、尼康 DTM 系列、德国欧普同的 E 系列、蔡司 E1ta C＼E1ta S＼Elta R 系列、美国 Trimble3600 系列、拓普康 GTS 系列、南方 NTS 系列等。我国博飞公司、南方公司等大型测量仪器生产企业都能批量生产各种型号和不同精度等级的全站仪。

全站仪有一定量的内存，一般可存储 800～1000 个测点的资料，如果有磁卡或电子手簿，储存数量更大，基本可省略外业记录的工作。全站仪有接口，可与电脑连接，进行内业整理计算，并通过专用软件，可以将外业采集的数据以图表的形式打印出来。

有些全站仪除有光学对点器外，还有激光对点器，使仪器的对中更加准确。有些仪器在望远镜前还装有激光指向装置，对寻找目标有很大帮助。新型仪器除有一般的水准器外，还有电子气泡，更方便仪器的整平。

目前大部分全站仪，都有免棱镜测距的功能，在不用棱镜的情况下可进行距离测量，但这种免棱镜测量的距离较短，一般在 200～300m。

5.4.3　全站仪的组成与功能特点

全站仪兼容了电子经纬仪和测距仪的各种特点，它由电子经纬仪测角系统、电磁波测距仪测距系统、数据微处理存储芯片系统、电源装置、反射棱镜、键盘、显示屏、度盘、数据程序存储器和输入输出接口等组成。它具有自动数字显示，自动记录存储和自动坐标计算等功能，配上计算机等设备，可以实现测量自动化。

中央处理器是全站仪的核心部件，相当于一个小型计算机。在中央处理器中除有距离、角度、高差的普通测量程序外，还有一些特殊的测量程序，如坐标测量、导线测量、面积测量、跟踪测量、悬高测量、偏镜测量、对边测量、后方交会等各种专用测量程序，一台全站仪的专用程序至少有 20 多种。而且，还可以将程序分类分别存储在不同的软件包中，随时调用。

全站仪的四大光电测量系统分别为水平角测量、竖直角测量、距离测量和补偿系统。前三种用于角度、距离和高差测量，第四种则用于对仪器的竖轴、横轴（即水平轴）和视准轴的倾斜误差进行补偿。

仪器的核心部分是微处理器和电子手簿。根据键盘获得的操作指令，微处理器即调用内部命令，指示仪器进行相关的测量工作和通过电子手簿进行数据的记录、检核、处理、存储和传输。

仪器的附属部件有作为电源的可充电电池，供仪器的运转和照明，显示器供数据的显示输出，输入输出单元则是与外部设备相连的接口，用于和计算机的双向通信。电子手簿中还备有数据存储器和程序存储器，前者用于数据的暂时存储，后者便于开发新的测量软件。

全站仪的视准轴和光电测距的发射光轴、接受光轴同轴，既可以用于目标照准，又可以发射测距光波，并经同一路径返回接受。有的全站仪测距头内，装有两个光路与视准轴同轴的发射管，提供两种测距方式：一种发射需经棱镜反射进行测距的红外光束；另一种发射红色激光束，不用棱镜，只要遇障碍物即可反射，但反射光强偏弱，因此测距长度有一定限制。正是因为全站仪装有这样的望远镜，因此一次照准目标，即能同时测定水平角、竖直角、距离和高差，而且采用不同的测距方式可在有或无反射棱镜的情况下都能测距。

5.4.4　全站仪的使用

1. 基本操作方法

（1）安置仪器、对中、整平

将全站仪安置于测站，反射镜安置于目标点，并对中和整平。

（2）开机自检

打开电源，仪器进入自动检验后，纵转望远镜进行初始化，显示水平度盘与竖直度盘读数。

（3）输入参数

主要输入棱镜常数，温度、气压及湿度等气象参数。

（4）选定模式

主要有测距单位、小数位数及测距模式，角度单位、小数位数及测角模式。

（5）后视已知方位

输入测站坐标及后视边方位。

（6）观测前视欲求点位

一般有四种模式：

1）角度测量模式，进行零方向安置；测定或设置水平角；同时进行水平角和竖直角（或天顶距）测量。

2）距离测量模式，设置仪器常数和气象改正；进行距离测量、跟踪测量和快速测距；同时完成水平角、水平距离和高差的测量；显示测量倾斜距离、水平距离和高差。

3）坐标测量模式，直接测定未知点三维坐标。

4）特殊模式（菜单模式），进行两个目标之间的平距、斜距、高差和水平角测量等。

（7）应用程序测量

用内存的专用程序进行多种测量。

1）点位测设。

2）对边测量。

3）面积测量。

4）后方交会。

5）其他特定的测量，如导线测量等。

2. 电子全站仪的测量

（1）实时交会测量

把两台全站仪和电子计算机连接，把观测的水平方向和竖直方向直接输入计算机。此法用于大型部件组装、高精密工程测量等的自动化观测。

（2）自由设站定位

有两个以上已知点，任选一点架设全站仪，根据所求得假定坐标系与已知坐标系的换算参数，采用坐标法观测目标点，计算出目标点在已知坐标系中的三维坐标。

5.5　仪器使用的注意事项和养护

5.5.1　全站仪使用的注意事项

1. 使用前仔细阅读说明书

各种全站仪使用方法大同小异，不同型号，或相同型号不同批次的仪器在使用上有一些细微的差别。

2. 检查电池

如电量不足，要立即充满，并注意仪器的及时充电。

3. 注意周围环境

避免温度骤变时作业。开箱后，应待箱内温度与环境温度适应后，再使用仪器。

观测之前，要测量周围环境的气温、气压，并将这些参数输入到仪器中，仪器则会依据这些参数对所测距离进行自动修正。

有些仪器是对气象参数自动感应的，所以在使用前要将自动感应装置处于开启状态。

4. 反射棱镜配套

测距时，没有免棱镜测距功能的全站仪要与棱镜配套，因不同的棱镜有不同的棱镜常数，如果不配套，会使所测距离产生错误。在同一方向上只能有一组棱镜。棱镜后不能有发光或反光的物体，如实在躲不开，则要用黑布遮挡。

5. 强光和雨天作业

应避免强光和雨天作业。

如不能避开，强阳光下观测要撑伞遮阳，望远镜不能直接对准太阳，否则会烧坏仪器中的电子元件。

雨天和强阳光下作业应装滤光镜，防止阳光直接照射或雨水浇淋损坏仪器。

6. 信号接收装置

全站仪观测时仪器周围不能有强的电磁场，所以要远离高压线、变电站等，同时避开变压器等强电场源，以免受电磁场干扰。在测距时观测人员要关闭手机、对讲机等。

测线两侧或反射镜后应避开障碍物体，以免障碍物反射信号进入接受系统产生干扰信号。

7. 迁站和移动

迁站时不能和三脚架一起搬动仪器，要将仪器拆下装箱搬运。

长途搬运时，仪器要装箱，箱子下部和周围要用软东西衬垫，防止强震动对仪器造成损害。

运输过程中注意仪器的防潮、防震、防高温。

8. 使用后

观测结束及时关机。

5.5.2　全站仪的养护

仪器不用时，应充电后存放；长期不用，应将电池卸下，分开存放；平时应将仪器装箱放在铁皮柜内，存放仪器的地方要防震防潮；长期不用的仪器至少每 1～2 个月充电一次，充电时间应按说明书实施或察看指示灯，长时间的充电会影响电池的使用寿命。

5.6　全站仪的检验与校核

5.6.1　电子测角部分的检验与校正

1. 照准部水准器的检校

其与普通经纬仪照准部水准器检校相同，即水准管轴垂直于竖轴的检校。

2. 圆水准器的检校

照准部水准器校正后，使用照准部水准器仔细整平仪器，检查圆水准器泡的位置，若气泡偏离中心，则转动其校正螺旋，使气泡居中，注意应使三个校正螺旋的旋松程度相同。

3. 十字丝竖丝垂直于横轴的检校

检验时，用十字丝竖丝瞄准一清晰小点，使望远镜绕横轴上下转动，如果小点始终在竖丝上移动则条件满足，否则需要校正。校正时，松开四个压环螺钉，转动目镜筒使小点始终在十字丝竖丝上移动，校好后将压环螺钉旋紧。

4. 视准轴垂直于横轴的检校

选择一水平位置的目标，用盘左盘右观测，取它们的读数以检校。

5. 横轴垂直于竖轴的检校

选择较高墙壁近处安置仪器。用盘左盘右观测，分别瞄准同样的高处（仰角应大于 $30°$）P 点和平视的墙上的点 m_1、m_2，如平视的墙上的点 m_1、m_2 重合则条件满足，否则需要校正。校正时，瞄准不重合的两点 m_1、m_2 的中点 m，向上转动望远镜，抬高或降低横轴的一端，使十字丝的交点对准前述的 P 点。此项反复进行，直到条件满足时为止。每项检验完毕后必须旋紧有关的校正螺丝。

6. 十字丝位置的检校

检验时，在距离仪器 $50\sim100$m 处，设置一清晰目标，精确整平仪器。打开开关设置垂直和水平度盘指标，用盘左盘右照准同一目标，读取的水平角和垂直度盘读数。计算差值在 $180°\pm20''$ 以内，或和值在 $360°\pm20''$ 以内，说明十字丝位置正确，否则应校正。

校正时，先计算正确的水平角和垂直度盘读数，仍在盘右位置照准原目标，用水平和垂直微动螺旋，将显示的角值调整为原计算值。观察目标已偏离十字丝盖，旋下分划盖板的固定螺丝，取下分划盖板，用左右分划板的固定螺丝，向着中心移动竖丝，再使目标置于竖丝上，然后用上下校正螺旋，再使目标置于水平丝上。校正螺丝时应先松后紧。重复检校，直到十字丝照准目标为止，最后旋上分划板校正盖。

7. 测距轴与视准轴同轴的检校

将仪器安置在相距约为 2m 的地方，使全站仪处于开机状态，通过目镜照准棱镜并调焦，将十字丝瞄准棱镜中心，设置为测距模式，将望远镜顺时针旋转调焦至无穷远，通过目镜可以观测到一个红色光点，如果十字丝与光点在垂直或水平方向上的偏差不超过光点直径的 1/5，则不需校正，若上述偏差超过直径的 1/5，再检查仍如此，应交专业人员修理。

8. 光学对中器的检校

整平仪器，将光学对中器十字丝中心精确地对准测点，转动照准部 $180°$，若测点仍位于十字丝中心，则无需校正，若偏离中心，则用角螺旋校正偏离量的一半，旋松光学对准器的调焦环，用四个校正螺丝剩余的一半偏差，致使十字丝精确的吻合。当测点看上去有一个绿色或灰色区域时，轻轻松开上（下）校正螺丝，以同样的程度紧固下（上）螺丝。

5.6.2　光电测距部分的检验与校正

1. 发射、接收、照准三轴关系正确性的检验

用信号强度对称法检定。

2. 精测频率检验

用彩电副载波校频仪检定。

3. 测程检验

用比较法检定。

4. 周期误差检验

用平台法检定。要求 6～12 个月内应检验一次。

5. 仪器常数检验

用基线比较法检验。要求 6～12 个月内应检验一次。

6. 幅相误差

用灰度滤光镜检定。

7. 分辨精度

用位移法检定。

8. 电压-距离特性

用直流可调稳压电源检定。

9. 反射棱镜常数一致性

用对比法检定。

10. 检定综合精度

用比较法检定。

思考题与习题

1. 光电测距的基本原理是什么？光电测距成果计算时，要进行哪些改正？
2. 全站仪名称的含义是什么？仪器主要由哪些部分组成？
3. 简述全站仪的功能与特点。

4. 光电测距和全站仪的使用操作主要步骤有哪些?

5. 使用光电测距和全站仪有哪些注意事项?

6. 说明光电测距和全站仪是如何养护的。

第六章　测量误差的基本知识

研究测量误差的来源、性质及其产生和传播的规律，解决测量工作中遇到的实际问题而建立起来的概念和原理的体系，称为测量误差理论。

在实际的测量工作中发现，当对某个确定的量进行多次观测时，所得到的各个结果之间往往存在着一些差异，例如重复观测两点的高差，或者是多次观测一个角或丈量若干次一段距离，其结果都互有差异。另一种情况是，当对若干个量进行观测时，如果已经知道在这几个量之间应该满足某一理论值，实际观测结果往往不等于其理论上的应有值。例如，一个平面三角形的内角和等 180°，但三个实测内角的结果之和并不等于 180°，而是有一差异。这些差异称为不符值。这种差异是测量工作中经常而又普遍发生的现象，这是由于观测值中包含有各种误差的缘故。

任何的测量都是利用特制的仪器、工具进行的，由于每一种仪器只具有一定限度的精密度，因此测量结果的精确度受到了一定的限制。且各个仪器本身也有一定的误差，使测量结果产生误差。测量是在一定的外界环境条件下进行的，客观环境包括温度、湿度、风力、大气折光等因素。客观环境的差异和变化也使测量的结果产生误差。测量是由观测者完成的，人的感觉器官的鉴别能力有一定的限度，人们在仪器的安置、照准、读数等方面都会产生误差。此外，观测者的工作态度、操作技能也会对测量结果的质量（精度）产生影响。

在测量工作中，对某量（如某一个角度、某一段距离或某两点间的高差等）进行多次观测，所得的各次观测结果总是存在着差异，这种差异实质上表现为每次测量所得的观测值与该量的真值之间的差值，这种差值称为测量真误差，若某观测值真误差用 Δ_i 表示，观测值用 L_i 表示，真值用 X 表示，即

$$\Delta_i = L_i - X \tag{6.1}$$

6.1　测量误差的来源及分类

6.1.1　测量误差的来源

观测值中存在观测误差有下列三方面原因。

1. 观测者

由于观测者的感觉器官的鉴别能力的局限性，在仪器安置、照准、读数等工作中都会产生误差。同时，观测者的技术水平及工作态度也会对观测结果产生影响。

2. 测量仪器

测量工作所使用的测量仪器都具有一定的精密度，从而使观测结果的精度受到限

制。另外，仪器本身构造上的缺陷，也会使观测结果产生误差。

3. 外界观测条件

外界观测条件是指野外观测过程中，外界条件的因素，如天气的变化、植被的不同、地面土质松紧的差异、地形的起伏、周围建筑物的状况，以及太阳光线的强弱、照射的角度大小等。

6.1.2　测量误差的分类

观测误差按其性质，可分为系统误差、偶然误差和粗差。

1. 系统误差

在相同的观测条件下，对某量进行一系列的观测，若观测误差的符号及大小保持不变，或按一定的规律变化，这种误差称为系统误差。这种误差往往随着观测次数的增加而逐渐积累。如某钢尺的注记长度为 30m，经鉴定后，它的实际长度为 30.016m，即每量一整尺，就比实际长度量小 0.016m，也就是每量一整尺段就有 +0.016m 的系统误差。这种误差的数值和符号是固定的，误差的大小与距离成正比，若丈量了五个整尺段，则长度误差为 $5 \times (+0.016) = +0.080$m。若用此钢尺丈量结果为 167.213m，则实际长度为

$$167.213 + 167.213 \times 0.016/30 = 167.213 + 0.089 = 167.302\text{m}$$

系统误差对测量成果影响较大，且一般具有累积性，应尽可能消除或限制到最小程度，其常用的处理方法如下：

1）检校仪器，把系统误差降低到最小程度。

2）加改正数，在观测结果中加入系统误差改正数，如尺长改正等。

3）采用适当的观测方法，使系统误差相互抵消或减弱，如测水平角时采用盘左、盘右在每个测回起始方向上改变度盘的配置等。

2. 偶然误差

偶然误差的产生取决于观测进行中的一系列不可能严格控制的因素（如湿度、温度、空气震动等）的随机扰动。在同一条件下获得的观测列中，其数值、符号不定，表面看没有规律性，实际上是服从一定的统计规律的。随机误差又可分两种：一种是误差的数学期望不为零，称为"随机性系统误差"；另一种是误差的数学期望为零，称为偶然误差。这两种随机误差经常同时发生，须根据最小二乘法原理加以处理。

3. 粗差

粗差是一些不确定因素引起的误差，国内外学者在粗差的认识上还未有统一的看法，目前的观点主要有几类：一类是将粗差看作与偶然误差具有相同的方差，但期望值不同；另一类是将粗差看作与偶然误差具有相同的期望值，但其方差十分巨大；还有一类是认为偶然误差与粗差具有相同的统计性质，但有正态与病态的不同。以上的理论均

是建立在把偶然误差和粗差均为属于连续型随机变量的范畴。还有一些学者认为粗差属于离散型随机变量。

当观测值中剔除了粗差，排除了系统误差的影响，或者与偶然误差相比系统误差处于次要地位时，占主导地位的偶然误差就成了我们研究的主要对象。从单个偶然误差来看，其出现的符号和大小没有一定的规律性，但对大量的偶然误差进行统计分析，就能发现其规律性，误差个数愈多，规律性愈明显。

6.2　偶然误差统计特性

6.2.1　偶然误差统计特性

从单个偶然误差而言，它的大小和符号均没有规律性，但就总体而言，却呈现出一定的统计规律性。

真误差：观测值和真值之间的差值。下面通过事例来说明。

在某测区，在相同的条件下，独立地观测 358 个三角形的全部内角，由于观测值含有误差，各三内角观测值之和不等于其真值 180°。由式（6.1）知三角形内角和的真误差可计算为

$$\Delta_i = 180° - (L_1 + L_2 + L_3)　(i = 1,2,\cdots,n)　　　　(6.2)$$

式中，$(L_1 + L_2 + L_3)$——各三角形内角观测值之和。

现取误差区间 $d\Delta = 2''$ 的间隔，将其按绝对值的大小排列。统计出在各区间内的正负误差个数，列成误差频率分布表，出现在某区间的误差的个数称为频数，用 k 表示，频数除以误差的总个数 n 得 k/n，称此为误差在该区间的频率。为更直观，根据表的数据画出直方图。横坐标表示正负误差的大小，纵坐标表示各区间内误差出现的频率 $y = k/n$ 除以区间的间隔 $d\Delta$，统计结果见表 6.1，由该表看出，该组误差具有如下规律：小误差比大误差出现的机会多，绝对值相等的正、负误差出现的个数相近；最大的误差不超过一定的限值。

通过大量的实践，可以总结出偶然误差具有如下四个统计特性：

1) 在一定的观测条件下，偶然误差的绝对值不超过一定的限值。

2) 绝对值小的误差比绝对值大的误差出现的概率大。

3) 绝对值相等的正、负误差出现的机会相等。

4) 随着观测次数无限增加，偶然误差的算术平均值趋近于零，即

$$\lim_{n\to\infty} \frac{\sum_{i=1}^{n} \Delta_i}{n} = \lim_{n\to\infty} \frac{[\Delta]}{n} = 0　　　　(6.3)$$

式中，n——观测次数；

[ ]——求和。

上述第四个特性说明，偶然误差具有抵偿性，它是由第三个特性导出的。

掌握了偶然误差的特性，就能根据带有偶然误差的观测值求出未知量的最可靠值，并衡量其精度。同时，也可应用误差理论来研究最合理的测量工作方案和观测方法。

表 6.1　误差频率分布

误差区间 dΔ	−Δ			+Δ			备注
	k	k/n	$k/(n \cdot \mathrm{d}\Delta)$	k	k/n	$k/(n \cdot \mathrm{d}\Delta)$	
0″～2″	45	0.126	0.0630	46	0.128	0.0640	
2″～4″	40	0.112	0.0560	41	0.115	0.0575	
4″～6″	33	0.092	0.0460	33	0.092	0.0460	
6″～8″	23	0.064	0.0320	21	0.059	0.0295	
8″～10″	17	0.047	0.0280	16	0.045	0.0225	
10″～12″	13	0.036	0.0180	13	0.036	0.0180	$\mathrm{d}\Delta = 2''$
12″～14″	6	0.017	0.0085	5	0.014	0.0070	
14″～16″	4	0.011	0.0055	2	0.006	0.0030	
16″以上	0	0	0	0	0	0.000	
$\sum$	181	0.505		177	0.495		

　　由偶然误差统计特性可知，当对某量有足够多的观测次数时，其正负误差可以相互抵消。因此，可采用多次观测，并取其算术平均值的方法来减小偶然误差对观测结果的影响。

6.2.2　正态分布在误差分析中的意义

　　从图 6.1（a）可以看出偶然误差的分布情况。图中横坐标表示误差的大小，纵坐标表示各区间误差出现的频率除以区间的间隔值。当误差个数足够多时，如果将误差的区间间隔无限缩小，则图中各长方形顶边所形成的折线将变成一条光滑的曲线，称为误差分布曲线。在概率论中，把这种误差分布称为正态分布。

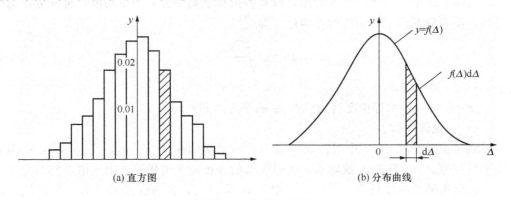

(a) 直方图　　　　　　　　　(b) 分布曲线

图 6.1　频率直方图

　　观测值偏离真值的程度称为观测值的准确度。系统误差对观测值的准确度有较大的影响，故必须按照系统误差的性质和特点对观测成果进行处理。在一定观测条件下对应的一组误差分布，如果该组误差总的来说偏小些，如图 6.1 中 $f(x)$ 曲线峰值较高，误差分布就较集中，反之 $f(x)$ 分布就较分散，所以误差分布的离散程度，反映了观测结果精度高低，其分布越集中，则观测结果的精度越高，反之越低。所以通常由偶然误差大小和分布状态，评定成果的精度。

6.3 评定观测值精度的标准

精度是指对某个量进行多次同精度的观测中，其偶然误差分布的密集程度或离散程度。

由于精度是表征误差的特征，而观测条件又是造成误差的主要来源。因此，在相同观测条件下进行的一组观测，尽管每一个观测值的真误差不一定相等，但它们都对应着同一个误差分布，即对应着同一个标准差。这组观测称为等精度观测，所得到的观测值为等精度观测值，如果仪器的精度不同，或观测方法不同，或外界条件变化较大，就属于不等精度观测，所对应的观测值就是不等精度观测值。

为了衡量观测结果精度的高低，必须有一个衡量精度的统一指标，下面介绍几种常用的衡量精度的指标。

6.3.1 中误差

在相同的观测条件下，对某量进行多次观测，得到一组等精度的独立观测值 L_1，L_2，$\cdots$，L_n，每个观测值的真误差为 Δ_1，Δ_2，$\cdots$，Δ_n，方差 σ^2 的定义为

$$\sigma^2 = \lim_{n \to \infty} \frac{[\Delta\Delta]}{n} \tag{6.4}$$

式中，n——观测次数；

σ——方差的平方根，称为标准差。

在实际工作中，观测次数 n 有限，取观测值真误差平方和的平均值，再开方定义为中误差，作为衡量该组观测值精度指标，即

$$m = \pm \sqrt{\frac{[\Delta\Delta]}{n}} \tag{6.5}$$

式中，m——中误差；

$[\Delta\Delta]$——一组等精度观测误差 Δ_i 的平方总和；

n——观测次数。

标准差 σ 要求 $n \to \infty$，中误差 m 是 n 有限时求得的标准差估值，当 $n \to \infty$，中误差 m 接近标准差 σ。中误差 m 值较小，表明误差的分布较为密集，各观测值之间的差异也较小，这组观测的精度就高；反之，中误差 m 值较大，表明误差的分布较为离散，观测值之间的差异也大，这组观测的精度就低。

当观测量的真值未知时，计算多次等精度观测值 L_1，L_2，$\cdots$，L_n 的算术平均值 $\overline{L}$

$$\overline{L} = \frac{L_1 + L_2 + \cdots + L_n}{n} = \frac{[L]}{n} \tag{6.6}$$

利用偶然误差 $n \to \infty$ 算术平均值趋近于零特性，算术平均值 $\overline{L}$ 比任一观测值更接近于真

值。我们把最接近于真值的近似值称为最或然值或称为最可靠值。令

$$v_i = \bar{L} - L_i \quad (i = 1, 2, \cdots, n) \tag{6.7}$$

式中，v_i——观测值的改正数。

此时，用观测值的改正数计算中误差公式应为

$$m = \pm \sqrt{\frac{[vv]}{n-1}} \tag{6.8}$$

式中，n——观测次数；

　　v——改正数，即算术平均值 $\bar{L}$ 与各观测值 L_i 之差。

式（6.8）是用观测值的改正数即最或然误差计算观测值中误差最常用的实用公式，又称白塞尔公式。

【例 6.1】　设用经纬仪测量某角 5 次，观测值列于表 6.2 中，求观测直的中误差。

表 6.2　角度中误差计算

观测次数	观测值 L	$\Delta = L - L_0$	$V = x - L$	VV	计算
1	56°32′20″	+20	−14	196	
2	56°32′00″	00	+6	36	$x = L_0 + \dfrac{\sum\limits_{i=1}^{5}\Delta L}{5} = 56°32′00″$
3	56°31′40″	−20	+26	676	校核 $\sum\limits_{i=1}^{5} V = 0$
4	56°32′00″	0	+6	36	$m = \pm\sqrt{\dfrac{\sum\limits_{i=1}^{5} V^2}{n-1}} = \sqrt{\dfrac{1520}{5-1}}$
5	56°32′30″	30	−24	576	$= \pm 19.49″$
	$L_0 = 56°32′00″$	+30	−200	+1520	

6.3.2　容许误差

由偶然误差的第一特性可知，在一定的观测条件下，偶然误差的绝对值不会超过一定的限值，这个限值就是容许误差或称极限误差。此限值有多大呢？根据误差理论和大量的实践证明，在一系列的同精度观测误差中，真误差绝对值大于中误差的概率约为 32%，大于 2 倍中误差的概率约为 5%，大于 3 倍中误差的概率约为 0.3%。也就是说，大于 3 倍中误差的真误差实际上是不可能出现的。因此，通常以 3 倍中误差作为偶然误差的极限值。在测量工作中一般取 2 倍中误差作为观测值的容许误差，即

$$\Delta_{容} = 2m \tag{6.9}$$

当某观测值的误差超过了容许的 2 倍中误差时，将认为该观测值含有粗差，而应舍去不用或重测。

6.3.3　相对误差

对于某些观测结果，有时单靠中误差还不能完全反映观测精度的高低。例如，分别

丈量了 100m 和 200m 两段距离，中误差均为±0.02m。虽然两者的中误差相同，但就单位长度而言，两者精度并不相同，后者显然优于前者。为了客观反映实际精度，常采用相对误差。

观测值中误差 m 的绝对值与相应观测值 D 的比值称为相对中误差。它是一个无名数，常用分子为 1 的分数表示，即

$$K = \frac{|m|}{D} = \frac{1}{\dfrac{D}{|m|}} \tag{6.10}$$

上例中前者的相对中误差为 $\dfrac{1}{5000}$，后者为 $\dfrac{1}{10\,000}$，表明后者精度高于前者。

对于真误差或容许误差，有时也用相对误差来表示。例如，距离测量中的往返测的较差与往返测距离平均值之比就是所谓的相对真误差，即

$$\frac{|D_往 - D_近|}{D_{平均}} = \frac{1}{\dfrac{D_平}{\Delta D}}$$

与相对误差对应，真误差、中误差、容许误差都是绝对误差。

6.4 误差传播定律及应用

在测量工作中，有些未知量不可能直接测量，或者是不便于直接测定，而是利用直接测定的观测值按一定的公式计算出来，如高差 $h = a - b$，就是直接观测值 a、b 的函数。若已知直接观测值 a、b 的中误差 m_a、m_b 后，求出函数 h 的中误差 m_h，即为观测值函数的中误差。

6.4.1 线性函数

$$F = K_1 x_1 \pm K_2 x_2 \pm \cdots \pm K_n x_n \tag{6.11}$$

式中，F——线性函数；

K_1——常数；

x_1——观测值。

设 x_1 的中误差为 m_1，函数 F 的中误差为 m_F，经推导得

$$m_F^2 = (K_1 m_1)^2 + (K_2 m_2)^2 + \cdots + (K_n m_n)^2 \tag{6.12}$$

即观测值函数中误差的平方等于常数与相应观测值中误差乘积的平方和。

6.4.2 非线性函数

$$Z = F(x_1, x_2, \cdots, x_n) \tag{6.13}$$

其分微分为

$$\mathrm{d}Z = \frac{\partial F}{\partial x_1}\mathrm{d}x_1 + \frac{\partial F}{\partial x_2}\mathrm{d}x_2 + \cdots + \frac{\partial F}{\partial x_n}\mathrm{d}x_n$$

$$\Delta Z = \frac{\partial F}{\partial x_1}\Delta x_1 + \frac{\partial F}{\partial x_2}\Delta x_2 + \cdots + \frac{\partial F}{\partial x_n}\Delta x_n$$

可写成

$$\Delta Z = f_1 \Delta x_1 + f_2 \Delta x_2 + \cdots + f_n \Delta x_n$$

其相应的函数中误差式为

$$m_z^2 = f_1^2 m_1^2 + f_2^2 m_2^2 + \cdots + f_n^2 m_n^2$$

即

$$m_Z = \pm \sqrt{\left(\frac{\partial F}{\partial x_1}\right)^2 m_1^2 + \left(\frac{\partial F}{\partial x_2}\right)^2 m_2^2 + \cdots + \left(\frac{\partial F}{\partial x_n}\right)^2 m_n^2} \tag{6.14}$$

【例 6.2】　在 1：500 比例尺地形图上，量得 A、B 两点间的距离 $S=163.6$mm，其中误差 $m_S=0.2$mm。求 A、B 两点实地距离 D 及其中误差 m_D。

【解】　　　　$D=MS=500\times163.6$mm$=81.8$m（M 为比例尺分母）

$$m_D = M m_S = 500 \times 0.2\text{mm} = \pm 0.1\text{m}$$

所以

$$D=81.1\pm0.1\text{m}$$

【例 6.3】　在三角形 ABC 中，$\angle A$ 和 $\angle B$ 的观测中误差 m_A 和 m_B 分别为 $\pm3''$ 和 $\pm4''$，试推算 $\angle C$ 的中误差 m_C。

【解】　　　　　　　$\angle C = 180° - (\angle A + \angle B)$

因为 180°是已知数没有误差，则得

$$m_C^2 = m_A^2 + m_B^2$$

所以

$$m_C = \pm 5''$$

【例 6.4】　某水准路线各测段高差的观测值中误差分别为 $h_1 = 18.316$m±5mm，$h_2 = 8.171$m±4mm，$h_3 = -6.625$m±3mm，试求总的高差及其中误差。

【解】　　　　$h = h_1 + h_2 + h_3 = 15.316 + 8.171 - 6.625 = 16.862$m

$$m_h^2 = m_1^2 + m_2^2 + m_3^2 = 5^2 + 4^2 + 3^2$$

$$m_h = \pm 7.1\text{mm}$$

所以

$$h = 16.882\text{m} \pm 7.1\text{mm}$$

【例 6.5】　设对某一未知量 P，在相同观测条件下进行多次观测，观测值分别为 L_1，L_2，$\cdots$，L_n，其中误差均为 m，求算术平均值 x 的中误差 M。

【解】

$$x = \frac{\sum\limits_{i=1}^{n} L}{n} = L_1 + L_2 + \cdots + L_n$$

式中，$\frac{1}{n}$——常数。

根据公式（6.14），算术平均值的中误差为

$$M^2 = \left(\frac{1}{n} m_1\right)^2 + \left(\frac{1}{n} m_2\right)^2 + \cdots + \left(\frac{1}{n} m_n\right)^2$$

因为 $m_1 = m_2 = \cdots m_n = m$，得

$$M = \pm \frac{m}{\sqrt{n}} \tag{6.15}$$

从公式中可知，算术平均值中误差是观测值中误差的 $\frac{1}{\sqrt{n}}$ 倍，观测次数愈多，算术平均值的误差愈小，精度愈高。但精度的提高仅与观测次数的平方根成正比，当观测次数增加到一定次数后，精度就提高得很少，所以增加观测次数要适可而止。

【例 6.6】 表 6.2 中，观测次数 $n = 5$，观测值中误差 $m = \pm 19.5''$，求算术平均值的中误差。

【解】
$$M = \pm \frac{m}{\sqrt{n}} = \frac{19.5}{\sqrt{5}} = \pm 8.7''$$

【例 6.7】 三角形的三个内角之和，在理论上等于 $180°$，而实际上由于观测时的误差影响，使三内角之和与理论值会有一个差值，这个差值称为三角形闭合差。

【解】 设等精度观测 n 个三角形的三内角分别为 a_i、b_i 和 c_i，其测角中误差均为 $m_\beta = m_a = m_b = m_c$，各三角形内角和的观测值与真值 $180°$ 之差为三角形闭合差 $f_{\beta 1}$、$f_{\beta 2}$、…、$f_{\beta n}$，即真误差，其计算关系式为
$$f_{\beta i} = a_i + b_i + c_i - 180°$$
根据式（6.12）得中误差关系式为
$$m_{f_\beta}^2 = m_a^2 + m_b^2 + m_c^2 = 3m_\beta^2$$
所以
$$m_{f_\beta} = \pm m_\beta \sqrt{3}$$
由此得测角中误差为
$$m_\beta = \pm \frac{m_{f_\beta}}{\sqrt{3}}$$
按中误差定义，三角形闭合差的中误差为
$$m_{f_\beta} = \pm \sqrt{\frac{\sum_{i=1}^{n} f_{\beta i}^2}{n}}$$
将此式代入上式得
$$m_\beta = \pm \sqrt{\frac{\sum_{i=1}^{n} f_{\beta i}^2}{3n}} \tag{6.16}$$
式（6.16）称为菲列罗公式，是小三角测量评定测角精度的基本公式。

6.5　不等精度直接观测平差

在对某未知量进行不等精度观测时，由于各观测值的中误差不相等，各观测值便具有不同的可靠性，在求未知量的最可靠值时，就不能像等精度观测值那样简单地取算术平均值进行求解。

6.5.1　权

首先看个例子，用相同仪器和方法观测某未知量，分两组进行观测，第一组观测 2 次，第二组观测 4 次，其观测值与中误差如表 6.3 所示。

表 6.3　某未知量的观测值和中误差

组　别	观测值	观测值中误差 m	平均值 L	平均值中误差 M
第一组	l_1 l_2	m_1 m_2	$L_1 = \dfrac{1}{2}(l_1 + l_2)$	$M_1 = \pm \dfrac{m}{\sqrt{2}}$
第二组	l_3 l_4 l_5 l_6	m_3 m_4 m_5 m_6	$L_2 = \dfrac{1}{4}(l_3 + l_4 + l_5 + l_6)$	$M_2 = \pm \dfrac{m}{\sqrt{4}}$

由于是不等精度观测，所以，测量的结果不能简单地等于 L_1 和 L_2 的平均值，而应该为

$$L = \frac{l_1 + l_2 + l_3 + l_4 + l_5 + l_6}{6} = \frac{2L_1 + 4L_2}{2 + 4} \qquad (6.17)$$

从不等精度观测的观点看，观测值 L_1 是 2 次观测的平均值，L_2 是 4 次观测的平均值，所以 L_1 和 L_2 的可靠性不一样，本例中，可取 2 和 4 反映出它们两者的轻重分量，以示区别。

由上面的例子可以看出，对于不等精度观测，各观测值的配置比最合理的是随观测值精度的高低成比例增减。为此，将权衡观测值之间精度高低的相对值称为权。权通常用字母 P 表示，且恒取正值。观测值精度越高，它的权就越大，参与计算最或然值的比重也越大。一定的观测条件，对应着一定的观测值中误差。观测值中误差越小，其值越可靠，权就越大。因此，可以通过中误差来确定观测值的权。设不等精度观测值的权分别为 m_1，m_2，$\cdots$，m_n，则权的计算公式为

$$P_i = \frac{\lambda}{m_i^2} \qquad (6.18)$$

式中，λ——比例常数，可以取任意正数，但一经选定，同组各观测值的权必须用同一个 λ 值计算，选择适当的 λ 值，可以使权得到易于计算的数值。

【例 6.8】 以不等精度观测某水平角，各观测值的中误差为 $m_1 = \pm 2.0''$，$m_2 = \pm 3.0''$，$m_3 = \pm 6.0''$，求各观测值的权。

【解】 根据权的计算公式（6.18）可得

$$P_1 = \frac{\lambda}{m_1^2} = \frac{\lambda}{4} \qquad P_2 = \frac{\lambda}{m_2^2} = \frac{\lambda}{9} \qquad P_3 = \frac{\lambda}{m_3^2} = \frac{\lambda}{36}$$

令 $\lambda = 1$

则

$$P_1 = \frac{1}{4}, \qquad P_2 = \frac{1}{9}, \qquad P_3 = \frac{1}{36}$$

令 $\lambda=4$

则
$$P_1=1, \qquad P_2=\frac{4}{9}, \qquad P_3=\frac{1}{9}$$

令 $\lambda=36$

则
$$P_1=9, \qquad P_2=4, \qquad P_3=1$$

通过例子可以看到，尽管各组的 λ 值不同，导致各观测值的权的大小也随之变化。但各组中，权之间的比值却未变化。因此，权只有相对意义，起作用的不是权本身的绝对值大小，而是它们之间的比值关系。

$P=1$ 的权称为单位权，$P=1$ 的观测值称为单位权观测值，单位权观测值的中误差称为单位权中误差，常用 μ 来表示。令 $\lambda=\mu^2$，则权的定义公式又可以改写为

$$P_i=\frac{\mu^2}{m_i^2} \tag{6.19}$$

式（6.8）是观测值中误差的表达式，将之带入上式，得

$$\mu=\pm\sqrt{\frac{[Pv^2]}{n-1}} \tag{6.20}$$

式中，v——观测值改正数。

6.5.2　加权平均值及其中误差

不等精度观测时，各观测值的可靠程度不一样，必须采用加权平均的方法来求解观测值的最或然值。

对某未知量进行了 n 次不等精度观测，观测值为 l_1，l_2，$\cdots$，l_n，其相应的权为 P_1，P_2，$\cdots$，P_n，则加权平均值 x 的定义表达式为

$$x=\frac{P_1l_1+P_2l_2+\cdots+P_nl_n}{P_1+P_2+\cdots+P_n}=\frac{[Pl]}{[P]} \tag{6.21}$$

下面推导加权平均值的中误差 M_x。

根据式（6.21）表述的加权平均值，有

$$x=\frac{P_1l_1+P_2l_2+\cdots+P_nl_n}{P_1+P_2+\cdots+P_n}=\frac{[Pl]}{[P]}$$

利用误差传播定律的公式，可得

$$M_x^2=\left(\frac{P_1}{[P]}\right)^2m_1^2+\left(\frac{P_2}{[P]}\right)^2m_2^2+\cdots+\left(\frac{P_n}{[p]}\right)^2m_n^2 \tag{6.22}$$

根据式（6.18），有

$$M_x^2=\frac{\lambda}{P_x} \tag{6.23}$$

$$m_i^2=\frac{\lambda}{P_i} \tag{6.24}$$

将式（6.23）、式（6.24）带入式（6.22），整理后可得

$$P_x=[P] \tag{6.25}$$

即加权平均值的权等于各观测值的权之和。

通过式（6.23）和式（6.25），可得加权平均值中误差的表达式为

$$M_x = \pm \frac{\mu}{\sqrt{[P]}} \qquad (6.26)$$

实际测量工作中，常用改正数 v_i 来计算加权平均值中误差 M_x。因此将式（6.20）代入，可以得到中误差 M_x 的另外一个常用表达式

$$M_x = \pm \sqrt{\frac{[Pv^2]}{[P](n-1)}} \qquad (6.27)$$

【例 6.9】 对某水平角进行两组不等精度观测，第一组观测 4 测回，平均值 $\beta_1 = 56°30'24''$，每测回中误差为 $\pm18''$；第二组观测 9 测回，平均值 $\beta_2 = 56°30'16''$，每测回中误差为 $\pm12''$。试求该水平角的最或然值。

【解】 根据式（6.15），可得

$$M_{\beta1} = \pm \frac{18''}{\sqrt{4}} = \pm 9'' \quad 和 \quad M_{\beta2} = \pm \frac{12''}{\sqrt{9}} = \pm 4''$$

按式（6.18），并取 $\lambda = 1296$，求各组的权，可得

$$P_1 = \frac{\lambda}{\mu_{\beta1}^2} = \frac{1296}{9^2} = 16 \quad 和 \quad P_2 = \frac{\lambda}{\mu_{\beta2}^2} = \frac{1296}{4^2} = 81$$

将各组观测值和其权值代入式（6.21），求得水平角最或然值为

$$\beta_0 = \frac{[Pl]}{P} = 56°30'00'' + \frac{16 \times 24'' + 81 \times 16''}{16 + 81} = 56°30'17''$$

【例 6.10】 在水准测量中，从三个已知高程控制点 A、B、C 出发观测 O 点高程，各高程观测值 H_i 及各水准路线长度 L_i 如表 6.4 所示。求 O 点高程的最或然值 H_O 及其中误差 M_O。

表 6.4　高程观测值及水准路线长度

测段	O 点高程观测值 H_i/m	路线长度 L_i/m	权 $P_i = 1/L_i$	改正数 v/mm	Pv^2
$A\sim O$	128.542	2.5	0.40	-5.0	10.0
$B\sim O$	128.538	4.0	0.25	-1.0	0.25
$C\sim O$	128.532	2.0	0.50	$+5.0$	12.5
			$[P]=1.15$		$[Pv^2]=22.75$

【解】 取路线长度 L_i 的倒数乘以常数 C 为观测值的权（证明从略），并令 $C=1$，则可完成表中相关内容计算。

根据式（6.21），O 点高程最或然值 H_O 为

$$H_O = \frac{[Pl]}{[P]} = \frac{0.4 \times 128.542 + 0.25 \times 128.538 + 0.50 \times 128.532}{0.4 + 0.25 + 0.50} = 128.537\text{m}$$

根据式（6.27），单位权中误差为

$$\mu = \pm \sqrt{\frac{[Pv^2]}{n-1}} = \pm \sqrt{\frac{22.75}{3-1}} = \pm 3.4\text{mm}$$

再根据式（6.26），可得最或然值中误差为

$$M_O = \pm \frac{\mu}{\sqrt{[P]}} = \pm \frac{3.4}{\sqrt{1.15}} = \pm 3.2\text{mm}$$

思考题与习题

1. 研究测量误差的任务是什么？

2. 测量误差分哪几类？它们各有什么特点？

3. 为什么观测结果中一定存在误差？误差如何分类？

4. 偶然误差与系统误差有哪些不同？偶然误差有哪些特性？

5. 试述偶然误差的主要特性。

6. 什么是标准差、中误差和极限误差？

7. 什么是等精度观测？什么是不等精度观测？

8. 对某直线丈量了 6 次，观测结果为 246.535m、246.548m、246.520m、246.529m、246.550m、246.537m，试计算其算术平均值、一次测量的中误差、算术平均值的中误差及相对误差。

9. 在水准测量中，有表 6.5 所列情况对水准尺读数带来的误差，试判别误差的性质及其符号。

表 6.5

误差来源	误差性质	误差符号
水准仪的水准管轴不平行视准轴		
估读最小分划不准		
符合气泡居中不准		
水准仪下沉		
水准尺下沉		
水准尺倾斜		

10. 用 J6 级经纬仪观测某个水平角 4 测回，其观测值分别为 68°32′18″、68°31′54″、68°31′42″、68°32′06″，试求观测一测回的中误差、算术平均值及其中误差。

11. 在 1∶500 地形图上量取 A、B 两点距离 6 次，得下列结果：57.8mm、57.4mm、57.6mm、57.5mm、57.4mm、57.7mm，求一次测量的中误差及算术平均值中误差，并求出地面距离及相应的中误差。

第七章　小区域控制测量

测量工作的基本任务就是确定点位的空间位置，当待定点较多且分布在一定区域内的时候，为保证各点位的准确性就需在该区域内先求定一些高精度的已知点，这项工作称之为控制测量。本章将介绍求定这些高精度已知点空间位置的原理和方法。

7.1　控制测量概述

测量工作的基本任务就是确定点位的空间位置，即平面坐标和高程（x，y，H），基本方法就是利用已知点数据通过边、角、高差的观测，逐步地推算未知点坐标，而经过多次设站后误差经过积累必定达到很大的程度，从而超出测量的允许范围。因此，为避免误差累积，保证必要的测量精度，测量工作必须遵循"由整体到局部，先控制后碎部"的原则。

所谓控制测量就是以较高的精度测定地面上一系列控制点的平面位置和高程，为地形测量和各种工程测量提供依据。控制测量又分为平面控制测量和高程控制测量，由控制点所构成的几何图形称为控制网，根据求算的结果不同，控制网又分为平面控制网和高程控制网。

在全国范围内建立的控制网，称为国家控制网，它是测绘全国各种比例尺地形图和城市建设的基本控制网，同时还可为地学研究提供依据。工程建设项目面积相对较小，因此测量一般将面积小于 10km^2 范围的项目定义为小区域，在此范围内进行的控制测量工作称之为小区域控制测量。

7.1.1　平面控制测量

国家平面控制网布设的基本原则为"分级布网，逐级加密；应具有足够的精度；应具有足够的密度；应采用统一的法式"，一共分为一、二、三、四等四个等级，传统的布网方式包括三角网、导线网、三边网、边角网等。

将已知点和待定点通过三角形的形式进行连接，并观测所有三角形内角的测量方法称为三角测量，所构成的网型称为三角网，如图 7.1 所示。将已知点和待定点通过直线进行连接，并观测所有直线边长以及相邻边所构成的夹角的测量方法称为导线测量，如图 7.2 所示，多条导线相互交叉所构成的网型称为导线网。

国家平面控制网的布设方案是，首先在全国范围内建立一等三角锁作为国家平面控制网的骨干；然后用二等三角网布设于一等三角锁环内，作为国家平面控制网的全面基础；再用三、四等三角网逐级加密。三角测量具有覆盖面广、精度高、检核条件多等优点。由于测绘仪器、技术方法的限制，我国早期的平面控制网主要采用三角测量的形式，只有在我国西部比较偏僻的地区采用少量的导线测量。

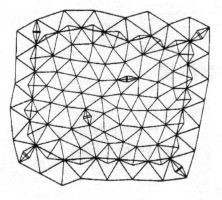

图 7.1 三角网   图 7.2 导线

城市平面控制网和工程平面控制网多采用三角测量和导线测量的形式完成，城市三角测量一般分为五个等级：二、三、四等三角测量以及一、二级小三角测量，其主要技术指标见表 7.1；城市电磁波测距导线一般分为六个等级：三、四等以及一、二、三级和图根导线。随着电磁波测距技术的发展，以及导线具有测量过程简单、布设灵活、速度快等优点，所以导线测量已经非常普及地应用于城市和工程测量当中，具体技术指标见表 7.2。

表 7.1 三角测量的主要技术指标

等级	平均边长/km	测角中误差/(″)	起始边边长相对中误差	最弱边边长相对中误差	三角形闭合差/(″)	测回数		
						DJ1	DJ2	DJ3
二等	9	±1.0	1/250 000	1/120 000	±3.5	12	—	—
三等	4.5	±1.8	1/150 000	1/70 000	±7.0	6	9	—
四等	2	±2.5	1/100 000	1/40 000	±9.0	4	6	—
一级	1	±5.0	1/40 000	1/20 000	±15.0	—	2	4
二级	0.5	±10.0	1/20 000	1/10 000	±30.0	—	1	2

表 7.2 电磁波测距导线的主要技术指标

等级	测图比例尺	导线长度/km	平均边长/m	测距中误差/mm	测角中误差/(″)	角度闭合差/(″)	导线全长相对闭合差
三等	—	14	3000	≤±20	≤±1.8	≤±3.6$\sqrt{n}$	≤1/55000
四等	—	9	1500	≤±18	≤±2.5	≤±5$\sqrt{n}$	≤1/35000
一级	—	4	500	≤±15	≤±5	≤±10$\sqrt{n}$	≤1/15000
二级	—	2.4	250	≤±15	≤±8	≤±16$\sqrt{n}$	≤1/10000
三级	—	1.2	100	≤±15	≤±12	≤±24$\sqrt{n}$	≤1/5000
图根	1：500	0.9	80	—	≤±20	≤±40$\sqrt{n}$ n 为测站数	≤1/4000
	1：1000	1.8	150				
	1：2000	3	250				

7.1.2 高程控制测量

国家高程控制网的布设原则与平面控制网相同，也分为一、二、三、四等四个等级，测量手段主要包括水准测量和三角高程测量两种。从已知水准点出发，利用水准测量的方法测定各待定水准点高程的工作称为水准测量，多条水准路线相互交叉便构成了水准网，也称高程控制网，如图 7.3 所示。

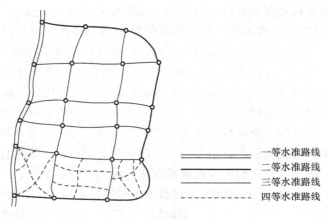

一等水准路线
二等水准路线
三等水准路线
四等水准路线

图 7.3 国家高程控制网

国家高程控制网的布设方案是，首先在全国范围内，由水准原点出发布设一等水准网，这是国家高程控制网的骨干，也为地壳和地面垂直运动监测提供数据；二等水准网布设于一等水准环网内，是国家高程控制网的全面基础，一、二等水准测量称为精密水准测量；三、四等水准测量是在一、二等水准点的基础上进一步加密而得，其目的是满足城市和工程建设的需要。水准测量主要技术指标见表 7.3。

表 7.3 水准测量的主要技术指标

等级	每千米高差中误差/mm	附合路线长度/km	水准仪的级别	水准尺	往返较差或路线闭合差/mm	
					平原	山区
一	±1	—	DS_{05}	因瓦	$±2\sqrt{L}$	—
二	±2	400	DS_1	因瓦	$±4\sqrt{L}$	
三	±6	45	DS_3	双面	$±12\sqrt{L}$	$±15\sqrt{L}$
四	±10	15	DS_3	双面	$±20\sqrt{L}$	$±25\sqrt{L}$

水准测量的精度虽然很高，但是速度较慢，尤其是在地形起伏较大的山区几乎难以开展工作。因此，国家测量规范允许利用三角高程测量的形式对水准点进行加密，目前精密电磁波测距三角高程已经可以达到三、四等水准测量的精度要求。

7.1.3 全球定位系统

上述地面控制网虽然具有较高的精度，但是也存在以下问题：

1）将空间点位的三维坐标分为了 2＋1 维，无法同时建立真正意义的三维控制网。

2）整个国家控制网用了近 30 年的时间才建立完成，观测周期过长。

3）在平原地区为保证各点通视，需造标，致使费用增加。

随着科学技术的发展，20 世纪 90 年代由美国国防部联合多家单位共同研制的全球定位系统（Global Position System，GPS）正式运营，并向民间开放。测绘工作者率先引入该项技术，使测绘技术发生了一场革命性的变革。

全球定位系统通过地面站可以预报空中卫星瞬时的位置（相当于已知该卫星的瞬时坐标），然后通过接收机接收卫星发射的测距信号测得卫地距，再经过解算即可求得地面点的三维坐标，实现定位。接收机只要可以同时接收四个卫星的信号，就可以确定待定点的空间位置，采用差分的方法定位解算可以在数千公里的基线长度上达到 mm 级的精度。GPS 系统设计为 24 颗卫星，可以保证在全球的任何位置，任意时间都可以至少同时观测到 4 颗卫星，如图 7.4 所示。因此，全球定位系统具有速度快、精度高、不受天气条件限制、全天候、全球性、不需要点之间通视、不用建造观测觇标、对边长和图形结构没有限制、所获得的点位精度均匀、能同时获得点的三维坐标等优点而广泛应用于控制测量中，取代常规的地面控制测量方法，建立三维控制网。

GPS 是利用空间距离交汇的原理完成定位的，具体原理如图 7.5 所示。图中卫星 S_1、S_2、S_3、S_4 位置为已知（x_i^S，y_i^S，z_i^S），当接收机 G 在某一时刻同时接收了来自 4 颗卫星的信号，并且测得了相应的距离，即可利用下式求算接收机所在处的三维坐标值为

$$R_G^i = \sqrt{(x_i^S - x_G)^2 + (y_i^S - y_G)^2 + (z_i^S - z_G)^2} \tag{7.1}$$

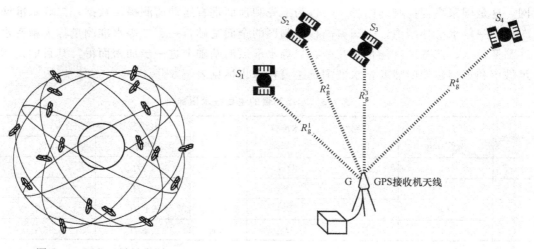

图 7.4　GPS 卫星星座图　　　　　图 7.5　GPS 定位原理图

卫星的空间位置是由卫星发射的导航电文给出的，另外由式（7.1）可知，仅需要 3 个卫星就可以确定接收机的空间位置，但是由于在观测的过程中时间的测定存在不可避免的误差，所以实际需要观测 4 颗卫星才可以进行解算。

根据接收机的状态不同，GPS 定位可分为静态定位和动态定位两种形式，静态定位可以获取很高的定位精度，而动态定位则可以获取更快的定位速度。

全球定位系统在军事、国防以及经济建设中的重要作用，使世界各国争相研制自己
的全球定位系统。俄罗斯早在 20 世纪 90 年代就已经成功研制了 GLONASS 系统，并
投入使用，但由于俄罗斯财政困难，目前空中的卫星数量远没有达到设计的要求，在定
位精度、速度、覆盖面等各方面都不及 GPS 系统的性能。欧空局也在致力于空间定位
系统（Galileo）研究，并已成功发射一个试验卫
星。我国也在 21 世纪初发射了 2 个地球同步卫
星，建立了具有自主知识产权的空间导航定位系
统——北斗双星系统，该系统目前可以覆盖我国
和亚洲的局部地区。

全球定位系统已经不再是 GPS 的专用名词，
对于这项空间定位技术，测绘工作者们给予了一
个具有更广泛含义的定义——全球卫星导航定位
系统（GNSS）。

图 7.6 为拓普康 GR-3 型多卫星接收机，该接
收机可同时对 GPS、GLONASS、GALILEO 3 个
系统的卫星进行全信号跟踪，并可单独使用任一
星座独立作业，其具有 72 个超级通用卫星跟踪通
道，可实现卫星信号的快速锁定。静态定位时可
达到平面：3mm＋0.5ppm（1ppm＝百万分之
一），高程：5mm＋0.5ppm 的精度；动态定位时
可达到平面：10mm＋1ppm，高程：15mm＋

图 7.6　拓普康 GR-3 型多卫星接收机

1ppm 的精度。该仪器具有体积小、重量轻、电池工作时间长、环境适应性强等诸多优
点，是目前世界上最先进、最具有代表性的卫星接收机之一。

7.2　导 线 测 量

7.2.1　导线的布设形式

导线是建立小区域平面控制测量的最主要、也是最常用的形式，尤其是障碍物比较
密集的城市和林区应用更为方便，另外在公路、铁路等线状工程中也有着广泛的用途。
根据测区实际情况和技术要求，单一导线可布设成以下三种形式：

1. 闭合导线

起闭于同一个已知点的导线，称为闭合导线，如图 7.7（a）所示，导线从已知点
B 和已知方向 AB 出发，经过 P_1、P_2、P_3、P_4 点，最后返回到起点 B，形成一个闭合
多边形。

2. 附合导线

布设在两个不同的已知点之间的导线，称为附合导线，如图 7.7（b）所示，导线

从已知点 B 和已知方向 AB 出发，经过 P_1、P_2、P_3 点，最后附合到另一已知点 C 和已知方向 CD。

3. 支导线

从一已知点和一已知方向出发，既不闭合亦不附合，称为支导线，如图 7.7（c）所示。由于没有检核条件，只限于在图根导线中使用，且其点数一般不超过 3 个。

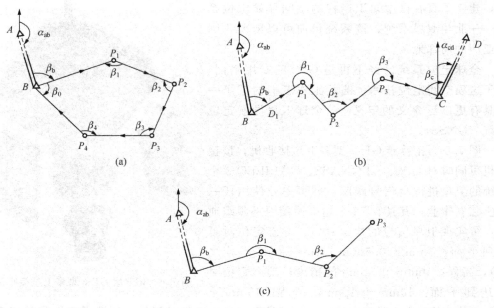

图 7.7　导线的布设形式

7.2.2　导线测量的外业工作

导线测量的外业工作包括：踏勘选点、测角、量边和定向等几项工作。

1. 踏勘选点

在踏勘选点之前，应先到有关部门收集测区原有地形图及控制点的成果等资料，然后在地形图上进行导线布设路线的初步设计，最后按照设计方案到实地进行踏勘选点。在选择导线点时应注意以下事项：

1）相邻点间应通视良好，以便于测角和量边。

2）应选择在土质坚实处，以便于保存。

3）应选择在地势较高、视野开阔处，以便于测绘周围的地物和地貌。

4）导线边应大致相等，相邻边比例最大不超过 1/3。

5）导线点应均匀分布于整个测区，并且密度要适中。

2. 边长测量

导线边长可用电磁波测距仪测定，测量时要同时观测竖直角，供倾斜改正之用。若用钢尺丈量，应使用检定过的钢尺，并应往返测量，一般情况下相对误差不应低于1/3000。

3. 角度测量

相邻导线边所构成的水平角可分为左角或右角。在导线的角度测量中，附合导线一般多观测导线前进方向左侧的夹角（即左角），闭合导线一般多观测闭合环的内角。角度应采用测回法观测，对于图根导线，若用 DJ6 型经纬仪观测，则测回较差应不大于±40″。

4. 导线定向

导线定向又称导线的连接测量，其目的是使新测导线与高级控制点进行连接，以获得边长、方位角和坐标等必要的起算数据。导线边与已知边之间的水平角和边长称为连接角和连接边，如图 7.7（b）中的 β_b 和 D_1 等，连接测量所使用的仪器、方法和精度要求与导线测量完全相同。

7.2.3　导线测量内业计算

导线测量内业计算的目的是计算各待定导线点的平面坐标。在计算之前应全面检查导线测量外业记录的正确性，成果的规范性和准确性等要求。检查合格后，即可按照一定的比例尺绘制导线计算略图，并将已知数据和观测数据标于图中，如图 7.8 所示。

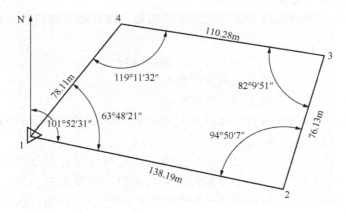

图 7.8　闭合导线计算略图

1. 闭合导线内业计算

（1）角度闭合差的计算与调整

1）角度闭合差的计算。

根据闭合多边形的几何特性，若闭合导线的观测角数为 n，则其内角和理论值应为

$$\sum \beta_{理} = (n-2) \times 180° \qquad\qquad (7.2)$$

式中，$\sum$ ——求和；

　　　　n ——测角个数。

由于测量存在不可避免的误差，所以闭合导线内角和的实测值 $\sum \beta_{测}$ 与理论值 $\sum \beta_{理}$ 往往不等，两者的差值即角度闭合差 f_β 为

$$f_\beta = \sum \beta_{测} - \sum \beta_{理} = \sum \beta_{测} - (n-2) \times 180° \qquad (7.3)$$

2）角度闭合差的调整。

不同等级导线的角度闭合差允许值不同，对于图根电磁波测距导线角度闭合差的容许值 $f_{\beta容} = \pm 40'' \sqrt{n}$。若 $f_\beta \leqslant f_{\beta容}$，说明角度测量精度合格。由于每个角的观测精度相同，在误差分配时，采用误差反号平均分配的原则将角度闭合差分配到每个观测角中，即

$$v_i = -\frac{f_\beta}{n} \qquad\qquad (7.4)$$

计算检核 1

$$\sum v = -f_\beta$$

求得改正数后，应计算改正后的角值，以便在形式上消除角度闭合差的影响，即

$$\beta_{改} = \beta_{测} + v \qquad\qquad (7.5)$$

计算检核 2

$$\sum \beta_{改} = \sum \beta_{理} = (n-2) \times 180°$$

（2）坐标方位角的推算

根据起始边坐标方位角以及改正后的各导线角，即可推算导线各边的坐标方位角，其通用公式为

$$\alpha_{后} = \alpha_{前} + \beta_{改} \pm 180° \qquad\qquad (7.6)$$

式中，$\alpha_{后}$ ——导线前进方向后方边的方位角；

　　　　$\alpha_{前}$ ——导线前进方向前方边的方位角；

　　　　$\pm$ ——取决于前两项的和，当和大于 180 时，取 "—"，小于 180 时，取 "+"。

计算检核 3：$\alpha_{起} = \alpha_{终} + \beta_{终} \pm 180°$

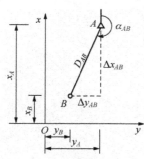

图 7.9　坐标增量示意图

以上所介绍的是当观测角度为左角时的方位角推算公式，当观测角度为右角时，推算原理相同，但表达方式略有不同。为避免混淆，此处不再介绍，如果需要时可以用 360 减去右角，换算为相应的左角，再用式（7.6）计算方位角即可。

（3）坐标增量闭合差的计算与调整

1）坐标增量的计算。

所谓坐标增量是指两点相应坐标的差值，如图 7.9 所示。由于在测量工作中两点坐标未知，坐标增量可采用如

下的形式求得

$$\left. \begin{array}{l} \Delta x = D\cos\alpha \\ \Delta y = D\sin\alpha \end{array} \right\} \qquad (7.7)$$

式中，Δx——纵坐标增量；

$\qquad \Delta y$——横坐标增量；

$\qquad D$——两点间水平距离；

$\qquad \alpha$——边长的方位角。

2）坐标增量闭合差的计算。

所谓坐标增量闭合差就是同一条导线所有边坐标增量代数和的实测值与理论值之差。虽然角度误差已经经过分配，但分配的结果毕竟不可能和真实数值完全相同，而且边长测量的误差也会对坐标增量产生影响，所以坐标增量的实测值和理论值也会不同，其计算公式为

$$\left. \begin{array}{l} f_x = \sum \Delta x_{测} - \sum \Delta x_{理} \\ f_y = \sum \Delta y_{测} - \sum \Delta y_{理} \end{array} \right\} \qquad (7.8)$$

式中，f_x——纵坐标增量闭合差；

$\qquad f_y$——横坐标增量闭合差。

闭合导线的起终点相同，所以对于闭合导线来说，坐标增量闭合差的理论值为零，如图 7.10 所示，即

$$\left. \begin{array}{l} f_x = \sum \Delta x_{测} \\ f_y = \sum \Delta y_{测} \end{array} \right\} \qquad (7.9)$$

由于坐标增量闭合差的存在，致使推算得出的起始点位置与已知点不重合，而产生的绝对误差 f，称为导线全长闭合差，如图 7.11 所示，其计算方法为

$$f = \sqrt{f_x^2 + f_y^2} \qquad (7.10)$$

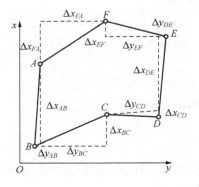

图 7.10　坐标增量闭合差示意

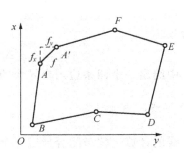

图 7.11　导线全长闭合差示意

由第五章可知，在与长度相关的观测量中，绝对误差不能准确地衡量精度的好坏，所以在导线测量中，以导线全长闭合差除以导线全长 $\sum D$，并化为分子为 1 的分数来

表示导线精度，称为导线全长相对闭合差 K，即

$$K = \frac{f}{\sum D} = \frac{1}{\dfrac{\sum D}{f}} \tag{7.11}$$

不同等级导线的全长相对闭合差允许值不同，对于图根导线要求 K 值不大于 1/3000。

3）坐标增量闭合差的调整。

当导线全长相对闭合差在容许范围以内时，即可对其进行分配调整。分配的原则为，将误差反号按边长成比例分配，其误差改正数计算公式为

$$\left. \begin{aligned} V_{\Delta x_i} &= -\frac{f_x}{\sum D} \cdot D_i \\ V_{\Delta y_i} &= -\frac{f_y}{\sum D} \cdot D_i \end{aligned} \right\} \tag{7.12}$$

式中，$V_{\Delta x_i}$ ——纵坐标增量闭合差改正数；

$V_{\Delta y_i}$ ——横坐标增量闭合差改正数。

计算检核 4

$$\sum V_{\Delta x_i} = -f_x, \quad \sum V_{\Delta y_i} = -f_y$$

利用改正数计算改正后的坐标增量为

$$\left. \begin{aligned} \Delta x_{改} &= \Delta x_{测} + V_{\Delta x} \\ \Delta y_{改} &= \Delta y_{测} + V_{\Delta y} \end{aligned} \right\} \tag{7.13}$$

计算检核 5

$$\Delta x_{改} = \Delta y_{改} = 0$$

（4）导线点坐标计算

根据起始点坐标和改正后的坐标增量即可依次计算各导线点的坐标，具体公式为

$$\left. \begin{aligned} x_{前} &= x_{后} + \Delta x_{改} \\ y_{前} &= y_{后} + \Delta y_{改} \end{aligned} \right\} \tag{7.14}$$

计算检核 7

$$x_{起} = x_{终} + \Delta x_{改}, y_{起} = y_{终} + \Delta y_{改}$$

表 7.4 中给出一个四条边闭合导线的算例。

2. 附合导线的内业计算

附合导线的计算步骤与闭合导线完全相同，仅在计算角度闭合差和坐标增量闭合差时的计算公式有所不同，以下主要介绍其不同点。

（1）角度闭合差的计算

根据闭合导线方位角推算的原理可知，附合导线最终边的方位角应 $\alpha'_{终}$ 为

$$\alpha'_{终} = \alpha_{起} + \sum \beta_{测} - n \times 180° \tag{7.15}$$

表 7.4 闭合导线计算表

点号	观测角 /(° ′ ″)	V_β /(″)	改正后观测角 /(° ′ ″)	坐标方位角 /(° ′ ″)	边长 /m	坐标增量/m Δx	v_x/mm	Δy	v_y/mm	改正后坐标增量/m Δx′	Δy′	坐标/m x	y	测站
1	2	3	4	5	6	7	8	9	10	11	12	13	14	15
1	94 50 07	+2	94 50 09									1000	1000	1
				101 52 31	138.092	-28.427	+15	135.137	+46	-28.412	135.183			
2	82 09 51	+2	82 09 53									971.588	1135.183	2
				16 42 40	76.133	72.918	+9	21.892	+25	72.927	21.917			
3	119 11 32	+2	119 11 34									1044.515	1157.100	3
				278 52 33	110.275	17.015	+12	-108.954	+36	17.027	-108.918			
4	63 48 21	+3	63 48 24									1061.542	1048.182	4
				218 04 07	78.183	-61.551	+9	-48.208	+26	-61.542	-48.182			
1				101 52 31								1000	1000	1
2														2
Σ	359 59 51	+9	360 00 00		402.683	-0.045	+45	-0.133	+133					

备注 　$f_\beta = \sum\beta - 360° = -9'' \leqslant 40''\sqrt{n} = 80''$，$v_\beta = -\dfrac{f_\beta}{n} = +9''$，$f = \sqrt{f_x^2 + f_y^2} = 140\text{mm}$，$k = \dfrac{1}{\sum D_i / f} = \dfrac{1}{2876} < \dfrac{1}{2000}$

又由于水平角观测误差的存在，最终边的推算方位角和已知值 $\alpha_终$ 必然不等，从而产生角度闭合差

$$f_\beta = \alpha'_终 - \alpha_终 = \alpha_起 + \sum \beta_测 - n \times 180° - \alpha_终 \tag{7.16}$$

（2）坐标增量闭合差的计算

由于附合导线各边坐标增量的代数和的理论值不再为 0，而为

$$\left. \begin{aligned} \sum \Delta x_理 &= x_终 - x_始 \\ \sum \Delta y_理 &= y_终 - y_始 \end{aligned} \right\} \tag{7.17}$$

所以坐标增量闭合差的计算公式应调整为

$$\left. \begin{aligned} f_x &= \sum \Delta x_测 - \sum \Delta x_理 = \sum \Delta x_测 - (x_终 - x_始) \\ f_y &= \sum \Delta y_测 - \sum \Delta y_理 = \sum \Delta y_测 - (y_终 - y_始) \end{aligned} \right\} \tag{7.18}$$

其他内业计算步骤和方法与闭合导线完全相同，不再赘述。

附合导线内业计算例题见表 7.5。

7.2.4　导线错误的检查方法

由于客观因素的限制，测量不但存在着不可避免的误差，而且在观测成果中也有可能存在错误。如果在导线内业的计算过程中发现角度闭合差或导线全长闭合差超过允许限度，则应先检查外业原始观测记录、内业计算及已知数据抄录是否存在错误，如果都没有问题，则说明外业测量过程中存在错误，此时应到现场返工重测。为避免重复劳动，在去现场前如能判断出可能发生的错误之处，则可以避免全部返工，从而提高工作效率。

1. 角度错误的查找方法

若为闭合导线，可按边长和转折角，用一定的比例尺绘出导线略图，如图 7.12（a）所示，若过闭合差 AA' 中点作垂线，则通过或接近通过该垂线的导线点（如图中 C 点）发生错误的可性较大。

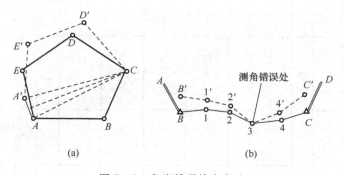

图 7.12　角度错误检查方法

若为附合导线，如图 7.12（b）所示，先将两端四个已知点展绘在图上，然后分别自两端按边长和角度绘出两条导线，则在两条导线相交处或最接近处发生错误的可能性较大，表 7.5 为附合导线计算表。

表 7.5　附合导线计算表

点号	观测角 /(° ′ ″)	V_β /(″)	改正后观测角 /(° ′ ″)	坐标方位角 /(° ′ ″)	边长 /m	坐标增量/m				改正后坐标增量/m		坐标/m		测站
						Δx	v_x/mm	Δy	v_y/mm	$\Delta x'$	$\Delta y'$	x	y	
1	2	3	4	5	6	7	8	9	10	11	12	13	14	1
A				<u>43 17 12</u>										A
B	179 46 24	-8	179 46 16	43 03 28	124.081	+90.665	-16	+84.715	-15	+90.681	+84.700	1230.881	673.452	B
5	181 37 30	-8	181 37 22	44 03 28	164.104	+117.932	+21	+114.115	-19	+117.953	+114.096	1321.562	758.152	5
6	166 16 00	-8	166 15 52	30 56 42	208.526	+178.845	+28	+107.227	-25	+178.873	+107.202	1439.515	872.248	6
7	178 47 00	-8	178 46 52	29 43 34	94.179	+81.786	+12	+46.699	-11	+81.798	+46.688	1618.388	979.450	7
8	155 05 30	-8	155 05 22	4 48 56	147.441	+146.921	+19	+12.377	-17	+146.940	+12.360	1700.186	1026.138	8
C	179 27 12	-8	179 27 04	4 16 00								1847.126	1038.498	C
D				<u>4 16 00</u>										D
∑		-48			738.331		+96					-0.096	+0.087	

备注：

$f_\beta = \alpha_{AB} + \sum \beta_{左} \pm n \times 180° - \alpha_{CD} = +48'' < f_{\beta容} = \pm 40\sqrt{n} = \pm 97''$

$f_x = -0.096\text{m}$　　$f_y = +0.087\text{m}$

$f = \sqrt{f_x^2 + f_y^2} = 130\text{mm}$

$K = \dfrac{1}{\sum D/f} = \dfrac{1}{5679} < \dfrac{1}{2000}$

2. 距离错误的查找方法

如果角度闭合差已经合格，而导线全长相对闭合差超过允许限度，此时可利用纵、横向闭合差计算闭合差的方位角，即

$$\alpha_f = \arctan\frac{f_y}{f_x} \tag{7.19}$$

比较各边坐标方位角，哪条边方位角与之接近，则说明该边距离测量错误的可能性较大，如图 7.13 中的 2-3 边。此法同样适合于闭合导线。

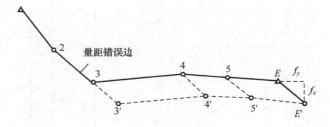

图 7.13　距离测量错误查找方法

以上方法仅适用于导线中只有一处角度测量或距离测量错误时使用，若有多处错误，情况会变得更复杂，使用以上方法很难找到错误所在。实际工作中一条导线同时出现多处错误的可能性较小，所以利用以上方法基本可以找到测量错误所在之处。

7.3　交　会　定　点

当测量范围内，控制点的数量无法满足测图或施工放样的要求，但所缺的控制点数量又不多（如仅需要 2～3 个）时，此时若采用导线测量的方式加密则会造成时间的浪费以及成本的增加。交会定点的方法非常适用于需加密的控制点数量不多时，常用的交会定点方法包括角度前方交会、后方交会以及距离交会等。

7.3.1　前方交会

如图 7.14 所示，分别在 A、B 上设站，观测水平角 α、β，然后利用 A、B 的已知数据和观测数据求算待定点 P 坐标的过程及方法称为角度前方交会，简称前方交会。解算可以通过以下两种方法完成。

1. 利用余切公式求解

由图 7.14 以及坐标计算原理可知

$$x_P = x_A + D_{AP}\cos\alpha_{AP} \tag{7.20}$$

式中

$$\alpha_{AP} = \alpha_{AB} - \alpha$$

$$D_{AP} = \frac{D_{AB}\sin\beta}{\sin(\alpha+\beta)}$$

将 α_{AP}/D_{AP} 带入到式（7.20）中，可得

$$x_P = x_A + \frac{D_{AB}\sin\beta\cos(\alpha_{AB}-\alpha)}{\sin(\alpha+\beta)}$$

$$= x_A + \frac{D_{AB}\sin\beta(\cos\alpha_{AB}\cos\alpha + \sin\alpha_{AB}\sin\alpha)/\sin\alpha\sin\beta}{(\sin\alpha\cos\beta + \cos\alpha\sin\beta)/\sin\alpha\sin\beta}$$

$$= x_A + \frac{D_{AB}\cos\alpha_{AB}\cot\alpha + D_{AB}\sin\alpha_{AB}}{\cot\beta + \cot\alpha}$$

$$= \frac{x_A\cot\beta + x_B\cot\alpha + (y_B - y_A)}{\cot\beta + \cot\alpha} \tag{7.21}$$

同理可得

$$y_P = \frac{y_A\cot\beta + y_B\cot\alpha + (x_A - x_B)}{\cot\beta + \cot\alpha} \tag{7.22}$$

即前方交会利用余切公式计算待定点坐标的公式为

$$\left.\begin{array}{l} x_P = \dfrac{x_A\cot\beta + x_B\cot\alpha + (y_B - y_A)}{\cot\beta + \cot\alpha} \\[3mm] y_P = \dfrac{y_A\cot\beta + y_B\cot\alpha + (x_A - x_B)}{\cot\beta + \cot\alpha} \end{array}\right\} \tag{7.23}$$

　　交会点的精度除与观测条件有关外，还与图形结构相关，所以在确定 P 点位置时，要使交会角 α、β 的角值在 $30°\sim180°$，避免过大或过小角度值的出现。一般为避免粗差的产生，前方交会时通常利用三个已知点交会，组成如图 7.15 所示的图形，以增加检核条件。

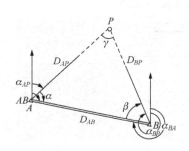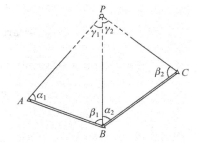

图 7.14　前方交会　　　　　　图 7.15　带检核条件的前方交会

2. 利用坐标正反算公式求解

如图 7.14 所示，利用坐标正反算公式求算的步骤如下：
1）根据已知点 A、B 坐标反算边长与方位角，即

$$D_{AB} = \sqrt{(x_B - x_A)^2 + (y_B - y_A)^2}$$

$$\alpha_{AB} = \arctan\frac{y_B - y_A}{x_B - x_A}$$

2）计算 AP、BP 的边长与方位角，即

$$\alpha_{AP} = \alpha_{AB} - \alpha$$

$$\alpha_{BP} = \alpha_{BA} + \beta$$

$$D_{AP} = \frac{D_{AB}\sin\beta}{\sin\gamma}$$

$$D_{BP} = \frac{D_{AB}\sin\alpha}{\sin\gamma}$$

$$\gamma = 180° - (\alpha + \beta)$$

3) 由 A 以坐标正算的方法计算 P 点坐标，即

$$\Delta x_{AP} = D_{AP}\cos\alpha_{AP}$$

$$\Delta y_{AP} = D_{AP}\sin\alpha_{AP}$$

$$x_P = x_A + \Delta x_{AP}$$

$$y_P = y_A + \Delta y_{AP}$$

同理可以算得由 B 计算的 P 点坐标，作为检核。

7.3.2　后方交会

如图 7.16 所示，在待定点 P 上安置仪器，对三个已知点 A、B、C 分别观测，获得三个方向间的夹角，最后计算 P 点坐标的过程和方法称为角度后方交会，简称后方交会。后方交会的优点是外业工作量少。计算待定点坐标的方法较多，在此仅介绍前面论及的余切公式法。

1. 利用坐标反算计算 AB、BC 的坐标方位角和边长

$$a = \sqrt{(x_B - x_A)^2 + (y_B - y_A)^2}$$

$$\alpha_{AB} = \arctan\frac{y_B - y_A}{x_B - x_A}$$

$$c = \sqrt{(x_C - x_B)^2 + (y_C - y_B)^2}$$

$$\alpha_{BC} = \arctan\frac{y_C - y_B}{x_C - x_B}$$

2. 计算 α_1、β_2

由图 7.16 可知

$$\alpha_{BC} - \alpha_{BA} = \alpha_2 + \beta_1$$

由于

$$\alpha_1 + \beta_1 + \gamma_1 + \alpha_2 + \beta_2 + \gamma_2 = 360°$$

有

$$\alpha_1 + \beta_2 = 360° - (\beta_1 + \gamma_1 + \alpha_2 + \gamma_2)$$

即

$$\beta_2 = \theta - \alpha_1 \qquad\qquad (7.24)$$

根据正弦定理可知

$$\frac{a\sin\alpha_1}{\sin\gamma_1} = \frac{c\sin\beta_2}{\sin\gamma_2} = \frac{c\sin(\theta - \alpha_1)}{\sin\gamma_2}$$

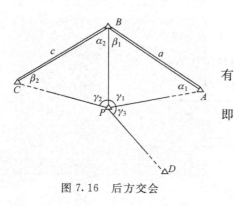

图 7.16　后方交会

$$\sin(\theta - \alpha_1) = \frac{a\sin\alpha_1}{c\sin\gamma_1}$$

整理后可得

$$\tan\alpha_1 = \frac{a\sin\gamma_2}{c\sin\gamma_1\sin\theta} + \cot\theta \tag{7.25}$$

对式（7.24）和式（7.25）联合求解，即可得出 α_1，β_2 的大小。

3. 计算 α_2、β_1

由图可知

$$\alpha_2 = 180° - (\beta_2 + \gamma_2)$$
$$\beta_1 = 180° - (\alpha_1 + \gamma_1)$$

可通过 $\alpha_2 + \beta_1$ 与 $\alpha_{BC} - \alpha_{BA}$ 是否相等作为检核。

4. 利用余切公式（7.23）计算 P 点坐标

为避免粗差，一般应联测第 4 个已知方向，以 γ_3 与 $\alpha_{PD} - \alpha_{PA}$ 是否相等作为检核条件。

5. 后方交会的危险圆

三个已知点所构成三角形的外接圆成为待定点的危险圆（图 7.17），因为待定点处于危险圆上的任意位置均无解。在实际工作中，待定点处于危险圆上的可能性很小，而即使处于危险圆附近，计算得出的待定点坐标仍会有很大的误差。因此，规范规定，在选点时，交会角 γ_1、γ_2 与固定角 B 不应在 $160°\sim180°$。

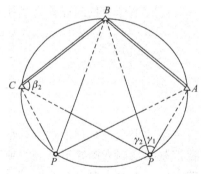

图 7.17　后方交会的危险圆

7.3.3　距离交会

通过测量 AP、BP 的距离，然后利用已知数据求算待定点坐标的过程与方法称为距离交会（图 7.18）。由于角度测量的工作量较大，当易于距离测量或具有电磁波测距仪时距离交会的方法更为方便。

根据数学原理，通过图中可知

$$\left.\begin{array}{l}\cos A = \dfrac{D_{AB}^2 + D_{AP}^2 - D_{BP}^2}{2D_{AB}D_{AP}} \\[2mm] r = D_{AP}\cos A = \dfrac{1}{2D_{AB}}(D_{AB}^2 + D_{AP}^2 - D_{BP}^2) \\[2mm] h = \sqrt{D_{AP}^2 - r^2}\end{array}\right\} \tag{7.26}$$

又

$$\left.\begin{array}{l}\alpha_{DP} = \alpha_{AB} + 270° \\[1mm] \Delta x_{AP} = \Delta x_{AD} + \Delta x_{DP} \\[1mm] \Delta y_{AP} = \Delta y_{AD} + \Delta y_{DP}\end{array}\right\} \tag{7.27}$$

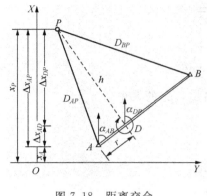

图 7.18 距离交会

而

$$\Delta x_{AD} = r\cos\alpha_{AB}$$
$$\Delta y_{AD} = r\sin\alpha_{AB}$$
$$\Delta x_{DP} = h\cos\alpha_{DP} = h\cos(\alpha_{AB}+270°) = h\sin\alpha_{AB}$$
$$\Delta y_{AD} = h\sin\alpha_{DP} = h\sin(\alpha_{AB}+270°) = -h\cos\alpha_{AB}$$

(7.28)

将式（7.26）代入到式（7.28）计算后再代入到式（7.27），最后可得坐标增量为

$$\Delta x_{AP} = r\cos\alpha_{AB} + h\sin\alpha_{AB}$$
$$\Delta y_{AP} = r\sin\alpha_{AB} - h\cos\alpha_{AB}$$

(7.29)

最后，待定点坐标可计算为

$$x_P = x_A + \Delta x_{AP}$$
$$y_P = y_A + \Delta y_{AP}$$

(7.30)

计算得出待定点坐标后，可以通过反算两点间距离并与实测值相比较的方法对成果进行检核。

需要注意的是，利用以上各式计算待定点坐标时，A、B、P 三点要按逆时针进行编号。若待定点位于线段 AB 的右侧，即 A、B、P 三点按顺时针形式编号构成了三角形，此时坐标增量的计算公式应写为

$$\Delta x_{AP} = r\cos\alpha_{AB} - h\sin\alpha_{AB}$$
$$\Delta y_{AP} = r\sin\alpha_{AB} + h\cos\alpha_{AB}$$

(7.31)

7.4 高程控制测量

精确求定一系列地面点高程，以满足进一步的高程点加密或测图需要的工作称为高程控制测量。当测绘范围较大或工程建设项目要求的精度较高时，一般要采用分级控制的方法。本节主要介绍小区域首级高程控制测量常用的两种方法，三、四等水准测量以及三角高程测量。

7.4.1 三、四等水准测量

1. 基本要求

1）需采用双面水准尺完成。

2）水准点应埋设在坚固稳定的地方，并距离施工区域 25m 以外。

3）水准点间距视工程建设需要而定，一般为 1~2km，在地质岩层发生变化以及桥梁、隧道处应增设水准点。

4）若施工周期较长，在北方水准点应埋在冻土层以下，在南方则要经过一个雨季后才可以观测。

5）需以偶数站达到待测点。

2. 观测方法

三、四等水准测量应选择在通视良好，成像清晰稳定的条件下进行观测，双面尺的黑红面均需要读数。在一个测站上的观测次序为"后—前—前—后"，或称为"黑—黑—红—红"。具体的观测方法如下：

1）照准后视水准尺黑面，读取下、上、中丝的三丝读数（1）、（2）、（3），并记录在手簿中。

2）照准前视水准尺黑面，按同样方法读取中、下、上三丝读数（4）、（5）、（6）；

3）照准前视水准尺红面，读取中丝读数（7）。

4）照准后视水准尺红面，读取中丝读数（8）。

3. 记录、计算与检核

将上面读取的（1）～（8）水准尺读数按照要求记录在表 7.6 中，然后需完成以下计算工作（注意：这些计算工作必须在野外观测的同时进行）。

（1）计算视距

利用视距测量原理，根据上下丝读数即可计算前、后视线长度：

后视视距(9)＝[(1)－(2)]×100

前视视距(10)＝[(5)－(6)]×100

本站视距差(11)＝(9)－(10)

首站至本站累计视距差（12）＝上站（12）＋本站（11）

以（11）、（12）的数值不超过规范的规定作为检核。

（2）计算同一根尺黑、红面读数差

前视尺(13)＝(4)＋K－(7)

后视尺(14)＝(3)＋K－(8)

以（13）、（14）的数值不超过规范的规定作为检核。

（3）计算高差

黑面高差(15)＝(3)－(4)

红面高差(16)＝(8)－(7)

黑红面高差之差(17)＝(15)－(16)±0.100＝(14)－(13)

以（17）的数值是否超过规范的规定作为检核，若在限差之内，则取平均值作为该站的最后高差（18）：(18)＝[(15)－(16)±0.100]/2。

每页的检核

$$\sum(15)=\sum(3)-\sum(4)$$

$$\sum(16)=\sum(8)-\sum(7)$$

当测站数为偶数时

$$\sum(18)=\frac{1}{2}\sum[(15)+(16)]$$

当测站数为奇数时

$$\sum(18) = \frac{1}{2}\sum\left[(15) + (16) \pm 0.100\right]$$

视距差检核

$$\sum(9) - \sum(10) = 本页末站(12) - 前页末站(12)$$

$$本页总视距 = \sum(9) + \sum(10)$$

三、四等水准测量的记录表格及示例见表 7.6。

表 7.6　三、四等水准测量记录

测站编号	点号	后尺 上丝 下丝	前尺 上丝 下丝	方向及尺号	水准尺读数		K+ 黑—红	平均高差 /m	备注
		后视距	前视距		黑面	红面			
		视距差	$\sum d$						
		(1) (2) (9) (11)	(5) (6) (10) (12)	后 前 后一前	(3) (4) (15)	(8) (7) (16)	(14) (13) (17)	(18)	$K_1 = 4.787$ $K_2 = 4.687$
1	$BM_3 \sim ZD_1$	1.671 0.948 72.3 +2.2	2.398 1.697 70.1 +2.2	后$_2$ 前$_1$ 后一前	1.309 2.047 −0.738	5.998 6.834 −0.836	−2 0 −2	−0.7370	
2	$ZD_1 \sim ZD_2$	1.877 1.252 62.5 +0.1	1.622 0.998 62.4 +2.3	后$_1$ 前$_2$ 后一前	1.565 1.308 +0.257	6.352 5.994 +0.358	0 +1 −1	+0.2575	
3	$ZD_2 \sim ZD_3$	2.389 1.731 65.8 +0.5	1.657 1.004 65.3 +2.8	后$_2$ 前$_1$ 后一前	2.059 1.328 +0.731	6.746 6.116 +0.630	0 −1 +1	0.7305	
4	$ZD_3 \sim B$	1.246 0.542 70.4 −0.4	1.851 1.143 70.8 +2.4	后$_1$ 前$_2$ 后一前	0.894 1.497 −0.603	5.680 6.183 −0.503	+1 +1 0	−0.6030	
每页检核	$\sum(9) = 271.0$ $- \sum(10) = 268.6$ $= 2.4$ $= 末站(12)$			$\sum(15) = -0.353 = \sum(3) - \sum(4) = 5.827 - 6.180 = -0.353$ $\sum(16) = -0.351 = \sum(8) - \sum(7) = 24.776 - 25.127 = -0.351$ $\sum(18) = -0.352 = \sum[(15) + (16)]/2 = -0.352$ 总视距 $= 539.6$m						

三、四等水准测量的主要技术指标和各项限差见表 7.7 及表 7.8。

表 7.7 各等水准测量主要技术要求 （mm）

等级	每千米高差中数中误差（全中误差）	测段、区段、路线往返测高差不符值	附合路线或环线闭合差	
			平原、丘陵	山区
三等	$\leqslant\pm6$	$\leqslant\pm12\sqrt{R}$	$\leqslant\pm12\sqrt{L}$	$\leqslant\pm15\sqrt{L}$
四等	$\leqslant\pm10$	$\leqslant\pm20\sqrt{R}$	$\leqslant\pm20\sqrt{L}$	$\leqslant\pm25\sqrt{L}$

注：R 为测段、区段或路线长度，L 为附合线路或环线长度，均以 km 计。

表 7.8 每站观测的限差要求

等级	标尺类型	仪器类型	视线长度/m	前后视距差/m	任一测站上前后视距累计差/m	基辅分划或红黑面读数差/mm	基辅分划或红黑面高差之差/mm
三等	双面	DS_3	$\leqslant65$	$\leqslant3.0$	$\leqslant6.0$	2	3
	钢瓦	DS_1、DS_{05}	$\leqslant80$				
四等	双面	DS_3	$\leqslant80$	$\leqslant5.0$	$\leqslant10.0$	3	5
	钢瓦	DS_1	$\leqslant100$				

4. 成果计算

三、四等水准测量的成果计算方法与第二章水准测量中介绍的方法相同。当测区范围较大时，需布设多条水准路线。此时，为使各水准点的高程精度均匀，需将各条水准路线连在一起，构成统一的水准网，按照严密平差的方法进行计算。

7.4.2 三角高程测量

水准测量虽然精度高，但是当控制点位于建筑物顶部或在山区测定控制点的高程时，由于地形高低起伏比较大，若用水准测量不但精度难于保证，而且速度慢、难度大，此时可采用三角高程测量的方法完成。随着电磁波测距技术的发展，目前在一定的条件下，电磁波测距三角高程测量的精度已经完全达到四等水准测量的要求。

1. 三角高程测量原理

三角高程测量是根据两点间的水平距离（或倾斜距离）和竖直角计算两点间的高差。如图 7.19 所示，已知 A 点的高程为 H_A，欲求 B 点高程 H_B。

置经纬仪（或全站仪）于 A 点，量取仪器高 i，在 B 点安置觇标（或反光镜），量取觇标高 v，测定垂直角 α 和 A、B 两点之间的平距 D（或斜距 S）。则 A、B 两点间的高差计算公式为

$$h_{AB} = D \cdot \tan\alpha + i - v \quad (7.32)$$

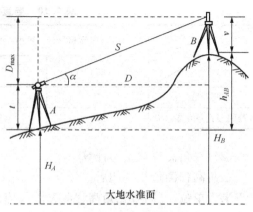

图 7.19 三角高程测量原理

或

$$h_{AB} = S \cdot \sin\alpha + i - v \tag{7.33}$$

B 点高程的计算公式为

$$H_B = H_A + h_{AB} \tag{7.34}$$

当两点间距离大于 400m 时，应考虑地球曲率和大气折光对高差的影响，其值为球差改正 f_1 和气差改正 f_2，两者合在一起称为球气差改正 f，即

$$f = f_1 + f_2 = (1-K)\frac{D^2}{2R} = 0.43\frac{D^2}{R} \tag{7.35}$$

式中，K——当地大气折光系数；

　　　R——地球半径。

三角高程测量，一般应进行往、返观测（对向观测），取其平均值作为所测两点间的最后高差，对向观测可以削弱地球曲率差和大气折光差的影响。表 7.9 中列出了 1km 内不同距离的球气差改正数的大小。

表 7.9　不同距离的球气差改正数

D/km	0.1	0.2	0.3	0.4	0.5	0.6	0.7	0.8	0.9	1
f/cm	0	0	1	1	2	2	3	4	6	7

2. 三角高程测量的观测与计算

（1）三角高程测量的观测

1）在测站点安置经纬仪或全站仪，量取仪器高 i，在目标点上安置觇标或反光镜，量取觇标高 v。

2）用望远镜中丝照准觇标或反光镜中心，观测竖直角，竖直角观测的具体技术指标见表 7.10。

3）利用几何量距方法测量两点间水平距离，或利用电磁波测距仪测量两点间倾斜距离，有关技术要求见《城市测量规范》（CJJ/T 8—2011）。

表 7.10　竖直角测回数及限差

等级 仪器 项目	四等和一、二级小三角		一、二、三级导线	
	DJ2	DJ6	DJ2	DJ6
测回数	2	4	1	2
各测回竖直角互差限差	15″	25″	15″	25″

（2）三角高程测量的计算

三角高程测量往返测后，经球气差改正后的高差之差应不大于 0.1Dm（D 为边长，以千米为单位）。同时三角高程测量路线应组成闭合或附合路线，以便于检核。三角高程路线的高差闭合差容许值的计算公式为

$$f_{h容} = \pm 0.05\sqrt{\sum D^2} \tag{7.36}$$

如果 $f_h < f_{h容}$，则将闭合差按照与边长成正比分配给各高差，再按调整后的高差推算各点高程。三角高程测量的计算一般在如表 7.11 所示表格中进行。

表 7.11　三角高程测量计算表

起算点	A	
待定点	B	
往返测	往	返
平距 D/km	341.230	341.233
竖直角 α	$+14°06'30''$	$-13°19'00''$
$D\tan\alpha$	85.764	-80.769
仪器高 i/km	1.310	1.430
觇标高 v/km	3.800	3.930
两差改正 f/km	0.008	0.008
高差 h/km	$+83.281$	-83.261
往返平均高差 $\bar{h}$/km	$+83.272$	

7.5　坐标换带计算和工程坐标系

前已述及，我国采用的是高斯平面直角坐标系，同时为限制长度变形采用 6° 和 3° 的投影方法进行分带和计算。但是当测区刚好跨越相邻的两个分度带，或控制点位于不同的分度带中时，须采用坐标邻带换算的方法将邻带坐标换算为本带坐标以满足控制和测图的要求。还有一种情况，当测绘面积较大或测区距离中央子午线较远时，长度变形增大，此时需改变中央子午线或高程投影面位置，建立工程坐标系以满足工程建设精度的要求。

7.5.1　坐标换带的计算方法

坐标邻带换算一般可采用如下两种方法完成。

1. 应用换带表直接进行换带计算

应用换带表（见表 7.12）直接进行换带计算的公式表达式为

$$\left.\begin{array}{l} x_2 = x_1 + m\Delta y_1 + \varepsilon_x \\ \pm y_2 = y_0 + n\Delta y_1 + \varepsilon_y \end{array}\right\} \tag{7.37}$$

式中，$\Delta y_1 = \pm y_1 - y_0$；

$\quad\quad x_1$——换带前的纵坐标；

$\quad\quad x_2$——换带后的纵坐标；

$\quad\quad y_1$——换带前的横坐标，由西带换至东带时取正值，反之取负值；

y_2——换带后的横坐标，由西带换至东带时取负值，反之取正值；

y_0——换带中辅助点的横坐标（相当于纵坐标 x_0 在分带子午线上的横坐标）恒为正值；

m、n——以 x_0 为引数的换带系数；

ε_x、ε_y——以 Δy_1 和 x_0 为引数的数值，恒为正值。

表 7.12　高斯 6°带坐标换带表

x_0 /km	y_0 + m	δ_{y0} − m	m − 10^{-6}	δ_m − 10^{-6}	n − 10^{-6}	δ_n + 10^{-6}	Δy_1/ km	ε_x/ m	3948 4200	4200 4440	4440 4670	4670 4892	4892 5106	$= x_0$
											Δy_1/km			ε_y /m
4300	260 660.9		65 599		997 846		19.8							
20	0 003.0	899	855	80	829	85		0.5	34.4	34.9	35.5	36.1	36.7	
40	259 342.4	33.027	66 110	75	812	85	34.3		35.5	36.0	36.6	37.2	37.8	8.0
60	8 679.3	155	364	70	795	85		1.0	36.5	37.1	37.7	38.3	39.0	8.5
80	8 013.7	282	618	70	779	80	44.3		37.5	38.1	38.7	39.4	40.1	9.0
		33.409		12.65		0.85		1.5	38.5	39.2	39.8	40.4	41.1	9.5
							52.4							
4400	257 345.5		66 871		997 762			2.0						10.0
20	6 674.8	536	67 123	60	745	85	59.4		39.5	40.1	40.8	41.5	42.2	
40	6 001.5	663	375	60	728	85		2.5	40.5	41.1	41.8	42.5	43.2	10.5
60	5 325.7	789	626	55	711	85	60.0		41.4	42.1	42.7	43.4	44.2	11.0
80	4 647.5	914	876	50	694	85			42.3	43.0	43.7	44.4	45.2	11.5
		34.040		12.45		0.85			43.2	43.9	44.6	45.3	46.1	12.0
4500	253 966.7		68 125		997 677									12.5
20	3 283.4	165	374	45	660	85			44.1	44.8	45.5	46.2	47.0	13.0
40	2 597.6	290	623	45	643	85			44.9	45.6	46.4	47.1	48.0	13.5
60	1 909.3	414	870	35	626	85			45.8	46.5	47.2	48.0	48.9	14.0
80	1 218.5	538	69 117	35	609	85			46.6	47.3	48.1	48.9	49.7	14.5
		34.662		12.30		0.90			47.4	48.2	48.9	49.7	50.6	
4600	250 525.3		69 363		997 591									15.0
20	249 829.6	785	609	30	574	85			48.2	49.0	49.8	50.6	51.4	
40	9 131.4	908	853	20	557	85			49.0	49.8	50.6	51.4	52.3	15.5
60	8 430.8	35.031	70 097	20	540	85			49.8	50.5	51.4	52.2	53.1	16.0
80	7 727.8	153	341	20	523	85			50.5	51.3	52.1	53.0	53.9	16.5
		35.275		12.10		0.85			51.3	52.1	52.9	53.8	54.7	17.0

例如，已知某三角点在 6°带的第 18 带的坐标为（4 482 659.0，18 714 637.5）请求算该点在 6°带的第 19 带的坐标值，具体步骤如下：

1）首先将其坐标去掉带号并减掉 500km，求得其在 18 带的自然坐标，即（4 482 659.0，214 637.5）。

2）根据 x_1 的数值，通过内插在换带表中的 x_0 栏取得 y_0、m、n 各值。

3）计算 $\Delta y_1 = \pm y_1 - y_0$。

4）以 Δy_1 为引数，在表中查取 ε_x、ε_y。

5）计算 $m\Delta y_1$、$n\Delta y_1$。

6）利用公式（7.37）计算 x_2、y_2。具体算例见表 7.13。

表 7.13　坐标换带计算

计算顺序	计算公式	换带点	反算校核
1	x_1	4 482 659.0	4 485 370.0
10	$m\Delta y_1$	$+2\ 710.9$	$-2\ 712.9$
7	ε_x	1.0	1.0
11	x_2	4 485 370.9	4 482 659.0
6	$\Delta y = y_1 - y_0$	$-39\ 919.5$	$+39\ 929.7$
2	y_1	214 637.5	$-294\ 394.4$
3	$y0$	254 557.0	254 464.7
9	$n\Delta y_1$	$+39\ 827.4$	$-39\ 837.4$
8	ε_y	10.0	10.0
12	y_2	$-294\ 394.4$	214 637.3
4	m	$-67\ 909\times10^{-6}$	$-67\ 942.9\times10^{-6}$
3	n	$-997\ 692\times10^{-6}$	$-997\ 689.4\times10^{-6}$

　　本例求得的换带后坐标为（4 485 370.9，$-294\ 394.4$），此坐标为自然坐标，换代结束后需在此横坐标值加上 500km，并在其前冠以带号得到的才是使用坐标值（4 485 370.9，19 205 605.6）。

　　当进行 3°带与 6°带的坐标相互换带时，考虑到 6°带是从经度 0°开始向东每 6°为一带，其第一带（$N=1$）的中央子午线位于东经 3°；而 3°带是从东经 1.5°开始，每 3°为一带，其第一带（$n=1$）的中央子午线也位于东经 3°。如此排列将有半数 3°带（奇数带）的中央子午线与 6°带的中央子午线相重合，另外半数 3°带（偶数带）的中央子午线与 6°带的分带子午线相重合。因此，两者的相互坐标换带有如下两种情况，如图 7.20 所示。

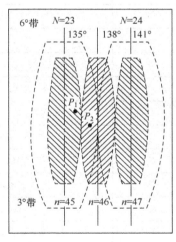

图 7.20　换带示意图

　　1）当 3°带与 6°带中央子午线重合时，图 7.20 中如 6°带第 23 带上一点 P_1 拟换算为 3°带第 45 带上的坐标时，无须作任何计算，仅将 y 坐标值前所冠带号 23 改为 45 即可，坐标值不变。

　　2）当 3°带中央子午线与 6°带分带子午线重合时，图 7.20 中如 6°带第 23 带上一点 P_2 拟换算为 3°带第 46 带坐标时，可先将第 23 带上 P_2 点坐标换算为 3°带第 45 带上的坐标（P_2 点虽在第 45 带之外，但坐标与 6°带第 23 带一致），然后再从 3°带第 45 带换算到第 46 带上。

　　2. 利用高斯投影正、反算公式间接进行换带计算

　　首先介绍高斯投影正、反算公式如下：

(1) 高斯投影正算（B，$L-x$，y）

$$x_0^B = C_0 B - \cos B(C_1 \sin B + C_2 S\sin^3 B + C_3 \sin^5 B)$$

$$x = x_0^B + \frac{1}{2} N t m_0^2 + \frac{1}{24}(5 - t^2 + 9\eta^2 + 4\eta^4) N t m_0^4$$

$$+ \frac{1}{720}(61 - 58t^2 + t^4) N t m_0^6$$

$$y = N m_0 + \frac{1}{6}(1 - t^2 + \eta^2) N m_0^3$$

$$+ \frac{1}{120}(5 - 18t^2 + t^4 + 14\eta^2 - 58\eta^2 t^2) N m_0^5$$

$$(7.38)$$

式中，C_0、C_1、C_2、C_3——常数，对于不同的椭球有不同的数值，详见表 7.14；

$t = \tan B$；

$m_0 = l'' \cos B / \rho''$，$l''$ 为以秒为单位的点位经度与中央子午线的经度之差；

$\eta^2 = e'^2 \cos^2 B$；

$C_0 B$——B 应以弧度为单位；

$N = \dfrac{a}{\sqrt{1 - e^2 \sin^2 B}}$。

表 7.14　不同椭球的参数值

符号	1954 坐标系	1980 坐标系
a	6 378 245m	6 378 140m
b	6 356 863.018 773 047 2m	6 356 755.288 157 528 6m
α	1/298.3	1/298.257
e^2	$6.693\ 421\ 622\ 965\ 949 \times 10^{-3}$	$6.694\ 384\ 999\ 587\ 952 \times 10^{-3}$
e'^2	$6.738\ 525\ 414\ 683\ 497 \times 10^{-3}$	$6.739\ 501\ 819\ 472\ 927 \times 10^{-3}$
c	6 399 698.901 782 711 1m	6 399 596.651 988 010 4m
C_0	6 367 558.496 87m	6 367 452.132 79m
C_1	32 005.780m	32 009.857 5m
C_2	133.921 3m	133.960 2m
C_3	0.703 2m	0.697 6m
k_0	$1.570\ 460\ 641\ 22 \times 10^{-7}\text{m}^{-1}$	$1.570\ 486\ 874\ 73 \times 10^{-7}\text{m}^{-1}$
k_1	$5.051\ 773\ 902 \times 10^{-3}$	$5.052\ 505\ 593 \times 10^{-3}$
k_2	$2.983\ 868 \times 10^{-3}$	$2.984\ 733\ 5 \times 10^{-3}$
k_3	2.415×10^{-7}	2.416×10^{-7}
k_4	2.2×10^{-9}	2.2×10^{-9}
$\pi = 3.141\ 592\ 653\ 589\ 8$　$\rho = 206\ 264.806\ 247\ 1$		

（2）高斯坐标反算（x，y—B，L）

$$\left.\begin{aligned}
E &= k_0 x \\
B_f &= E + \cos E(k_1 \sin E - k_2 \sin^3 E + k_3 \sin^5 E - k_4 \sin^7 E) \\
B &= B_f - \frac{1}{2}V^2 t \left(\frac{y}{N}\right)^2 + \frac{1}{24}(5 + 3t^2 + \eta^2 - 9\eta^2 t^2)V^2 t \left(\frac{y}{N}\right)^4 \\
&\quad - \frac{1}{720}(61 + 90t^2 + 45t^4)V^2 t \left(\frac{y}{N}\right)^6 \\
l &= \frac{1}{\cos B_f}\left(\frac{y}{N}\right) - \frac{1}{6}(1 + 2t^2 + \eta^2)\frac{1}{\cos B_f}\left(\frac{y}{N}\right)^3 \\
&\quad + \frac{1}{120}(5 + 28t^2 + 24t^4 + 6\eta^2 + 8\eta^2 t^2)\frac{1}{\cos B_f}\left(\frac{y}{N}\right)^5
\end{aligned}\right\} \tag{7.39}$$

式中，k_0、k_1、k_2、k_3、k_4——常数，对于不同的椭球有不同的数值，详见表 7.14；

$V = \sqrt{1 + e'^2 \cos^2 B}$；

t、N、V、η——均是以垂足纬度 B_f 求得的值。

需注意的是，以上各式角度的单位为弧度，若要以角度为单位，则需考虑角度单位的换算。

（3）换带计算方法

1）将旧投影带坐标（$x_\text{旧}$，$y_\text{旧}$）经反投影得（B，$l_\text{旧}$）。

2）$L = L_{0_\text{旧}} + l_\text{旧}$。

3）$l_\text{新} = L - L_{0_\text{新}}$。

4）将（B，$l_\text{新}$）经正投影得新投影带坐标（$x_\text{新}$，$y_\text{新}$）。

这里 $L_{0_\text{新}}$、$L_{0_\text{旧}}$ 分别代表新、旧投影带的中央子午线经度。

两种换算方法相比，前者比较简单。但是由于坐标换算表不易获取，且精度不是很高，所以现在大地测量以及工程测量中，大多使用后者进行坐标的换带计算。而且后者在换算时不局限于国家标准的 3°带和 6°带的邻带换算，可以适用于任意中央子午线的换带计算。

7.5.2　工程坐标系的建立

1. 工程测量平面控制网的精度要求

工程测量控制网不但应作为测绘大比例尺的控制基础，还应作为城市建设和各种工程建设施工放样测设数据的依据。为了便于施工放样工作的顺利进行，要求由控制点坐标直接反算的边长与实地量得的边长，在长度上应该相等。而地图制图学的相关知识告诉我们，在由曲面向平面投影时，将存在不可避免的长度变形，其变形主要由以下两项因素所决定，即

$$\Delta s_1 = \frac{s H_\text{m}}{R} \tag{7.40}$$

$$\Delta s_2 = \frac{1}{2}\left(\frac{y_\text{m}}{R_\text{m}}\right)^2 s_0 \tag{7.41}$$

式中，Δs_1、Δs_2——投影过程中的 2 次变形值；

　　　　s——投影前的边长；

　　　　H_m——投影前边长高出参考椭球面的平均高程；

　　　　R——投影前边长的法截弧曲率半径；

　　　　Y_m——投影边长两端点横坐标的平均值；

　　　　R_m——参考椭球面的平均曲率半径；

　　　　$s_0 = s + \Delta s_1$。

　　这就是说由上述两项归算投影改正而带来的长度变形或者改正数，不得大于施工放样的精度要求。一般来说，施工放样的方格网和建筑轴线的测量精度为 1/5 000～1/20 000。因此，由投影归算引起的控制网长度变形应小于施工放样允许误差的 1/2，即相对误差为1/10 000～1/40 000，也就是说，每千米的长度改正数不应该大于 10～2.5cm。

　　2. 工程测量投影面和投影带选择的基本要求

　　1）在满足工程测量上述精度要求的前提下，为使得测量结果能一测多用，应采用国家统一 3°带高斯平面直角坐标系，将观测结果归算至参考椭球面上。这就是说，在这种情况下，工程测量控制网要同国家测量系统相联系，使二者的测量成果互相利用。

　　2）当边长的两次归算投影改正不能满足上述要求时，为保证工程测量结果的直接利用和计算的方便，可以采用任意带的独立高斯投影平面直角坐标系，归算测量结果的参考面可以自己选定。为此，可采用下面三种手段来实现：

　　① 通过改变 H_m 从而选择合适的高程参考面，将抵偿分带投影变形，这种方法通常称为抵偿投影面的高斯正形投影。

　　② 通过改变 y_m，从而对中央子午线作适当移动，来抵偿由高程面的边长归算到参考椭球面上的投影变形，这就是通常所说的任意带高斯正形投影。

　　③ 通过既改变 H_m（选择高程参考面），又改变 y_m（移动中央子午线），来共同抵偿两项归算改正变形，这就是所谓的具有高程抵偿面的任意带高斯正形投影。

　　3. 工程测量中几种可能采用的直角坐标系

　　目前，在工程测量中主要有以下几种常用的平面直角坐标系。

　　（1）国家 3°带高斯正形投影平面直角坐标系

　　当测区平均高程在 100m 以下，且 y_m 值不大于 40km 时，其两项投影变形值均小于 2.5cm/km，可以满足大比例尺测图和工程放样的精度要求。因此，在偏离中央子午线不远和地面平均高程不大的地区，无需考虑投影变形问题，直接采用国家统一的 3°带高斯正形投影平面直角坐标系作为工程测量的坐标系，使两者相一致。

　　（2）抵偿投影面的 3°带高斯正形投影平面直角坐标系

　　在这种坐标系中，仍采用国家 3°带高斯投影，但投影的高程面不是参考椭球面而是依据补偿高斯投影长度变形而选择的高程参考面。在这个高程参考面上，长度变形为零。当采用第一种坐标系时，有 $\Delta s_1 + \Delta s_2 = \Delta s$。

　　若要长度变形不大于施工放样的要求（2.5cm/km），我们可令 $\Delta s = 0$，即

$$\Delta s = \Delta s_1 + \Delta s_2 = \frac{sH_m}{R} + \frac{1}{2}\left(\frac{y_m}{R_m}\right)^2 s_0 = 0 \qquad (7.42)$$

当 y_m 一定时，由上式可得

$$\Delta H = \frac{y_m^2}{2R} \qquad (7.43)$$

例如，某测区海拔 $H_m=2000m$，最边缘子午线距中央子午线的距离为 $100km$，当 $s=1000m$ 时，有 $\Delta s_1 = -\frac{sH_m}{R} = -0.313m$，$\Delta s_2 = \frac{1}{2}\left(\frac{y_m}{R_m}\right)^2 s_0 = 0.123m$，则

$$\Delta s = \Delta s_1 + \Delta s_2 = -0.19m$$

此值超出了允许的精度要求（$10-2.5cm/km$），若不改变中央子午线位置，可通过选择适当的高程投影面的方式使式（7.42）成立。于是，根据式（7.43）计算后可得 $\Delta H \approx 780m$。也就是说，若将地面观测的边长投影到以下高程面上，两项长度变形可以得到相互补偿。

$$2000-780=1220\ m$$

将该数值带回到以上各式可得

$$\Delta s_1 = -\frac{sH_m}{R} = -\frac{780}{6\ 370\ 000} \times 1000 = -0.122m$$

$$\Delta s_2 = \frac{1}{2}\left(\frac{y_m}{R_m}\right)^2 s_0 = \frac{1}{2} \times \left(\frac{100}{6370}\right)^2 \times 1000 = 0.123m$$

$$\Delta s = \Delta s_1 + \Delta s_2 = 0$$

即在不改变中央子午线位置的情况下，若将投影面由参考椭球面变为高程为 $1220m$ 的高程面上，此时所建立的工程坐标系即可消除两项长度变形的影响。

（3）任意带高斯正形投影平面直角坐标系

在这种坐标系中，仍把地面观测结果归算到参考椭球面上，但投影带的中央子午线不按国家 $3°$ 带的划分方法，而是依据补偿高程面归算长度变形而选择的某一条子午线作为中央子午线。这就是说，在式（7.43）中，保持 H_m 不变，于是求得

$$y = \sqrt{2R_m H_m} \qquad (7.44)$$

例如，某测区相对参考椭球面的高程 $H_m=500m$，为抵偿地面观测值向参考椭球面上归算的改正值，依上式算得

$$y = \sqrt{2R_m H_m} = \sqrt{2 \times 6370 \times 0.5} = 80km$$

即选择与中央子午线相距 $80km$ 处的子午线作为中央子午线，两项改正项得到完全补偿，即

$$\Delta s_1 = -\frac{sH_m}{R} = -\frac{500}{6\ 370\ 000} \times 1000 = -0.078m$$

$$\Delta s_2 = \frac{1}{2}\left(\frac{y_m}{R_m}\right)^2 s_0 = \frac{1}{2}\left(\frac{80}{6370}\right)^2 \times 1000 = 0.078m$$

$$\Delta s = \Delta s_1 + \Delta s_2 = 0$$

即在不改变高程投影面（参考椭球面）位置的情况下，若将中央子午线移至 $y_m=80km$ 处，此时所建立的工程坐标系即可消除两项长度变形的影响。

但在实际应用这种坐标系时，往往是选取过测区边缘，或测区中央，或测区内某一点的子午线作为中央子午线，而不经过上述的计算。

（4）具有高程抵偿面的任意带高斯正形投影平面直角坐标系

这种坐标系，往往是指投影的中央子午线选在测区的中央，地面观测值归算到测区平均高程面上，按高斯正形投影计算平面直角坐标。由此可见，这是综合第二、三两种坐标系长处的一种任意高斯直角坐标系。显然，这种坐标系更能有效地实现两种长度变形改正的补偿，我国各城市坐标系的建立一般均采用此方案。

（5）假定平面直角坐标系

当测区控制面积小于 100km^2 时，可不进行方向和距离改正，直接把局部地球表面作为平面建立独立的平面直角坐标系。这时，起算点坐标及起算方位角，最好能与国家网联系，如果联系有困难，可自行测定边长和方位，而起始点坐标可假定，这种假定平面直角坐标系只限于某种工程建筑施工之用。

思考题与习题

1. 地形测量和各种工程测量为什么先要进行控制测量？控制测量分为哪几种？

2. 建立平面和高程控制网的方法有哪些？各有何优缺点？

3. 什么是导线？导线的布设形式有几种？

4. 附合导线和闭合导线的内业计算有哪些不同？

5. 某闭合导线如图 7.21 所示，已知数据和观测数据列入图中。试用表格计算导线点 B、C、D 点的坐标。

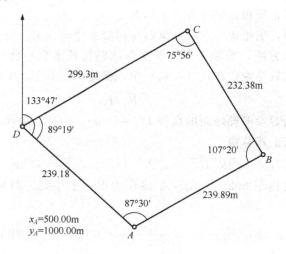

图 7.21　闭合导线

6. 某附合导线如图 7.22 所示，已知数据和观测数据列入图中。试用表格计算导线点 1、2、3、4 的坐标。

7. 已知 A 点高程为 39.830m，现用三角高程测量方法进行直、返觇观测，观测数据列入表 7.15 中，已知 AB 的水平距离为 581.380m，试求 B 点的高程。

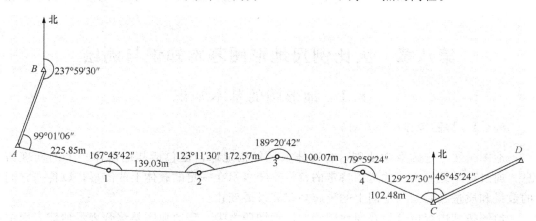

图 7.22　附合导线

表 7.15　三角高程测量观测数据

测站	目标	竖直角/(° ′ ″)	仪器高/m	觇标高/m
A	B	11 38 30	1.440	2.500
B	A	−11 24 00	1.490	3.000

第八章 大比例尺地形图基本知识与测绘

8.1 地形图的基本知识

8.1.1 地图简述

地图是按一定的数学法则,将客体(一般指地球,也包括其他星体)上的地理信息,通过科学地概括,并运用特定的符号系统表示在一定的载体上的图形,以传递它们的数量和质量在时间与空间上的分布规律和发展变化。

地图按其内容可分为普通地图和专题地图两大类。普通地图是综合表示地球表面主要自然、社会经济现象一般特征的地图。专题地图是根据专业方面的需要,突出反映一种或几种主题要素或现象的地图,其中作为主题的要素表示得很详细,其他要素则围绕表达主题的需要,作为地理基础概略表示,如地质图、土地利用现状图、交通图等。

地球表面各种物体种类繁多,形态各异,但总体上可分为地物和地貌两大类。凡地面上天然和人工形成的各种固定性的物体,均称为地物,如道路、房屋、铁路、江河、湖泊、森林、草地以及其他各种人工建筑物等。地球表面的各种高低起伏形态和面貌,称为地貌,如高山、深谷、陡坎、悬崖峭壁和雨裂冲沟等。地物和地貌总称为地形。

按一定比例尺缩小后,经过综合取舍,将地面上各种地物和地貌的平面位置和高程按一定数学法则、用规定的符号所表示的投影图,称为地形图。大比例尺地形图一般采用正射投影。地形图是普通地图的一种,如果地图只表示地物的形状和平面位置而不表示地面起伏的地图,则称为平面图。

在各项工程规划、设计阶段,均需要地形图,特别是大比例尺地形图可提供有关工程建设地区的自然地形结构和环境等资料,以便使规划、设计符合实际情况。因此,地形图是制定规划、进行工程建设、建立地理信息系统(GIS)的重要依据和基础资料。正确识图和使用地形图是有关工程技术人员必须具备的基本技能之一。

8.1.2 地形图的内容

地形图上所反映的内容几乎包括地球表面上的所有物体和现象,它们不仅可以是自然现象(如土质与植被、水系、地貌等),还可以是社会现象(如居民地、独立地物、道路、境界等);不仅可以是可见的具体的事物(如地物、地貌等),还可以是不可见的(如河流的深度和底质、暗流等)、抽象的(如居民地和控制点的名称与等级、水井和湖泊的水质、电压等)现象;不仅可以是静止的现象,还可以是运动的现象(如流速、流向等),可谓是内容繁杂、种类多样。尽管如此,由于地形图都是以图廓作为制图区域的范围,所以地形图可分为图廓内要素和图廓外要素两大部分,现以大比例尺地形图为例,将其组成要素加以归纳,列于图8.1。

在中、小比例尺地形图上,图廓注记、图外资料说明和辅助图表的内容非常丰富。

其中图廓注记包括：经纬网注记、直角坐标网注记、界端注记、邻接图号等；资料说明包括：图名、图号、测图日期和成图方法、平面坐标系统和高程系统、等高距、图式依据等；辅助图表包括：图例、直线比例尺、坡度尺、三北方向图和邻图接图表。但是，其他比例尺的地形图，图廓注记、图外资料说明和辅助图表的内容较少，只有上述内容的一部分。

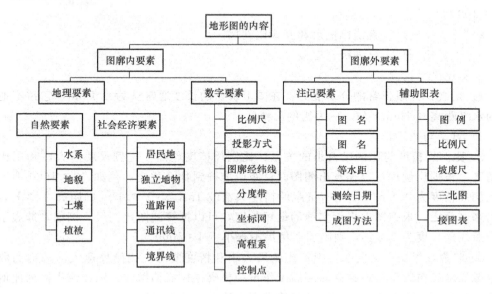

图 8.1　地形图的内容

8.1.3　地形图的比例尺

1. 地形图、平面图、地图

地形图：通过实地测量，将地面上各种地物、地貌的平面位置，按一定的比例尺，用《地形图图式》统一规定的符号和注记，缩绘在图纸上的平面图形，既表示地物的平面位置又表示地貌形态。

平面图：只表示平面位置，不反映地貌形态。

地图：将地球上的若干自然、社会、经济等若干现象，按一定的数学法则、采用综合原则绘成的图。

测量学中对图的研究，主要是研究地形图，它是地球表面实际情况的客观反映，各项工程建设都需要首先在地形图上进行规划、设计。

2. 比例尺

（1）比例尺定义

图上任一线段 d 与实地相应线段水平距离 D 之比，称为图的比例尺，显然有

$$\frac{d}{D} = \frac{1}{M} \tag{8.1}$$

（2）比例尺种类

1）数字比例尺：以分子为 1 的分数式来直接用数字表示的比例尺，称为数字比例尺，如式（8.1）所示，式中 M 称为比例尺分母，表示缩小的倍数。M 愈小，比例尺愈大，图上表示的地物地貌越详尽。通常把 1∶500，1∶1000，1∶2000，1∶5000 的比例尺称为大比例尺，1∶10 000，1∶25 000，1∶50 000，1∶100 000 的称为中比例尺，小于 1∶100 000 的称为小比例尺。

2）图式比例尺：直线比例尺和复式比例尺。

3）工具比例尺：分划板、三棱尺。

（3）比例尺精度

1）定义：人眼正常的分辨能力，在图上辨认的长度通常认为 0.1mm，它在实地表示的水平距离 0.1mm×M，称为比例尺精度。

2）意义与作用：

① 比例尺精度与比例尺大小的关系：比例尺精度越高，比例尺就越大，利用比例尺精度，根据比例尺可以推算出测图时量距应准确到什么程度。例如，1∶1000 地形图的比例尺精度为 0.1 m，测图时量距的精度只需 0.1m，小于 0.1 m 的距离在图上表示不出来。反之，根据图上表示实地的最短长度，可以推算测图比例尺。例如，欲表示实地最短线段长度为 0.5 m，则测图比例尺不得小于 1∶5000。

② 取舍：根据用途要求，确定比例尺大小和精度要求。比例尺愈大，采集的数据信息越详细，精度要求就越高，测图工作量和投资往往成倍增加，因此使用何种比例尺测图，应从实际需要出发，不应盲目追求更大比例尺的地形图。

8.1.4　地形图的分幅与编号

为了便于地形图的测绘、使用和保管，需要将大范围内的地形图进行分幅，并将分幅的地形图进行系统地编号。地形图的分幅方法有两大类：一是按经纬线划分的梯形分幅法，另一种是按坐标格网划分的矩形分幅法。常见的地图编号方法有自然系数编号法、行列式编号法、行列-自然系数编号法。

1. 梯形分幅与编号方法

地图的图廓由经纬格网线构成。我国的基本比例尺地形图是以经纬线分幅制作的，它们都是以 1∶100 万比例尺地形图为基础，按规定的经差和纬差划分图幅，行列数和图幅数成简单的倍数关系，如图 8.2 所示。图中虚线表示现已不用。1∶100 万比例尺地形图的分幅编号是由国际统一规定的，做法是将整个地球表面用子午线分成 60 个 6°纵列，由经度 180°起，自西向东用阿拉伯数字 1～60 编列号数。同时，由赤道起分别向南向北直至纬度 88°止，每隔 4°的纬圈分成许多横行，这些横行用大写的拉丁字母 A、B、C、…、V 标明，以两极为中心，以纬度 88°为界的圈，则用 Z 标明。也就是说，一张 1∶100 万比例尺地形图是有纬差 4°的纬圈和经差 6°的子午圈所形成的梯形。其编号采用行列式编号法，由"横行-纵列"格式组成，图 8.3 为我国领域的 1∶100 万比例尺地形图图幅编号。例如甲地位于北纬 39°54′30″，东经 122°28′25″，则该地所在

1∶100 万图幅编号为 J-51。

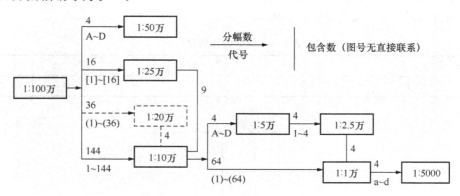

图 8.2　我国基本比例尺地形图的分幅编号系统

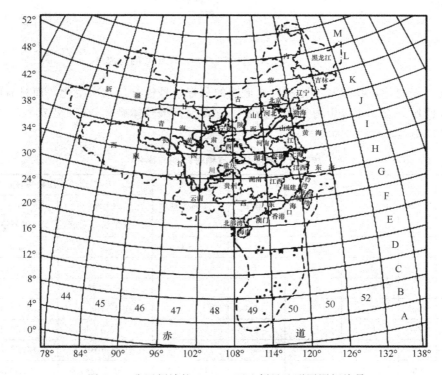

图 8.3　我国领域的 1∶100 万比例尺地形图图幅编号

　　基本比例尺地形图之间的划分存在层次关系。例如 1∶10 万比例尺地形图是将
1∶100 万地形图划分成 12 行 12 列，共 144 幅，代号分别用 1，2，3，…，144 表示。

　　以上梯形分幅与编号的方法是我国 20 世纪 70～80 年代的分幅与编号系统。为便于
图幅编号的计算机处理，1991 年我国制定了《国家基本比例尺地形图分幅与编号方法》
的国家标准，其主要特点是分幅仍然以 1∶100 万地图为基础，经纬差不变，但划分全
部由 1∶100 万地形图逐次加密划分而成；编号仍然以 1∶100 万地图编号为基础，由下

接相应比例尺的行、列代码所组成，并增加了比例尺代码（表 8.1），所有地形图的图号均由五个元素 10 位编码组成，如图 8.4 所示。

表 8.1　地形图比例尺代码

比例尺	1：50 万	1：25 万	1：10 万	1：5 万	1：2.5 万	1：1 万	1：1000
代码	B	C	D	E	F	G	H

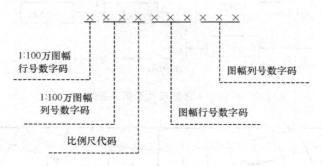

图 8.4　1：50 万～1：5000 地形图图号的构成

值得一提的是，我国基本比例尺地形图的分幅编号曾有过几次变化，而且有的至今还在混合使用。表 8.2 以甲地为例，列出了它在现行编号体系和 20 世纪 70～80 年代编号体系中的编号。

表 8.2　梯形分幅与编号规则与举例

比例尺	行列数	图幅大小		图幅数	图幅代号	甲地所在图幅编号	
		纬差	经差			20 世纪 70～80 年代的编号系统	1991 年国家标准编号系统
1：50 万	2	2°	3°	4	A～D	J-51-A	J51B001001
1：25 万	4	1°	1°30′	16	[1]～[16]	J-51-[2]	J51C001002
1：20 万	8	40′	60′	36	(1)～(36)	J-51-(3)	—
1：10 万	12	20′	30′	144	1～144	J-51-5	J51D001005
1：5 万	24	10′	15′	4	A～D	J-51-5—B	J51E001010
1：2.5 万	48	5′	7′30″	4	1～4	J-51-5-B-4	J51F002020
1：1 万	96	2′30″	3′45″	64	(1)～(64)	J-51-5-(24)	J51G003040
1：5000	192	1′15″	1′37.5″	4	a～d	J-51-5-(24)-b	J51H005080

注：行列数是以 1：100 万图幅为基础所划分的相应比例尺地形图的行数和列数。

2. 矩形分幅与编号方法

矩形分幅中，每幅地图的图廓都是一个矩形。大比例尺地形图分幅通常采用矩形分幅，并以整千米、整百米或整五十米坐标进行分幅。1：500、1：1000、1：2000 地形图一般采用 50cm×50cm 正方形分幅，或 40cm×50cm 矩形分幅；根据需要也可以采用其他规格的任意分幅。当 1∶5000 地形图采用矩形分幅时，通常采用 40cm×40cm 正方形分幅。

矩形分幅时，地形图编号一般采用图廓西南角坐标公里数编号法，也可以选用流水编号或行列编号法。例如某幅 1∶1000 比例尺地形图的西南角坐标为 $X=84\,500\mathrm{m}$，$Y=16\,500\mathrm{m}$，则该图幅编号为 84.5-16.5。

8.1.5　地形图的图外注记

1. 图名和图号

图名即本幅图的名称，是以所在图幅内最著名的地名、厂矿企业和村庄的名称来命名的。为了区别各幅地形图所在的位置关系，每幅地形图上都编有图号。图号是根据地形图分幅和编号方法编定的，并把它标注在北图廓上方的中央。

2. 接图表

说明本图幅与相邻图幅的关系，供索取相邻图幅时用。通常是中间一格画有斜线的代表本图幅，四邻分别注明相应的图号（或图名），并绘注在图廓的左上方。在中比例尺各种图上，除了接图表以外，还把相邻图幅的图号分别注在东、西、南、北图廓线中间，进一步表明与四邻图幅的相互关系。

3. 图廓

图廓是地形图的边界，矩形图幅只有内、外图廓之分。内图廓就是坐标格网线，也是图幅的边界线。在内图廓外四角处注有坐标值，并在内廓线内侧，每隔 10cm 绘有 5mm 的短线，表示坐标格网线的位置。在图幅内绘有每隔 10cm 的坐标格网交叉点。外图廓是最外边的粗线。

在城市规划以及给排水线路等设计工作中，有时需用 1∶10 000 或 1∶25 000 的地形图。这种图的图廓有内图廓、分图廓和外图廓之分。内图廓是经线和纬线，也是该图幅的边界线。内、外图廓之间为分图廓，它绘成为若干段黑白相间的线条，每段黑线或白线的长度，表示实地经差或纬差 1'。分度廓与内图廓之间，注记了以公里为单位的平面直角坐标值。

4. 三北方向关系图

在中、小比例尺图的南图廓线的右下方，还绘有真子午线、磁子午线和坐标纵轴（中央子午线）方向这三者之间的角度关系，称为三北方向图。利用该关系图，可对图上任一方向的真方位角、磁方位角和坐标方位角三者间作相互换算。此外，在南、北内图廓线上，还绘有标志点 P 和 P'，该两点的连线即为该图幅的磁子午线方向，有了它，利用罗盘可将地形图进行实地定向。

8.1.6　地物的表示方法

地物：地面的各类建筑物、构筑物，道路，水系及植被等被称为地物，表示这些地物的符号，就是地物符号。地物符号又根据其表示地物的形状和描绘方法的不同，又分为以下几种。

1．比例符号

轮廓较大的地物，如房屋、运动场、湖泊、森林、田地等，凡能按比例尺把它们的形状、大小和位置缩绘在图上的，称为比例符号。这类符号表示出地物的轮廓特征。

2．非比例符号

轮廓较小的地物，或无法将其形状和大小按比例画到图上的地物，如三角点、水准点、独立树、里程碑、水井和钻孔等，则采用一种统一规格、概括形象特征的象征性符号表示，这种符号称为非比例符号，只表示地物的中心位置，不表示地物的形状和大小。

3．半比例符号

对于一些带状延伸地物，如河流、道路、通讯线、管道、垣栅等，其长度可按测图比例尺缩绘，而宽度无法按比例表示的符号称为半比例符号，这种符号一般表示地物的中心位置，但是城墙和垣栅等，其准确位置在其符号的底线上。

4．注记符号

用文字、数字或特殊的标记对地物加以说明的符号称为注记符号，如地区、城镇、河流、道路名称，江河的流向、道路去向以及林木、田地类别等说明。

8.1.7 地貌的表示方法

地貌是指地球表面的各种起伏形态，它包括山地、丘陵、高原、平原、盆地等。

1．等高线的概念

（1）等高线的形成和定义

用不同高程而间隔相等的一组水平面 P_1、P_2、P_3 与地表面相截，在各平面上得到相应的截取线，将这些截取线沿着垂直方向正射投影到水平投影面 P 上，便得到表示该地表面的一些闭合曲线，即等高线。如图 8.5 所示的就是地面高程为 90m、95m、100m 的等高线，所以等高线就是地面上高程相等的相邻点连接而成的闭合曲线。

用等高线表示的几种典型地貌如图 8.6 所示。

（2）等高距和等高线平距

两条相邻等高线的高差称为等高距。相邻等高线间的水平距离称为等高线平距。等高距越小，显示地貌就越详细，但等高距过小，图上等高线将很密，会使地形图不清晰。因此，要根据测图比例尺和地面倾斜角及其用图的目的来选择等高距，但在同一幅图内等高距通常取定值。

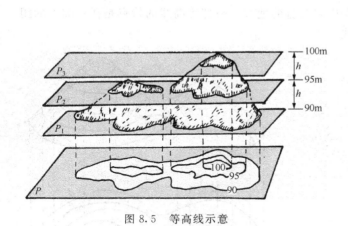

图 8.5　等高线示意

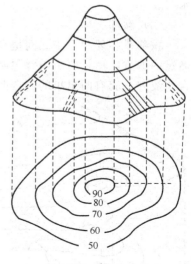

图 8.6　山头等高线

2. 等高线的分类

（1）首曲线

按所选定的等高距描绘的等高线称为基本等高线（首曲线），用实线表示。

（2）计曲线

从高程 0m 起算每隔四根等高线需加粗一根，称为加粗等高线（计曲线）。

（3）间曲线和助曲线

在局部地区用基本等高线不足以表示地貌的实际状态时，可用二分之一等高距的等高线，称为半距等高线（间曲线），用长虚线表示；四分之一等高距的等高线称为辅助等高线（助曲线），用短虚线表示。

3. 典型地貌的等高线

（1）山丘和洼地（盆地）

示坡线是垂直于等高线的短线，用以指示坡度下降的方向。示坡线从内圈指向外圈，说明中间高，四周低，为山丘。示坡线从外圈指向内圈，说明四周高，中间低，故为洼地。

（2）山脊和山谷

山脊是沿着一个方向延伸的高地。山脊的最高棱线称为山脊线。山脊等高线表现为一组凸向低处的曲线。

山谷是沿着一个方向延伸的洼地，位于两山脊之间。贯穿山谷最低点的连线称为山谷线。山谷等高线表现为一组凸向高处的曲线，如图 8.7 所示。

山脊附近的雨水必然以山脊线为分界线，分别流向山脊的两侧，因此山脊又称分水线。而在山谷中，雨水必然由两侧山坡流向谷底，向山谷线汇集，因此山谷线又称集水线。

（3）鞍部

鞍部是相邻两山头之间呈马鞍形的低凹部位，如图 8.8 所示。鞍部往往是山区道路通过的地方，也是两个山脊与两个山谷会合的地方。鞍部等高线的特点是在一圈大的闭合曲线内，套有两组小的闭合曲线。

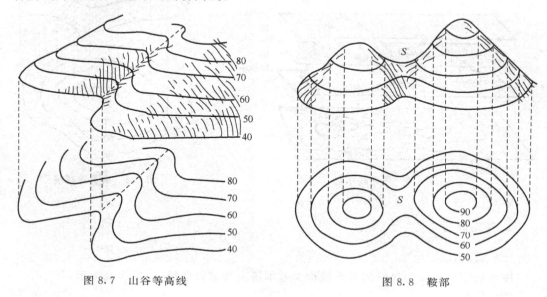

图 8.7 山谷等高线   图 8.8 鞍部

（4）陡崖和悬崖

陡崖是坡度在 70°以上的陡峭崖壁，有石质和土质之分。

悬崖是上部突出，下部凹进的陡崖，这种地貌的等高线出现相交。俯视时隐蔽的等高线用虚线表示。

4. 等高线的特性

1）在同一条等高线上各点的高程相等。

2）每条等高线必为闭合曲线，如不在本幅图内闭合，也在相邻的图幅内闭合。

3）不同高程的等高线不能相交。当等高线重叠时，表示陡坎或绝壁。

4）山脊线（分水线）、山谷线（集水线）均与等高线垂直相交。

5）等高线平距与坡度成反比。在同一幅图上，平距小表示坡度陡，平距大表示坡度缓，平距相等表示坡度相同。换句话说，坡度陡的地方等高线就密，坡度缓的地方等高线就稀。

6）等高线跨河时，不能直穿河流，须绕经上游正交于河岸线，中断后再从彼岸折向下游。

等高线的这些特性是相互联系的，在测绘地形图时，正确运用等高线的特性，才能更逼真地显示地貌的形状。

8.2　大比例尺地形图的测绘

8.2.1　测图前的准备工作

1. 资料和仪器的准备

在测图前要明确任务和要求，抄录测区控制点的成果资料，并进行测区踏勘，拟定施测方案；根据方案所要求的测图方法准备仪器、工具和所用物品，并配备技术人员；对主要仪器应进行检查和校正，尤其是竖盘的指标差要经常进行检校。

2. 图纸准备

为了保证测图质量，必须采用优质图纸。对于较小地区的临时性的测图，可将图纸直接固定在图板上进行测绘。对于需长期保存的地形图，为了减少图纸变形，采用聚酯薄膜测图。

为了测绘、保管和使用上的方便，测绘单位采用的图幅尺寸一般有 50cm×50cm、40cm×50cm、40cm×40cm 几种，测图时可根据测区情况选择所需的图幅尺寸。

3. 绘制坐标格网

如图 8.9 所示，先用直尺在图纸上画两条相互垂直的对角线 AC、BD，再以对角线交点 O 为圆心量出长度相等（此长度可根据图幅尺寸计算求得）的四段线段，得 a、b、c、d 四点，连接各点即得正方形图廓。在图廓各边上标出每隔 10cm 的点，将上下和左右两边相对应的点一一连接起来，即构成直角坐标格网。连线时，纵横线不必贯通，只画出 1cm 长的正交短线即可。

坐标格网绘成后，必须检查绘制的精度。用直尺检查各方格网的交点是否在同一直线上，其偏离值不应超过 0.2mm；小方格网的边长与理论值 10cm 相差不应超过 0.2mm；小方格网对角线长度与其理论值 14.14cm 相差不应超过 0.3mm，如超过限值应重新绘制。方格网检查合格后，根据测区控制网各控制点的坐标（X_i，Y_i）按照尽量把各控制点均匀分布在格网图中间的原则，选取本幅图的圆点坐标，在图廓外注明格网的纵横坐标值（X_i，Y_i），并在格网上边注明图号，下边注明比例尺。

4. 展绘测图控制点

图纸上绘出坐标格网后，根据控制点的坐标值先确定点所在的方格，然后计算出对应格网的坐标差数 X' 和 Y'，按比例在

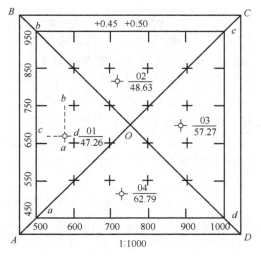

图 8.9　坐标格网图

格网和相对边上截取与此坐标相等的距离，最后对应连接相交即得点的位置。如图 8.9 所示，要展绘 1 号点，其坐标为 $X_1 = 679.12\text{m}$，$Y_1 = 580.08\text{m}$，测图比例尺为 1：1000。由坐标值可知 1 点所在方格（$X = 650 \sim 750$，$Y = 500 \sim 600$），其纵坐标差 $X = 29.12\text{m}$，按比例在方格内截取 29.12m 得横线 cd，横坐标差 $Y = 80.08\text{m}$，按比例在本格网内截取 80.08m 得纵线 ab，将相应截取的横线 cd 与纵线 ab 相交，其交点即为 1 点在图上的位置。在此点的右侧平画一短横线，在横线上方注明点号，横线的下方注明此点的高程。控制点展好后应检查各控制点之间的图上长度与按比例尺缩小后的相应实地长度之差，其差数不应超过图上长度的 0.3mm，合格后才能进行测图。

8.2.2　碎部测量的方法（视距测量）

1. 碎部测量

（1）视距测量公式

经纬仪（或水准仪）望远镜筒内十字丝分划板的上下两条短横丝，就是用来测量距离的，这样的两条短横丝称为视距丝，如图 8.10（a）所示。

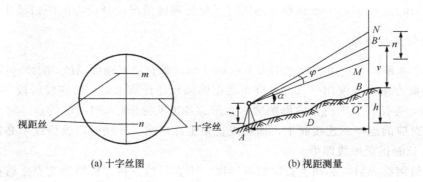

(a) 十字丝图　　　　　　　　(b) 视距测量

图 8.10　视距测量示意图

在图 8.10（b）中，A 为测绘点，B 为欲测地形碎部点。在 A 点安置仪器，B 点立尺，读取上下视距丝在尺上的读数间隔 n 和中丝读数 v，以及竖直角 α，并量取仪器高 i，则 A、B 两点间的水平距离高 D 和高差 h 可计算为

$$\left. \begin{array}{l} D = kn\cos^2\alpha \\ h = D\tan\alpha + i - v \end{array} \right\} \tag{8.2}$$

式中，k——仪器乘常数，可取 $k = 100$。

如果令 $\Delta = i - v$，在实际工作中只要能使所观测的中丝在尺上读数 v 等于仪器高 i，就可使 Δ 等于零，高差计算公式式可简化为

$$h = D\tan\alpha \tag{8.3}$$

为了方便起见，现将视距测量公式列于表 8.3 中，以便在使用中查用。

立尺点 B 的高程计算公式应为

$$H_B = H_A + D\tan\alpha + i - v$$

表 8.3　视距测量公式

项　　目	水 平 距 离	高　差	
		$i=v$	$i\neq v$
视线水平时（$\alpha=0°$）	$D=kn$	$h=0$	$h=i-v$
视线倾斜时	$D=kn\cos^2\alpha$	$h=D\tan\alpha$	$h=D\tan\alpha+i-v$

（2）观测与计算

如图 8.10（b）所示，欲测定 A、B 两点间的水平距离 D 和高差 h，其观测方法如下：

1）在测站 A 安置经纬仪，量取仪器高 i，在测点 B 竖立视距尺。

2）盘左位置，照准视距尺，消除视差后使十字丝的横丝（中丝）读数等于仪器高 i，固定望远镜，用上下视距丝分别在尺上读取读数，估读到 mm，算出视距间隔 n（n ＝下丝读数－上丝读数）。为了既快速又准确地读出视距间隔，可先将中丝对准仪器高读竖直角，然后把上丝对准邻近整数刻划后直接读取视距间隔。

3）转动竖盘指标水准管微动螺旋使竖盘指标水准管气泡居中，读取竖盘读数，算出竖直角 α。对有竖盘指标自动归零装置的仪器，应打开自动归零装置后再读数。

4）根据表 8.3 所列公式，计算水平距离和高差及立尺点的高程。

进行视距观测时，应注意以下几点：

1）使用的仪器必须进行竖盘指标差的检校。

2）视距尺应竖直。

3）必须严格消除视差，上下丝读数要快速。

4）若为提高精度并进行校核，应在盘左、盘右位置按上述方法观测一测回，最后取上、下半测回所得的尺间隔 n 和竖直角 α 的平均值来计算水平距离 D 和高差 h。

因障碍物或其他原因，中丝不能在尺上截取仪器高 i 的读数时，应尽量截取大于仪器高的整米数，以便于测点高程的计算。例如，$i=1.42$，则可截取 2.42m 或 3.42m 等。

（3）大平板仪及测图

平板仪测量是一种观测与绘图相结合的方法。它可以同时测定点的平面位置和高程，它的特点是利用相似形原理图解水平角度，再用视距测量方法测定水平距离较差，将测点位置直接绘制在图纸上。

1）平板仪测量原理。如图 8.11 所示，设地面上有 A、B、O 三点，在 O 点上安置一块贴有图纸的水平图板，将地面 O 点沿垂线方向投影到图纸上得 o 点，然后通过 OA 和 OB 方向作两个竖直面，则竖直面与图板面的交线

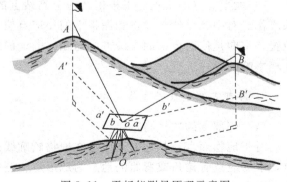

图 8.11　平板仪测量原理示意图

oA' 和 oB' 所夹的角度就是 AOB 的水平角，用视距测量方法测出 OA 和 OB 的水平距离 oA' 和 oB'，并按一定的比例尺在 oa' 和 ob' 方向线上定出 a 和 b 点，使图上 a、o、b 三点组成的图形与地面上相应的 A、O、B 三点组成的图形相似，然后再应用视距测量方法测出 A、B 两点对 O 点的高差，并根据 O 点的已知高程，计算出 A、B 点的高程。这就是平板仪测量的原理。

2）大平板仪的构造。

大平板仪由照准仪、图板、基座和附件组成。

① 照准仪：西安光学测量仪器厂制造的 PG3-XZ 型平板仪的照准仪由望远镜、竖盘、支柱和直尺所组成，其作用和经纬仪相似。平板相当于水平度盘，照准目标后用平行尺来画方向线。竖直度盘分划值为 1°，向两个方向依正负每 2° 为一注记，分别注记到 ±40°，当望远镜水平时读数为 0°。在竖直度盘右侧附有水准管，读数前必须先调整水准管，当气泡居中时才能读取竖直度盘读数，直读到 10′估读到 1′，读数窗影像如图 8.12 所示，其读数分别为 0°00′和 +6°23′。

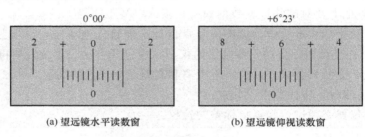

(a) 望远镜水平读数窗　　　　　　　　(b) 望远镜仰视读数窗

图 8.12　照准仪读数窗示意图

② 图板：又称测板，用轻而干的木料制成，一般为 $60cm \times 60cm \times 3cm$ 的方形板，背面有螺孔，用连接螺旋可将其固定在基座上。

③ 基座：基座上有脚螺旋以及水平制动螺旋，其作用与经纬仪相同，基座通过连接螺旋与三脚架固连。

④ 附件：圆水准器，用来整平图板；对点器又称移点器，由金属的叉架和一垂球组成，利用它可使地面点与图上相应点位于同一铅垂线上；定向罗盘，用来测定图板方向的。

3）大平板仪的安置。平板仪在一个测站上的安置过程，包括对中、整平和定向三项工作。对中就是使地面点和图板上的相应点位于同一铅垂线上。整平是使图板成水平位置。定向是使图板上的直线方向与相应的地面线方向重合或互相平行。这三项工作是互相影响的。

2. 碎部点测量及等高线的勾绘

（1）碎部点的选择与跑尺

对于地物而言，其地形点应选在地物轮廓线的方向变化处，如房屋应选屋角为地形点，水塘应选有棱角或弯曲的地点为地形点。测完一个地物后再转向另一个地物，以便于在图上绘出它们的位置。

对于地貌来说，地形点应选在山脊线、山谷线、山脚线、坡度变换点和方向变换点及山顶、鞍部等地貌的特征点处。为能正确而详细地表示实地情况，一般规定地形点间在图上的最大距离不应超过 3cm。各种比例尺的地形点间距以及最大视距长度，如表 8.4 所示。

表 8.4　地形点间距和视距长度的要求

比例尺	地形点间距/m	最大视距/m	
		地物点	地形点
1 : 500	15	60	100
1 : 1000	30	100	150
1 : 2000	50	180	250

在地形图测绘中地形点就是立尺点，因此跑尺是一项很重要的测图工作，立尺点和跑尺路线的选择对地形图的质量和测图效率都有直接影响。测图开始前，观测员、绘图员和跑尺员应先在测站上研究需要立尺和跑尺的方案。一般在地性线明显地区，可沿地性线和坡度变换点依次立尺，也可沿等高线跑尺；在平坦地区，一般常用环形法和迂回路线法来跑尺。地物点跑尺最好是沿地物轮廓逐点立尺，以方便绘图。

常用目估法勾绘等高线。其要领是"先取头定尾，再中间等分"。

（2）测站点加密

测站点是地形碎部测量过程中安置仪器的点，如果测区地形较复杂，在碎部测量中需要增设测站点时，可以已知图根控制点为基础，用图解交会法或视距支点法测设临时测站点，以满足测图的需要。

（3）经纬仪测绘法测图

将经纬仪安置于测站点 A 上，量取仪器高 i，并测定竖直度盘的指标差 X，然后照准另一控制点 B 作为起始方向，并在该方向上使水平度盘读数配置成 $0°00'00''$。照准立在碎部点 1 上的视距尺，读取水平角、中丝读数（一般使中丝对准尺上仪器高 i 处）和视距间隔，并读出竖盘读数，分别记入地形碎部点测量记录表中，见表 8.5，然后按表 8.3 所列公式计算测站点到碎部点的水平距离和碎部点的高程。

测站：A；后视点：B；仪器高：$i=1.42$m；指标差：$X=0$；测站高程：$H_A=207.40$m。

表 8.5　地形碎部点测量记录

点号	视距 kn	中丝读数	竖盘读数	竖直角 $\pm\alpha$	初算高差 $\pm h'$/m	$\Delta=i-v$ /m	高差 $+h$/m	水平角 β	水平距离 /m	高程 /m	点号	备注
1	76.0	1.42	93°28′	−3°28′	−4.59	0	−4.59	275°25′	75.7	202.8	1	屋角
2	75.0	2.42	93°00′	−3°00′	−3.92	−1.00	−4.92	372°30′	74.7	202.5	2	$v=2.2$
3	51.4	1.42	91°45′	−1°45′	−1.57	0	−1.57	7°40′	51.4	205.9	3	鞍部
4	25.7	1.42	87°26′	+2°34′	+1.15	0	+1.15	178°20′	25.6	208.6	4	

置绘图板在测站边，根据水平角和距离按极坐标法，仍以图上的 ab 方向为零方向，

用透明半圆仪量测水平角，得到自测站点 A 到碎部点 1 上的方向线，沿此方向线从 a 点截取水平距离在图上的长度，即得碎部点 1 的点位，并将高程注记在点旁。用同法可测绘其他碎部点。

这种方法也可在野外用经纬仪观测碎部点的数据，做好记录并画出草图，而后在室内根据记录数据和草图来绘制地形图。

经纬仪测绘法测图，操作简单、方便，工作效率高，任务紧迫时可分组进行，其缺点是在室内绘图不能对照实地及时发现问题，因此成图后应到现场核对。

3. 大平板仪测图

将大平板仪安置在测站点 A 上，进行对中、整平，按 AB 已知直线定向，以 AG 已知直线为检查方向，量取仪器高 i，并进行高程检查，用照准仪的直尺边紧靠在图上的 a 点，照准碎部点所立的尺子，使十字丝横丝对准标尺上的仪器高处（也可对准其他位置读数），读上下丝的读数，计算视距。调平竖盘指标水准管并读取竖直角，根据视距和竖直角按表 8.3 所列公式计算碎部点与测站点间的水平距离和高差，然后根据测站点高程，再计算碎部点的高程。

在直尺边上，把水平距离按测图比例尺缩小后，用两脚规在图上刺点，即得碎部点在图上的位置，并在点位右边注记高程，用同法测绘其他碎部点。

8.2.3　地形图的绘制

大比例尺地形图的测绘，就是在控制测量的基础上，采用适宜的测量方法，测定每个控制点周围地形特征点的平面位置和高程，并以此为依据，将所测地物、地貌逐一勾绘于图纸上。

图 8.13　地形点的选择

1. 大比例尺地形图测绘的原理

（1）地形特征点的选择（图 8.13）

1）地物特征点——能反映地物平面外形轮廓的关键点，如房屋的屋角、河岸的拐点、道路的交叉点及独立地物的中心点等。

2）地貌特征点——山头、谷地关键部位的点，如山顶、鞍部、谷底及山脊线、山谷线、坡脚线上坡度、走向变换的点。

（2）测定地形点平面位置的基本方法

在控制点上设站测量地形点（即碎部点）的基本方法有以下四种：

1）极坐标法。如图 8.14 所示，为测定地形点 a 的位置，在控制点 A 上架设仪器，以 AB 为起始方向，测量 AB 和 Aa 之间的水平角 β 以及 $A—a$ 的水平距离 D_{Aa}，即可确定 a 点的位置。

2）直角坐标法。图 8.14 中，为测定地形点 b 的位置，先由 b 点向 AB 边作垂线，再分别量取 A 点和 b 点至垂足的距离，即可确定 b 的点位。

3）角度交会法。如图 8.15 所示，在两个控制点 A、B 上架设仪器，分别测量水平角 α 与 β，按前方交会的方法确定 a 的点位。

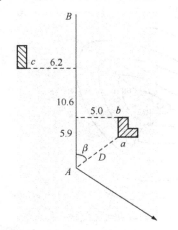

图 8.14　极坐标法与直角坐标法测定点位　　　图 8.15　角度交会法和距离交会法测定点位

4）距离交会法。图 8.15 中，分别量取控制点 A、B 至 b 点的距离，亦可按距离交会的方法确定 b 的点位。

2. 大比例尺地形图的经纬仪测绘法

经纬仪测绘法就是在控制点上架设经纬仪（称为测站），近旁安置图板，将每个测站周围的碎部点逐一测定并展绘到图板上，然后勾绘出地物和地貌来。

（1）地物描绘

地物要按地形图图式规定的符号表示。房屋轮廓需用直线连接起来，而道路、河流的弯曲部分则是逐点连成光滑的曲线。不能依比例描绘的地物，应按规定采用非比例符

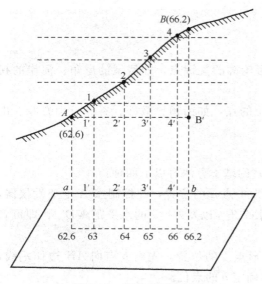

图 8.16　等高线的内插

号表示。

（2）等高线勾绘

勾绘等高线时，首先用铅笔轻轻描绘出山脊线、山谷线等地性线，再根据碎部点的高程勾绘等高线。不能用等高线表示的地貌，如悬崖、峭壁、土堆、冲沟、雨裂等，应按图式规定的符号表示。

由于碎部点选在地面坡度变化处，相邻点之间可视为均匀坡度，这样可在相邻碎部点的连线上内插出各等高线通过的位置，如图 8.16 所示。

将高程相等的相邻点连成光滑的曲线，即为等高线，如图 8.17 所示。

勾绘等高线时，要对照实地情况，先画计曲线，后画首曲线，并注意等高线通过山脊线、山谷线的走向。地形图等高距的选择与测图比例尺和地面坡度有关。

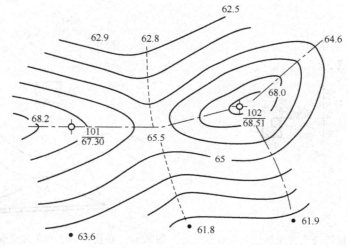

图 8.17　等高线的勾绘

3. 地形图的拼接、检查与整饰

（1）地形图的拼接

地形图的拼接如图 8.18 所示。

（2）地形图的检查

1）室内检查。室内检查的内容有图上地物、地貌是否清晰易读；各种符号注记是否正确；等高线与地形点的高程是否相符，有无矛盾可疑之处；图边拼接有无问题等。如发现错误或疑点，应到野外进行实地检查修改。

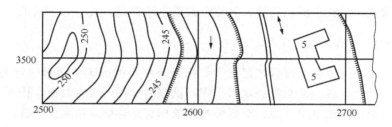

图 8.18　地形图的拼接

2) 外业检查。

巡视检查根据室内检查的情况有计划地确定巡视路线，进行实地对照查看。主要检查地物、地貌有无遗漏；等高线是否逼真合理；符号、注记是否正确等。

仪器设站检查根据室内检查和巡视检查发现的问题，到野外设站检查，除对发现的问题进行修正和补测外，还要对本测站所测地形进行检查，看原测地形图是否符合要求。仪器检查量每幅图一般为 10% 左右。

（3）地形图的整饰

整饰的顺序是先图内后图外，先地物后地貌，先注记后符号。图上的注记、地物以及等高线均按规定的图式进行注记和绘制，但应注意等高线不能通过注记和地物。最后，应按图式要求写出图名、图号、比例尺、坐标系统及高程系统、施测单位、测绘者及测绘日期等。

8.3　数字化测图

利用全站仪能同时测定距离、角度、高差，提供待测点三维坐标，将仪器野外采集的数据，结合计算机、绘图仪以及相应软件，就可以实现自动化测图。

8.3.1　全站仪测图模式

结合不同的电子设备，全站仪数字化测图主要有如图 8.19 所示的三种模式。

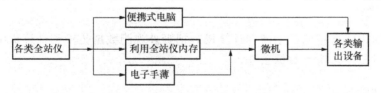

图 8.19　全站仪地形测图

1. 全站仪结合电子平板模式

该模式是以便携式计算机作为电子平板，通过通讯线直接与全站仪通讯、记录数据，实时成图。因此，它具有图形直观、准确性强、操作简单等优点，即使在地形复杂地区，也可现场测绘成图，避免野外绘制草图。目前这种模式的开发与研究相对比较完善，由于便携式计算机性能和测绘人员综合素质不断提高，其符合今后的发展趋势。

2. 直接利用全站仪内存模式

该模式使用全站仪内存或自带记忆卡，把野外测得的数据，通过一定的编码方式，直接记录，同时野外现场绘制复杂地形草图，供室内成图时参考对照。因此，其操作过程简单，无须附带其他电子设备；对野外观测数据直接存储，纠错能力强，可进行内业纠错处理。随着全站仪存储能力的不断增强，此方法进行小面积地形测量时，具有一定的灵活性。

3. 全站仪加电子手簿或高性能掌上电脑模式

该模式通过通讯线将全站仪与电子手簿或掌上电脑相连，把测量数据记录在电子手簿或便携式电脑上，同时可以进行一些简单的属性操作，并绘制现场草图。内业时把数据传输到计算机中，进行成图处理。它携带方便，掌上电脑采用图形界面交互系统，可以对测量数据进行简单的编辑。随着掌上电脑处理能力的不断增强，科技人员正进行针对于全站仪的掌上电脑二次开发工作，此方法会在实践中进一步完善。

8.3.2　全站仪数字测图过程

全站仪数字化测图，主要分为准备工作、数据获取、数据输入、数据处理、数据输出等五个阶段。在准备工作阶段，包括资料准备、控制测量、测图准备等，与传统地形测图一样，在此不再赘述，现以实际生产中普遍采用的全站仪加电子手簿测图模式为例，从数据采集到成图输出介绍全站仪数字化测图的基本过程。

1. 野外碎部点采集

一般用"解算法"进行碎部点测量采集，用电子手簿记录三维坐标 (x, y, H) 及其绘图信息。既要记录测站参数、距离、水平角和竖直角的碎部点位置信息，还要记录编码、点号、连接点和连接线型四种信息，在采集碎部点时要及时绘制观测草图。

2. 数据传输

用数据通讯线连接电子手簿和计算机，把野外观测数据传输到计算机中，每次观测的数据要及时传输，避免数据丢失。

3. 数据处理

数据处理包括数据转换和数据计算。数据处理是对野外采集的数据进行预处理，检查可能出现的各种错误；对数据进行编码，使测量数据转化成绘图系统所需的编码格式。数据计算是针对地貌关系的，当测量数据输入计算机后，生成平面图形、建立图形文件、绘制等高线。

4. 图形处理与成图输出

编辑、整理数据处理后所生成的图形数据文件，对照外业草图，修改整饰新生成的地形图，补测、重测存在漏测或测错的地方。然后加注高程、注记等，进行图幅整饰，最后成图输出。

8.3.3　数据编码

野外数据采集，仅测定碎部点的位置并不能满足计算机自动成图的需要，必须将所测地物点的连接关系和地物类别（或地物属性）等绘图信息记录下来，并按一定的编码格式记录数据。

编码按照《1∶500、1∶1000、1∶2000 地形图要素分类与代码》（GB/T 14804—93）进行，地形信息的编码由 4 部分组成：大类码、小类码、一级代码、二级代码，分别用 1 位十进制数字顺序排列。第一大类码是测量控制点，又分平面控制点、高程控制点、GPS 点和其他控制点四个小类码，编码分别为 11、12、13 和 14。小类码又分若干一级代码，一级代码又分若干二级代码。如小三角点是第 3 个一级代码，5″小三角点是第 1 个二级代码，小三角点的编码是 113，则 5″小三角点的编码是 1132。

野外观测，除要记录测站参数、距离、水平角和竖直角等观测量外，还要记录地物点连接关系信息编码。现以一条小路为例（图 8.20），说明野外记录的方法。记录格式见表 8.6，表中连接点是与观测点相连接的点号，连接线型是测点与连接点之间的连线形式，有直线、曲线、圆弧和独立点四种形式，分别用 1、2、3 和代码，小路的编码为443，点号同时也代表测量碎部点的顺序，表中略去了观测值。

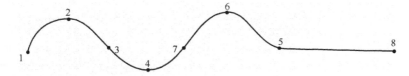

图 8.20　小路的数字化测图记录

表 8.6　小路的数字化测图编码

单元	点号	编号	连接点	连接线性
第一单元	1	443	1	
	2	443		2
	3	443		
	4	443		
第二单元	5	443	5	
	6	443		−2
	7	443	−4	
第三单元	8	443	5	1

目前开发的测图软件一般是根据自身特点的需要、作业习惯、仪器设备和数据处理

方法制定自己的编码规则。利用全站仪进行野外测设时，编码一般由地物代码和连接关系的简单符号组成。如代码 F0、F1、F2、…分别表示特种房、普通房、简单房、…（F 字为"房"的第一拼音字母，以下类同），H1、H2、…表示第一条河流、第二条河流的点位、…。

思考题与习题

1. 什么是比例尺精度？它在测绘工作中有何作用？

2. 地物符号有几种？各有何特点？

3. 什么是等高线？在同一幅图上，等高距、等高线平距与地面坡度三者之间的关系如何？

4. 地形图应用有哪些基本内容？

5. 测图前有哪些准备工作？控制点展绘后，怎样检查其正确性？

6. 简述经纬仪测绘法在一个测站测绘地形图的工作步骤。

7. 什么是大比例尺数字地形图？

第九章 地形图应用

9.1 地形图应用概述

9.1.1 地形图图外注记识读

根据地形图图廓外的注记，可全面了解地形的基本情况。例如，由地形图的比例尺可以知道该地形图反映地物、地貌的详略；根据测图日期的注记和测区的开发情况可以知道地形图的现势性，从而判断地物、地貌的变化程度，进而考虑是否补测或重测；从图廓坐标可以掌握图幅的范围；通过接合图表可以了解与相邻图幅的关系。了解地形图所使用的《地形图图式》版别，对地物、地貌的正确识读非常重要。了解地形图的坐标系统、高程系统、等高距、测图方法等，对正确用图有很重要的作用。

9.1.2 地物识读

地物识读的目的是了解地物的大小、种类、位置和分布情况。地物识读前，要熟悉一些常用地物符号，了解地物符号和注记的确切含义。按照地物符号先识别大的居民点、主要道路和用图需要的地物，然后再扩展到小的居民点、次要道路、植被和其他地物，通过分析就会对主、次地物的分布情况、主要地物的位置和大小形成较全面的了解。根据地物符号，了解图内主要地物的分布情况，如村庄名称、公路走向、河流分布、地面植被、农田等，如图9.1所示。

9.1.3 地貌识读

地貌识读的目的是了解各种地貌的分布和地面的起伏情况。识读时，主要根据基本地貌的等高线和特殊地貌（如冲沟、悬崖等）符号进行，山区坡陡，地貌形态复杂，尤其是山脊线和山谷线，犬牙交错，不宜识别，这时可根据水系的江河、溪流找出山脊、山谷系列，无河流时可根据相邻山头找出山脊，再按照两山谷之间必有一山脊，两山脊之间必有一山谷的地貌特征，来识别山脊、山谷地貌的分布情况。然后结合特殊地貌符号和等高线的疏密进行分析，就可较清楚地了解地貌的分布和高低起伏状况。

地物、地貌识读完后，再从整体上把地物、地貌综合起来，整幅地形图就像立体模型一样展现在我们眼前。另外，在识读地形图时，还要注意地面上的地物和地貌不是一成不变的，由于城乡建设事业的迅速发展，地面上的地物和地貌也会发生变化，因此在应用地形图进行规划以及解决工程设计和施工中的各种问题时，除了认真细致的识读地形图外，还需要进行实地勘察，对建设用地做更全面、更正确地了解。

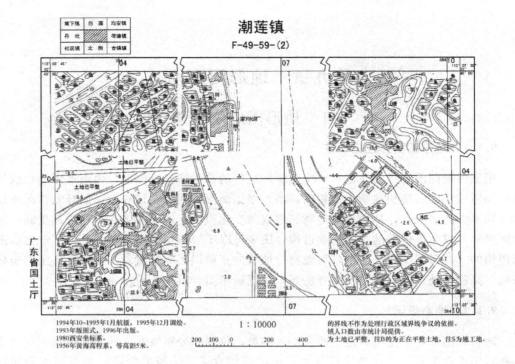

图 9.1　地形图

9.2　地形图应用的基本内容

9.2.1　在地形图上确定点的坐标

根据地形图的特点，当需要在地形图上量算一些设计点的坐标时，可根据地形图的图廓坐标格网的坐标值，用内插法求出图上任一点的坐标。

图 9.2 所示的是绘有 $10\text{cm}\times10\text{cm}$ 坐标格网的大比例尺地形图，并在图廓的西、南边上注有纵、横坐标值，现欲求此图上 A 点的坐标。其求解方法如下：

首先要根据 A 点在图上的位置，确定 A 点所在的坐标方格 $abcd$；再过 A 点作两条直线 pq、fg 平行于纵轴和横轴，与坐标方格相交于 p、q、f、g 四点；然后按地形图比例尺量出线段 af 和 ap 的实地长度 D_{af} 和 D_{ap}，则 A 点的坐标为

$$\left.\begin{array}{l}x_A = x_a + D_{af}\\ y_A = y_a + D_{ap}\end{array}\right\} \qquad (9.1)$$

假设量得 $D_{af}=61.2\text{m}$，$D_{AP}=47.8\text{m}$，由式（9.1）可求得

$$x_A = x_a + D_{af} = 2100 + 61.2 = 2161.2\text{m}$$
$$y_A = y_a + D_{ap} = 2600 + 47.8 = 2647.8\text{m}$$

若精度要求较高时，还应考虑图纸伸缩的影响，此时还应量出 ab 和 ac 的图上实际长度 D_{ab} 和 D_{ac}。设图上坐标方格边长的理论值为 l（$l=100\text{mm}$），则 A 点的坐标可按下式计算，即

$$\left.\begin{array}{l} x_A = x_a + \dfrac{l}{D_{ab}} D_{af} \\[2mm] y_A = y_a + \dfrac{l}{D_{ac}} D_{ap} \end{array}\right\} \qquad (9.2)$$

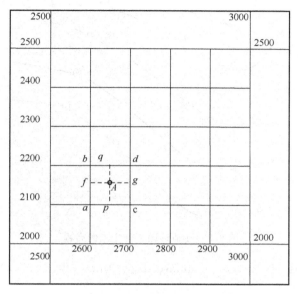

图 9.2 在地形图上确定点的坐标

9.2.2 在地形图上确定点的高程

地形图上任一点的高程都可根据等高线及高程注记来确定。

1. 点在等高线上

如果点在某一等高线上，则点的高程即为所在等高线的高程。如图 9.3 所示，A 点位于 20m 等高线上，则 A 点的高程即为 20m，即 $H_A = 20$m。

2. 点不在等高线上

如果点不在等高线上，在两条等高线之间，则可按内插法求得。

如图 9.3 所示，B 点位于 21m 和 22m 两条等高线之间，这时可通过 B 点作一条大致垂直于两条等高线的直线 mn，分别交等高线于 m、n 两点，在图上量取 mn 和 mB 的图上长度 d_{mn}、d_{mB}，设 B 点相对于 m 点的高差为 h_{mB} 则 B 点高程为

$$H_B = H_m + h_{mB} = H_m + \frac{d_{mB}}{d_{mn}} h \qquad (9.3)$$

式中，h_{mB}——B 点相对于 m 点的高差；

$\quad\quad h$——基本等高距；

$\quad\quad d_{mB}$——B 点到 m 点的图上水平距离；

d_{mn}——n 点到 m 点的图上水平距离。

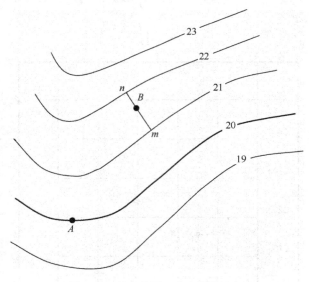

图 9.3　在地形图上确定点的高程

假设基本等高距 $h=1\text{m}$、$d_{mn}=6\text{mm}$、$d_{mB}=4\text{mm}$，由式（9.3）可求出 B 点的高程为

$$H_B = 21 + 4/6 \times 1 = 21.67\text{m}$$

在图上求某一点高程时，规范中规定：在平坦地区，等高线的高程中误差不应超过 1/3 等高距；丘陵地区，不应超过 1/2 等高距；山区，不应超过 1 个等高距。因此，如果等高距为 1m 则平坦地区等高线本身的高程误差允许值为 0.33m；丘陵地区为 0.5m；山区为 1m。所以通常可根据等高线用目估法按比例推算图上点的高程。

9.2.3　在地形图上确定直线的长度

在地形图上确定直线的长度的方法有两种。

1. 图解法（直接量取）

用两脚规在图上直接卡出直线的长度，再与地形图上的图示比例尺比较，即可得出直线的水平距离。当精度要求不高时，可用毫米尺量取图上长度在按比例换算为水平距离。

2. 解析法

当两点距离较长时，可根据两点坐标用坐标反算公式求出直线的长度。

如图 9.4 所示，欲求 AB 的长度，先根据公式（9.2），求出两点 A、B 两点坐标值 (x_A, y_A) 和 (x_B, y_B)，然后按公式（9.4）计算 A、B 两点的长度 D_{AB}。

$$D_{AB} = \sqrt{(x_B - x_A)^2 + (y_B - y_A)^2} \tag{9.4}$$

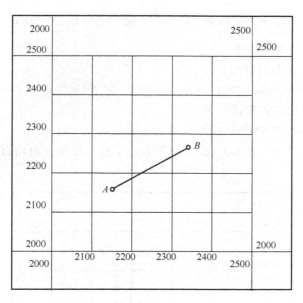

图 9.4　在地形图上确定直线的长度

9.2.4　在地形图上确定直线的坐标方位角

在地形图上确定直线的坐标方位角的方法有两种。

1. 图解法

当精度要求不高时，可由量角器在图上直接量取直线的坐标方位角。

如图 9.5 所示，先过两点 A、B 分别作坐标格网纵轴 x 的平行线，然后用量角器的中心分别对准 A、B 两点量出直线 AB 的坐标方位角 α'_{AB} 和直线 BA 的坐标方位角 α'_{BA}，则直线 AB 的坐标方位角为

$$\alpha_{AB} = \frac{1}{2}(\alpha'_{AB} + \alpha'_{BA} \pm 180°) \tag{9.5}$$

2. 解析法

当精度要求的较高时，可根据两点坐标用坐标反算公式求出直线的坐标方位角。

如图 9.5 所示，欲求 AB 的坐标方位角，先根据公式（9.2）求出两点 A、B 两点坐标值（x_A，y_A）和（x_B，y_B），然后计算直线出 AB 的坐标方位角 α_{AB} 为

$$\alpha_{AB} = \arctan \frac{y_B - y_A}{x_B - x_A} = \arctan \frac{\Delta y_{AB}}{\Delta x_{AB}} \tag{9.6}$$

9.2.5　在地形图上确定直线的坡度

在地形图上求得直线 AB 的长度以及两端点的高程后，可按下式计算该直线的平均坡度 i_{AB}，即

$$i_{AB} = \frac{h_{AB}}{Md_{AB}} = \frac{H_B - H_A}{D_{AB}} \times 100\% (\text{或 } 1000‰) \qquad (9.7)$$

式中，i_{AB}——直线的平均坡度；

d_{AB}——图上量得的直线长度（mm）；

M——地形图比例尺分母；

h_{AB}——直线两端点间的高差（m）；

D_{AB}——直线的实地水平距离（m）。

坡度有正负号，"＋"表示上坡，"－"表示下坡，坡度一般用百分率（％）或千分率（‰）表示。

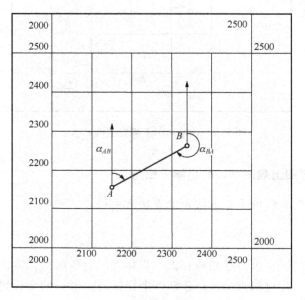

图 9.5　在地形图上确定直线的坐标方位角

9.3　工程建设中地形图的应用

9.3.1　图形面积的量算

在规划设计和工程建设中，常常需要在地形图上量算某一定轮廓范围内的面积，如求平整土地的填挖面积，规划设计城镇某一区域的面积，厂矿用地面积，渠道和道路工程的填、挖断面的面积、汇水面积等。

地形图上量测面积的常用方法有解析法、几何图形法、图解法、求积仪法、CAD法等。

1．解析法

在要求测定面积的方法具有较高精度，且图形为多边形，各顶点的坐标值已在图上量出或已在实地测定，可利用各点坐标用解析法计算图形面积。

如图 9.6 所示，求任一四边形 1234 的面积，已知其顶点坐标为 1（x_1、y_1）、2（x_2、y_2）、3（x_3、y_3）和 4（x_4、y_4）。由图可以看出四边形 1234 的面积 P 等于梯形 $11'22'$ 的面积 P_1 加梯形 $22'33'$ 的面积 P_2 再减去梯形 $11'44'$ 的面积 P_3 和梯形 $44'33'$ 的面积 P_4，即

$$P = P_1 + P_2 - P_3 - P_4$$

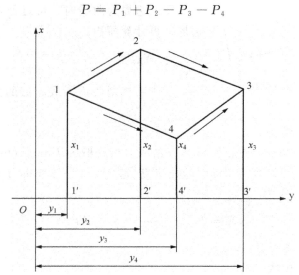

图 9.6　坐标解析法

则

$$P = \frac{1}{2}\Big[(x_1 + x_2)(y_2 - y_1) + (x_2 + x_3)(y_3 - y_2) - $$
$$(x_3 + x_4)(y_3 - y_4) - (x_4 + x_1)(y_4 - y_1)\Big]$$

整理得

$$P = \frac{1}{2}\big[x_1(y_2 - y_4) + x_2(y_3 - y_1) + x_3(y_4 - y_2) + x_4(y_1 - y_3)\big]$$

若图形为 n 边形，其面积公式的一般式为

$$P = \frac{1}{2}\sum_{i=1}^{n} y_i(x_{i+1} - x_{i-1}) \tag{9.8}$$

若将各顶点投影到 x 轴，同法可推出

$$P = \frac{1}{2}\sum_{i=1}^{n} x_i(y_{i+1} - y_{i-1}) \tag{9.9}$$

式中，i——多边形各顶点的序号。

当 i 取 1 时，$i-1$ 就为 n，当 i 为 n 时，$i+1$ 就为 1。

式（9.8）和式（9.9）的运算结果应相等，可互为计算校核。

2. 几何图形法

若图形是由直线连接的多边形，可将图形划分为若干个简单的几何图形，如 9.7 所

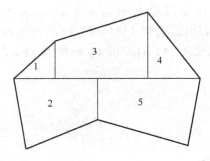

图 9.7　几何图形计算法

示的三角形、矩形、梯形等。然后用比例尺量取计算所需的元素（长、宽、高），应用面积计算公式求出各个简单几何图形的面积，最后取代数和，即为多边形的面积。

图形边界为曲线时，可近似地用直线连接成多边形，再计算面积。

进行面积量算。

3. 图解法

对于不规则曲边围成图形的面积，可用图解法

（1）透明方格网纸法

如图 9.8 所示，用透明方格网纸（方格网边长一般为 1mm、2mm、5mm、10mm）盖在要量测的图形上，先数出图形内的完整方格数 n_1 和不完整的方格数 n_2，则不规则曲边围成图形的面积 A 为

$$A = \left(n_1 + \frac{1}{2} n_2 \right) \times a^2 \times M^2 \tag{9.10}$$

式中，A——所量图形的面积；

n_1——完整方格数；

n_2——不完整方格数；

a——1 个小方格的边长；

M——地形图的比例。

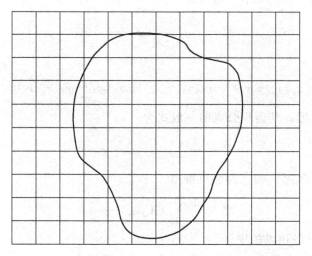

图 9.8　透明方格网法

【例 9.1】　利用小方格边长 a 为 5mm 的透明方格网纸，测比例尺为 1∶2000 的图上一不规则图形的面积，完整方格数为 31 个，不完整的方格凑整为 28 个，求该图形面积。

【解】
$$A = \left(n_1 + \frac{1}{2}n_2\right) \times a^2 \times M^2$$
$$= \left(31 + \frac{1}{2} \times 28\right) \times 0.005^2 \times 2000^2$$
$$= (31 + 14) \times 100$$
$$= 4500\,\text{m}^2$$

（2）平行线法

方格网法的量算受到不完整方格个数取半误差的影响，精度不高，为了减少边缘因目估产生的误差，可采用平行线法。

如图 9.9 所示，量算面积时，将绘有间距 $h=1\text{mm}$ 或 2mm 的平行线组的透明纸覆盖在待算的图形上，使两条平行线与不规则曲边围成图形相切，相邻两条平行线间隔的图形面积可以近似视为梯形，梯形的高均为平行线间距 h，图形截割各平行线的长度 l_1、l_2、$\cdots$、l_n 为梯形的上下底长度，则各梯形的面积 S 为

$$S_1 = \frac{1}{2}h(0 + l_1)$$
$$S_2 = \frac{1}{2}h(l_1 + l_2)$$
$$S_3 = \frac{1}{2}h(l_2 + l_3)$$
$$S_4 = \frac{1}{2}h(l_3 + l_4)$$
$$\vdots$$
$$S_{n+1} = \frac{1}{2}h(l_n + 0)$$

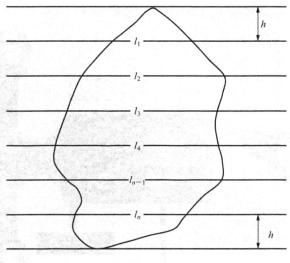

图 9.9　平行线法

则图形图上面积 S 等于所有梯形的面积之和。

$$S = S_1 + S_2 + S_3 + S_4 + \cdots + S_{n+1} = h \sum_{i=i}^{n} L_i$$

最后，再根据图的比例尺将其换算为实地面积 A 为

$$A = S \times M^2 \tag{9.11}$$

式中，M——地形图的比例尺分母。

4. 求积仪法

求积仪是一种专门在图上量算图形面积的仪器。其特点是操作简便，量算速度快，能保持一定的精度要求，并适用于任意曲线围成的几何图形的面积量算。求积仪有机械求积仪和电子求积仪两种，在此仅介绍电子求积仪，图 9.10、图 9.11 分别为 KP-90N 电子求积仪正、反面。

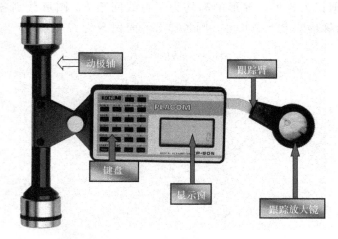

图 9.10　KP-90N 动极式电子求积仪正面

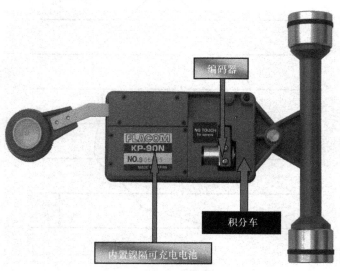

图 9.11　KP-90N 动极式电子求积仪反面

电子求积仪具有操作简便、功能全、精度高等特点。有定极式和动极式两种，现以 KP-90N 动极式电子求积仪为例说明其特点及其量测方法。

1）电子求积仪由三大部分组成：一是动极和动极轴，二是微型计算机，三是跟踪臂和跟踪放大镜。

2）该仪器可进行面积累加测量，平均值测量和累加平均值测量，可选用不同的面积单位，还可通过计算器进行单位与比例尺的换算，以及测量面积的存储，精度可达 1/500。

3）电子求积仪的测量方法如下：

① 将图纸水平固定在图板上，把跟踪放大镜放在图形中央，并使动极轴与跟踪臂成 90°。

② 打开电源，用 "UNIT-1" 和 "UNIT-2" 两功能键选择好单位，用 "SCALE" 键输入图的比例尺，并按 "R-S" 键，确认后，即可在欲测图形中心的左边周线上标明一个记号，作为量测的起始点。

③ 然后按 "START" 键，蜂鸣器发出响声，显示 0，用跟踪放大镜中心准确地沿着图形的边界线顺时针移动一周后，回到起点，其显示值即为图形的实地面积。为了提高精度，对同一面积要重复测量三次以上，取其均值。

9.3.2 在地形图上按设计坡度选定最短路线

在道路、渠道、管道等工程规划设计中，一般要先在地形图上按设计坡度选定一条最短路线。

如图 9.12 所示，设从公路旁 M 点到山头 N 点选定一条路线，设计坡度为不大于 5%，地形图比例尺为 1：2000，基本等高距 h 为 2m。具体方法如下所述。

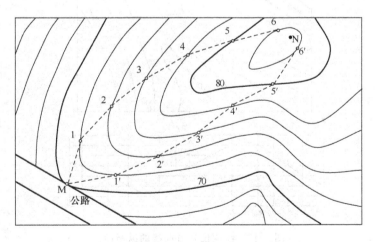

图 9.12 按设计坡度选定最短路线

为了满足限定坡度 $i_{设} \leqslant 5\%$ 的要求，先确定地形图中线路上两相邻等高线间的最小等高线平距 d，即

$$d = \frac{h}{i_设 M} = \frac{2}{5\% \times 2000} = 0.02\text{m}$$

再以 M 点为圆心，以 d 为半径，用圆规划圆弧线，交 72m 等高线于 1 点或 $1'$ 点，再以 1 点或 $1'$ 点为圆心同样以 d 为半径划圆弧，交 74m 等高线于 2 点或 $2'$ 点，依次做下去，直到 N 点。连接相邻点，便得两条符合设计要求的路线 M—1—2—…—N 和 M—$1'$—$2'$—…—N。这两条路线，用来做方案比较。

在选线过程中，有时会遇到两相邻等高线间的最小平距大于 d 的情况，即所作圆弧不能与下条相邻等高线相交，说明该处的坡度小于设计的坡度，则按最短距离来定线。

在野外实地选线中，还要考虑工程上其他因素，如少占或不占农田，减少工程费用，避开不良地质条件等，权衡利弊最后确定一条最佳线路。

9.3.3　根据等高线绘制线路的纵断面图

纵断面图是反映指定方向地面起伏变化的剖面图。在道路、隧道、管道等工程设计中，为了进行填、挖土（石）方量的概算，以及合理确定线路的纵坡等，均需较详细地了解某条线路方向上的地面起伏变化情况，这时可根据大比例尺地形图的等高线绘制线路的纵断面图。

如图 9.13 所示 AC 为地形图上已确定的路线走向，现欲了解沿线的地形起伏情况，最好的办法是在地形图上绘制直线 AB、BC 纵断面图，其具体步骤如下。

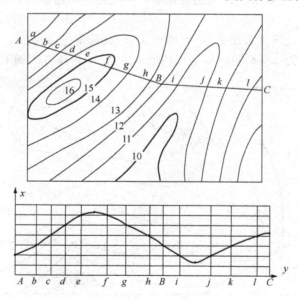

图 9.13　绘制已知方向线的纵断面图

1. 绘坐标系

在图纸或方格纸上绘出表示平距的横轴 y，过 A 点作垂线，作为纵轴 x，表示高程

H。平距的比例尺与地形图的比例尺一致，为了使地面起伏变化更加明显，高程比例尺往往是平距比例尺的 $10 \sim 20$ 倍。

2. 在横轴上标注各点平距

在地形图上沿断面方向自 A 点分别卡出 A 点至 b、c、d、e、f、g、h、B、i、j、k、l、C 各点的距离，并依次在横轴上标出，得 b、c、d、$\cdots$、l 及 C 等点。

3. 在纵轴上标注各点高程

从各点作横轴的垂线，在垂线上按各点的高程，对照纵轴标注的高程确定各点在剖面上的位置。

4. 连线

用光滑的曲线连接各点，即得已知方向线 $A—B—C$ 的纵断面图。

线路通过山脊、山谷和山顶处的点的高程，可用比例内插法求得。

9.3.4　在地形图上确定汇水面积

当道路跨越河流或山谷时，需要修建桥梁或涵洞；为了防洪、发电、灌溉等目的，需要在河道上游适当的地方修建拦河坝来拦水。而桥梁、涵洞孔径的大小，拦河坝的设计位置和坝高，水库的蓄水量，都要根据汇集于这个地方的水流量来确定。汇集水流量的面积称为汇水面积。由于雨水往往是沿山脊线（分水线）向两侧山坡分流，汇水面积的边界线是由一系列的山脊线连接而成的。

如图 9.14 所示，一条公路经过山谷，拟在 A 处架桥或修涵洞，其孔径的大小要根据此处的流水量决定，流水量和山谷的汇水面积有关，所以应先根据地形图确定汇水面积。

确定汇水面积方法：

1. 确定汇水面积的边界线

汇水面积的边界线是由一系列的山脊线和路堤或大坝连接而成。由图 9.14 可以看出，由山脊线 $BCDEFGH$ 与公路上的 A 线段所围成的面积，就是这个山谷的汇水面积。

2. 计算汇水面积

汇水面积的大小可用透明方格纸法、透明平行线法或电子求积仪测定。

确定了汇水面积的大小，再根据当地的气象水文资料，便可以最终确定流经 A 处的水量，为桥梁和涵洞的孔径设计提供依据。

9.3.5　平整场地时填挖边界的确定和土方量的计算

将施工场地的自然地表按要求整理成一定高程的水平地面或一定坡度的倾斜地面的

工作，称为平整场地。在场地平整工作中，为使填、挖土石方量基本平衡，常要利用地形图确定填、挖边界和进行填、挖土石方量的概算。场地平整的方法很多，有方格网法、断面法、等高线法等多种方法。

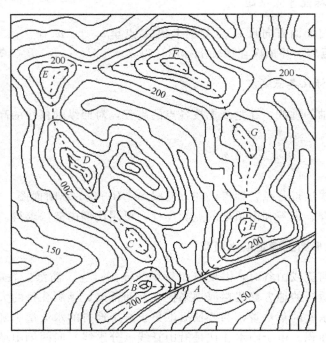

图 9.14　确定汇水面积

1. 方格网法

（1）将场地平整为水平地面

图 9.15 为 1 ∶ 1000 比例尺的地形图，拟将原地面平整成某一高程的水平面，使填、挖土石方量基本平衡。方法步骤如下：

1）绘制方格网。在地形图上拟平整场地内绘制方格网，方格网的大小根据地形复杂程度、地形图的比例尺以及要求的精度而定。一般方格的边长为 10m 或 20m。图 9.15中方格为 20m×20m。对各个方格网点编号，并将各方格顶点编号注于方格点的左下角，如图中的 A_1、A_2、$\cdots$、E_3、E_4 等。

2）求各方格顶点的地面高程。根据地形图上的等高线，用内插法求出各方格顶点的地面高程，并注于方格点的右上角，如图 9.15 所示。

3）计算设计高程。

先把每一个方格四个顶点的高程加起来除以 4，得出每一个方格网的平均高程 H_i；然后，将各方格的平均高程求和并除以方格格数 n，即得到设计高程 $H_设$ 为

$$H_设 = \frac{\sum_{i=1}^{n} H_i}{n} \tag{9.12}$$

式中，H_i——每一方格的平均高程；

　　n——方格总数。

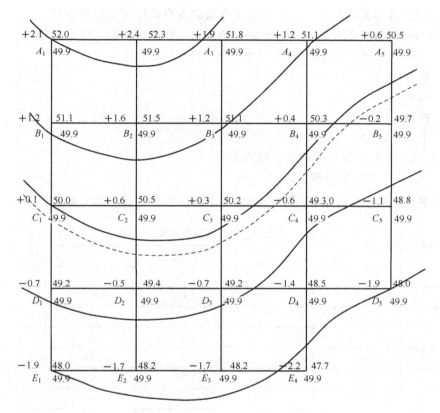

图 9.15　将场地平整为水平地面

在 $H_设$ 的计算中，方格网点的角点 A_1、A_5、D_5、E_1、E_4 的高程用了一次，边点 A_1、A_2、A_3、B_1、C_1、D_1、E_2、E_3 等的高程用了两次，拐点的角点 D_4 的高程用了三次，方格网点的中点 B_2、C_2、D_2 的高程用了四次，所以公式（9.12）可写为

$$H_设 = \frac{\sum H_角 \times 1 + \sum H_边 \times 2 + \sum H_拐 \times 3 + \sum H_中 \times 4}{4n}$$
（9.13）

根据图 9.15 中的数据，求得的设计高程 $H_设 = 49.9\mathrm{m}$，并注于方格顶点右下角。

4）确定方格顶点的填、挖高度。各方格顶点地面高程与设计高程之差，为该点的填、挖高度，即 $h = H_地 - H_设$，h 为"＋"表示挖深，为"－"表示填高，并将 h 值标注于相应方格顶点左上角。

5）确定填挖边界线。根据设计高程 $H_设 = 49.9\mathrm{m}$，在地形图上用内插法绘出 49.9m 等高线，该线就是填、挖边界线。图 9.15 中用虚线绘制的等高线就是填、挖边界线。

6）计算填、挖土石方量。有两种方法：

方法一：（用公式：$V = S \times h$）

① 根据填挖界线，计算那些 4 个顶点均为正的各个方格的挖方量。

② 计算那些 4 个顶点均为负的各个方格的填方量。

③ 分别计算填挖界线上 4 个顶点有正有负的方格的挖方量和填方量。

④ 最后将各方格的填、挖土石方量分别累加，即得总的填、挖土石方量。

方法二：（按角点、边点、拐点、中点列表计算）

角点　$V = h \times A/4$

边点　$V = h \times 2A/4$

拐点　$V = h \times 3A/4$

中点　$V = h \times 4A/4$

式中，h——各方格顶点的填、挖高度；

A——方格的面积。

再将填方和挖方分开求和 $\sum V$，得总填方和总挖方，如表 9.1 所示。

表 9.1　填、挖方量计算

点号	填、挖高度/m		所占面积 /m²	填、挖方量/m³	
	+	−		+	−
A_1	2.1		100	210	
A_2	2.4		200	480	
A_3	1.9		200	380	
A_4	1.2		200	240	
A_5	0.6		100	60	
…	…	…	…	…	…
C_4		0.6	400		240
D_4		1.4	300		420
E_4		2.2	100		220
$\sum$				1880	1880

（2）将场地平整为一定坡度的倾斜场地

如图 9.16 所示，根据地形图将地面平整为倾斜场地，设计要求是倾斜面的坡度，从北到南的坡度为 −2.0%，从西到东的坡度为 −1.5%。

倾斜平面的设计高程应使得填、挖土石方量基本平衡，具体步骤如下：

1）绘制方格网并求方格顶点的地面高程。与将场地平整成水平地面同法绘制方格网，并将各方格顶点的地面高程注于图上，图中方格边长为 20m。

2）计算各方格顶点的设计高程。

根据填、挖土石方量基本平衡的原则，按与将场地平整成水平地面计算设计高程相同的方法，计算场地几何形重心点 G 的高程，并作为设计高程。用图 9.16 中的数据计算得 $H_设 = 80.26m$。

重心点及设计高程确定以后，根据方格点间距和设计坡度，自重心点起沿方格方向，向四周推算各方格顶点的设计高程。

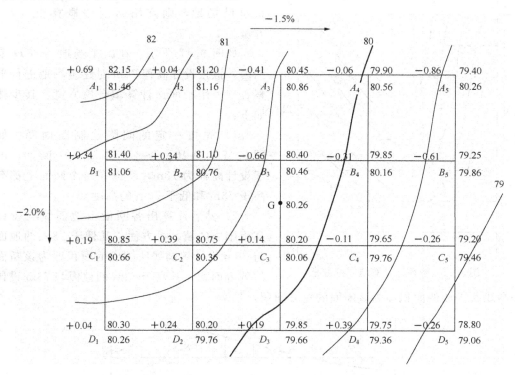

图 9.16　将场地平整为一定坡度的倾斜场地

$$南北两方格点间的设计高差 = 20\text{m} \times 2\% = 0.4\text{m}$$
$$东西两方格点间的设计高差 = 20\text{m} \times 1.5\% = 0.3\text{m}$$

则

$$B_3 \text{ 点的设计高程} = 80.26\text{m} + 0.2\text{m} = 80.46\text{m}$$
$$A_3 \text{ 点的设计高程} = 80.46\text{m} + 0.4\text{m} = 80.86\text{m}$$
$$C_3 \text{ 点的设计高程} = 80.26\text{m} - 0.2\text{m} = 80.06\text{m}$$
$$D_3 \text{ 点的设计高程} = 80.06\text{m} - 0.4\text{m} = 79.66\text{m}$$

同理可推算得其他方格顶点的设计高程，并将高程注于方格顶点的右下角。

推算高程时应进行以下两项检核：

① 从一个角点起沿边界逐点推算一周后到起点，设计高程应闭合。

② 对角线各点设计高程的差值应完全一致。

3) 计算方格顶点的填、挖高度。按式 $h = H_{地} - H_{设}$ 计算各方格顶点的填、挖高度并注于相应点的左上角。

4) 计算填、挖土石方量。根据方格顶点的填、挖高度及方格面积，分别计算各方格内的填挖方量及整个场地总的填、挖方量。

2. **断面法**

方格网法主要用于地面起伏不大的建筑场地或地形变化比较有规律的场地。在地形

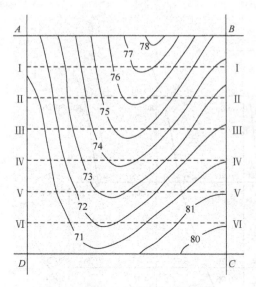

图 9.17　断面法计算填、挖方量

起伏变化比较大的山区或者道路、管道等线状建设场地，则宜用断面法概算土（石）方量。

如图 9.17 所示，在施工场地 $ABCD$ 范围内，拟按设计高程 73m 对建筑场地进行平整，现采用断面法计算填、挖方量，其步骤如下：

1）先按一定的间隔绘制断面图。如图 9.17 中 A-B、Ⅰ-Ⅰ、Ⅱ-Ⅱ、… 断面，由于设计高程为 73m，所以在每个断面上都有高于 73m 和低于 73m 的高度。

2）然后计算出各断面由地面线与设计高程围成的填、挖方面。凡低于 73m 的地面与 73m 设计等高线所围成的面积即为该断面的填方面积，凡高于 73m 的地面与 73m 设计等高线所围成的面积即为该断面的挖方面积，如图 9.18 所示。

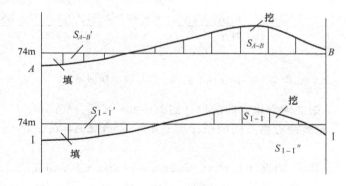

图 9.18　断面图

3）再计算两相邻断面间的填、挖土方量。将相邻两断面的总填、挖方的面积相加后取平均值，再乘上相邻两断面间距，计算相邻两断面间的填、挖方量。

如图 9.18 中 A-B、Ⅰ-Ⅰ断面间的填、挖方量计算公式为

$$V_{A\text{-}Ⅰ} = \frac{1}{2}(S_{A\text{-}B} + S_{Ⅰ\text{-}Ⅰ})L \tag{9.14}$$

$$V'_{A\text{-}Ⅰ} = \frac{1}{2}(S'_{A\text{-}B} + S''_{Ⅰ\text{-}Ⅰ} + S'_{Ⅰ\text{-}Ⅰ})L \tag{9.15}$$

式中，V——两断面间的挖方量；

V'——两断面间的填方量；

S——断面的挖方面积；

S'——断面的填方面积；

S''——断面的填方面积；

L——相邻两断面间距。

4）最后计算填方量和挖方量和以及总方量。用同样的方法分别计算出其他相邻两断面间的填、挖方量，最后将所有填土方量取和，汇总后可以计算出整个场地的总填、挖方量。

对于设计成一定坡度的倾斜场地，根据等高线的间距 h 和设计坡度 i，计算出斜坡设计等高线间的水平距离 l'，并绘制每一条设计等高线处的断面图，计算每一断面处的填、挖面积后，即可计算相邻两断面间的填、挖土方量。最后计算总的填、挖土（石）方量。

3. 等高线法

地形起伏较大且变化较多时，也可以采用等高线法。在地形图上先求出各条等高线所包围的面积，如图 9.19 所示，然后计算出相邻两条等高线所包围面积的平均值，乘以等高距，即得两条等高线间的方量，计算公式为

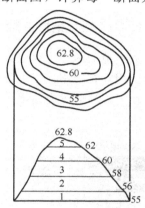

图 9.19 等高线法计算填、挖方量

$$V_i = \frac{1}{2}(A_i + A_{i+1})h \qquad (9.16)$$

这样从设计高程的等高线起，逐层计算两条等高线间的填、挖方量，求总和即为总填、挖方量。

9.3.6 建筑设计中的地形图应用

现代建筑设计往往要求考虑现场的地形特点，不过多改变地形的自然形态，使设计建筑物与周围景观环境比较自然的融为一体，这样不仅可以避免开挖大量的土方，节约建设资金，更重要的是还可以不破坏周围的环境状态，如地下水、土层、植物生态和地区的景观环境。

地形对建筑物布置的间接影响主要是自然通风和日照效果两方面。由地形和温差形成的地形风，往往对建筑通风起主要作用，常见的有山阴风、顺坡风、山谷风、越山风和山垭风等，在布置建筑物时需结合地形并参照当地资料加以研究。为达到很好的通风效果，在迎风坡，高建筑物应建于坡上；在被风坡，高建筑物应置于坡下。把建筑物斜列布置在鞍部两侧迎风坡面，可以充分利用垭口风，以取得较好的自然通风效果。建筑物布列在山坡背风坡两侧和正下坡，可利用绕流和涡流获得较好的通风效果。在平地，日照效果与地理位置、建筑物朝向和高度、建筑物间隔有关；而在山区，日照效果除了与上述因素有关外，还与周围地形、建筑物处于向阳坡或背阳坡、地面坡度大小等因素密切相关。因此，日照效果问题就比平地复杂得多，必须对每个建筑物进行个别具体分析来决定。

在建筑设计中，既要珍惜良田好土，尽量利用薄地、荒地和空地，又要满足投资省、工程量少和使用合理等要求。如建筑物应适当集中布置，以节省农田，节约管线和道路；建筑物应结合地形灵活布置，以达到省地、省工、通风和日照效果均好的目的；

公共建筑应布置在小区的中心；对不易建筑的区域，要因地制宜地利用起来，如在陡坡、冲沟、空隙地和边缘山坡上建设公园和绿化地；自然形成或由采石、取土形成的大片洼地或坡地，因其高差较大，可用来布置运动场和露天剧场；高地可设置气象台和电视转播站等。

9.4　数字地形图的应用

9.4.1　数字地形图基本几何要素的查询

数字地形图在工程规划、勘察设计、工程管理、环境监测、土地利用等方面有着广泛的应用，在使用数字地形图过程中，地形几何要素的查询、计算土石方量、平整土地、作工程断面等方面都比白纸地图方便得多。以下介绍的各种应用均在 CASS5.1 界面中进行。

图 9.20　工程应用下拉菜单

1. 查询点的坐标

执行下拉菜单"工程应用"下的"查询指定点坐标"命令（如图 9.20 所示），再点击指定的点位，即可求得该点坐标。如果要在图上注记点的坐标，执行屏幕菜单的"文字注记"命令，在弹出的"注记"对话框中双击坐标注记图标，鼠标点取指定注记点和注记位置后，CASS 自动标注该点的 X，Y 坐标，图 9.21 中标注了点 $D121$、$D123$ 的坐标。

注意：系统左下角状态栏显示的坐标是笛卡儿坐标系中的坐标，与测量坐标系中的 X 和 Y 的顺序相反，因此功能查询时，系统命令行给的 X，Y 是测量坐标。

2. 直线的方位角和距离

执行"工程应用"菜单下的"查询两点距离及方位"命令，再点击要查询的两个点即可求得两点的距离和方位。如图 9.21 所示，先用圆心捕捉图上的 $D121$ 点，再用圆心捕捉图上的 $D123$ 点，就可显示两点间距离为 45.273m，方位角为 $201°46'58''$。

3. 求一曲线长

执行"工程应用"菜单下的"查询线长"命令，界面提示如下：

选择精度：①0.1 米 ②1 米 ③0.01 米 ＜1＞ 3 Enter；选择曲线：点取图 9.21 中 $D121$ 点至 $D123$ 的直线；完成响应后 CASS 弹出提示框给出查询的线长值，如图 9.22 所示。

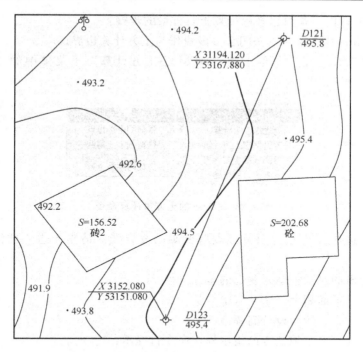

图 9.21　数字地形图应用实例

4. 查询封闭对象的面积

执行"工程应用"菜单下的"查询实体面积"命令，再点击闭合的边界线即可显示查询的图形面积。

如图 9.21 所示，选择对象：点取图中混凝土房屋轮廓线上的点，显示该实体面积为 202.683m^2。

图 9.22　线长提示

5. 注记封闭对象的面积

执行"工程应用"菜单下的"计算指定范围的面积"命令，提示如下：
①选目标/②选图层/③选指定图层的目标<1>。

选目标：选择指定的封闭对象；

选图层：键入图层名，注记图层全部封闭对象面积；

选指定图层的目标：先键入图层名，再选择该图层上封闭对象，注记面积。

9.4.2　土方量的计算

利用 CASS 计算土石方量的方法很多，有 DTM 法、断面法、方格网法、等高线法和区域土方量平衡法等，以下介绍 DTM 法和方格网法计算土石方量。

1. DTM 法

DTM 法计算土石方量又可分为根据坐标文件计算、根据图上高程点计算和依图上三角网计算三种，以下是根据坐标计算土石方量的步骤：

1）执行 Pline 命令绘制一条闭合多段线作为土方计算边界。

2）点击"工程应用"菜单下的"DTM 法土方计算"子菜单中的"根据坐标文件"。如图 9.23 所示。

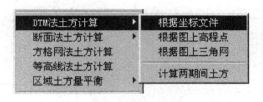

图 9.23　CASS 的土方量计算命令

3）提示：选择边界线，用鼠标点取所画的复合线。请输入边界插法间隔（米）：默认为 20 米。

4）根据弹出的对话框输入要选的坐标文件。

5）提示：平场面积＝××××平方米。

平场标高（米）：输入设计高程。

6）回车后屏幕显示填挖方的指示框，命令行提示：

挖方量＝××××立方米

填方量＝××××立方米

7）关闭对话框后系统提示：请指定表格左下角位置：＜直接回车不绘表格＞用鼠标在图上适当位置点击，即可绘出一个表格，包括面积、最大高程、最小高程、平均标高、填方量、挖方量和图形。

2. 方格网法

计算土方量的步骤如下：

1）执行下拉菜单"绘图处理"中的"展高程点"命令。

2）执行 Pline 命令绘制一条闭合多段线作为土方计算边界。

3）执行"工程应用"菜单下的"方格网法土方计算"命令。点选土方计算闭合多段线，在弹出的"方格网土方计算"的对话框输入要选的 dgx.dat 坐标文件，如图 9.24所示。

4）提示：设计面是 ①平面②斜面③数据文件 ：默认＜1＞。

5）在"设计面"区，方格宽度输入 10，默认＜20 米。

6）提示：输入目标高程：（米），输入设计高程。

7）单击"确定"，回车后屏幕自动按方格计算土方并在命令行显示填挖方，把结果绘成图（如图 9.25 所示），并计算每个方格网的挖填土方量，屏幕给出下列计算结果提示：

最小高程＝24.56，最大高程＝40.20；

总填方＝350 706.8 立方米，总挖方＝0.7 立方米。

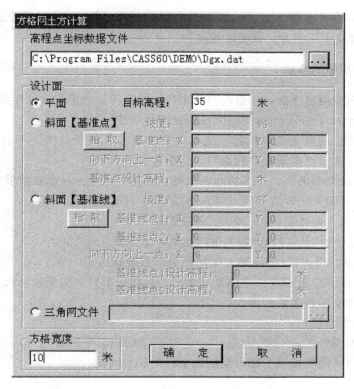

图 9.24　方格网土方计算对话框

		26.03	25.88		25.13		30.20
	0.2	−13.97 40.00　−14.12	40.00	−11.87	40.00	−9.80	40.00
		T=36473.2	T=40460.6 W=0.1		T=28354.6 W=0.1		
		27.71	34.59		40.20		34.05
	0.5	−12.29 40.00　−5.41	40.00	0.20	40.00	−5.95	40.00
		T=46039.7	T=41859.4 W=0.3		T=37340.0 W=0.2		
		28.40	32.27		32.21		30.15
	0.0	−11.50 40.00　−7.73	40.00	−7.79	40.00	−9.85	40.00
		T=29249.7	T=50542.4		T=40387.2		
		24.56	27.05		27.47		28.78
		−15.44 40.00　−12.95	40.00	−12.53	40.00	−11.22	40.00
总面积	48936.0	111762.5	132862.4		106081.9		0.0
总填方	350706.8						
总挖方	0.7						
平均高程							

图 9.25　方格网法土方量计算表格

方格宽度一般要求图上为 2cm，在 1∶500 的比例尺地形图上，2cm 实地距离为 10m。方格宽度越小，土方计算精度越高。

9.4.3 断面图的绘制

绘制断面图有两种方法：一是由图面生成，另一种是由里程文件生成（主要用于公路纵横断面设计），以下介绍由图面生成断面图的步骤。

先用复合线生成断面线，执行"工程应用"下的"绘断面图"下的"根据坐标文件"命令（也可选"根据图上高程点"）。依次会提示如下：

1）提示：选择断面线，点击所绘断面线，根据提示输入高程点数据文件名。

2）提示：请输入采样点间距（米）：＜20＞，可默认回车。

3）提示：输入起始里程＜0.0＞，系统默认为 0。

4）横向比例为 1∶＜500＞输入横向比例，系统默认 1∶500。

5）纵向比例为 1∶＜100＞输入纵向比例，系统默认 1∶100。

6）请输入隔多少里程绘一个标尺（米）＜直接回车只在两侧绘标尺＞ 回车后，屏幕上则出现选择断面线的断面图。

7）这时命令会提示：

是否绘平面图？①否 ②默认是＜1＞，如选 2 则绘出平面图。

结合工程地质勘察资料，还可绘制出工程地质剖面图。

思考题与习题

1. 地形图识读的主要目的是什么？主要从哪几个方面识读？
2. 在地形图上确定面积的方法有哪些？
3. 如何在地形图上确定汇水范围？应注意哪几点？
4. 平整土地的原则是什么？计算填、挖方量的方法有哪几种？
5. 数字地形图有哪些工程应用？试举例。

第十章 施工测量的基本方法

10.1 施工测量概述

各种工程在施工阶段所进行的测量工作，通常称为施工测量。它主要包括施工控制网的建立、工程放样、竣工测量以及建筑物沉降和变形观测等。

放样是施工测量最基本的工作之一。它是根据施工的需要，将图纸上设计好的建筑物的平面位置和高程按设计要求以一定的精度测设到实地上，以便进行施工。此外，在施工过程中，还要进行一系列的测量工作，以衔接和指导各工序间的施工。由此可知，放样工作和施工联系密切。它既是施工的先导，同时又贯穿于整个施工过程中。

放样和测图比较，一是测量程序正好相反，前者将设计图纸上的建筑物测设到实地上，而测图是将地面上的地物、地貌测绘在图纸上；二是放样精度要求较高，必须严格按设计的要求进行，因为放样的误差将直接影响施工的质量。

施工测量和其他测量工作一样，也要遵循"先控制、后细部"的原则。首先，要建立统一的施工控制网，这种为施工需要布设的控制网称为施工控制网。然后再根据该控制网标定建筑物的主要轴线，随着工程进度再以此为基础测设建筑物的各个细部位置。

一个合理的设计方案要通过精心施工来实现。放样的精度会直接影响到建（构）筑物位置、尺寸和形状的正确，对贯彻施工意图起到举足轻重的作用，必须予以高度重视。

在施工测量前，测量人员应熟悉设计图纸，验算与测量有关的数据，核对图上的坐标、高程及有关的几何关系，确保放样数据的准确性。同时，还需要对放样使用的控制点及其成果进行检查，对所用仪器、工具进行检校。放样之后，还要经过检查，方能施工。

工程竣工后，还需要对各种新建成的建筑物或构筑物进行竣工测量，绘出竣工图。对一些高大或特殊的建筑物，在建成后，还要定期进行沉降和变形观测，以便积累资料，为建筑物的设计、维护和使用提供依据。

各种工程的施工测量方法将在后续的章节中介绍。本章仅就施工测量的基本工作加以介绍。

10.2 放样的基本工作

10.2.1 设计水平角度的测设

设计水平角的标定，就是根据一条已知边的方向和设计的角值，在地面上定出第二条边的方向。设计角度的标定一般有两种方法。

1. 正倒镜分中法

当测设水平角的精度要求不高时，可用盘左、盘右取中数的方法。如图 10.1 所示，设地面上有已知方向 AP，要从 AP 顺时针放一角度 β，定出 AB 方向。这时，可先在 A 点安置经纬仪，用盘左瞄准 P 点，使水平度盘读数为零，然后顺时针旋转照准部。当水平盘读数为 β 时，在视线方向上定出 B_1 点，同法用盘右（起始方向定位 180 度）在距离 B_1 不远处定出另一点 B_2。最后取 B_1、B_2 的中点 B。则 $\angle PAB$ 就是要标定的 β 角。

2. 多测回修正法

当测设角度要求较高时，如图 10.2 所示，可先用正倒镜分中法根据要标定的角度 β 定出 B_1 点，然后用测回法精确测出 $\angle PAB_1$（视精度要求可多测几个测回）设为 β'。用钢尺量取 AB_1 水平距离 D_1，接着计算设计角度与实测的角度之差 $\Delta\beta$ 以及与 AB_1 垂直的距离 ΔD，即

$$\left.\begin{array}{l} \Delta\beta = \angle\beta - \beta' \\ \Delta D = D_1\,\dfrac{\Delta\beta}{\rho} \end{array}\right\} \tag{10.1}$$

式中，$\rho'' = 206\ 265''$。

最后在 B_1 点垂直于 AB_1 方向上量取长度 ΔD 得 B 点，$\angle PAB$ 则为欲标定的角度。当 $\Delta\beta > 0$ 时，由 AB_1 垂直向外量 ΔD。当 $\Delta\beta < 0$ 时，向内量垂距 ΔD。

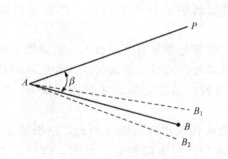
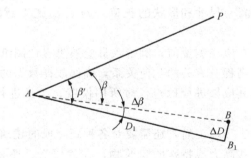

图 10.1　正倒镜分中法图　　　　　图 10.2　水平角测设的精确方法

10.2.2　设计水平长度的测设

1. 钢尺测设法

（1）一般方法

如图 10.3 所示，欲在 AB 方向上测设出水平距离 D，以定出 B 点，可用钢尺直接量取设计长度并在地面上临时标出其终点 B，这一过程叫往测。而后从终点向起点再量取其长度，称为返测。若往返校差在设计精度以内，可取其平均位置作为 B 点。

若地面有一定的坡度，应将钢尺一端抬高拉平并用垂球校点进行丈量。

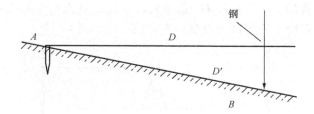

图 10.3 水平长度测设的一般方法

（2）精确方法

当测设精度要求高时，应使用检定过的钢尺，用经纬仪定线。根据设计的水平距离 D，经过尺长改正 Δl、温度改正 Δl_t 和倾斜改正 ΔD_h 后，计算出沿地面应量取的倾斜距离 D'，即

$$D' = D - (\Delta l + \Delta l_t + \Delta D_h) \tag{10.2}$$

然后根据计算结果沿地面量取距离 D'。此时应注意，测设距离时，各项改正数的符号应与测量距离时相反。

2. 光电测距仪测设法

长距离的测设采用光电测距仪。如图 10.4 所示，光电测距仪置于 A 点，沿已知方向前后移动反射棱镜，使测距仪显示的距离略大于设计的水平距离，定出 C' 点。在 C' 点立棱镜，测出竖直角 α 及斜距 L，计算出水平距离 $D' = L\cos\alpha$，求出 D' 与应测设的水平距离 D 之差 $\Delta D = D - D'$。根据 ΔD 的符号在实地用钢尺沿测设方向将 C' 点改正至 C 点，并用木桩标定。为了检核，应将棱镜立于 C 点再实测 AC 距离，其不符值应在限差内，否则应再次进行改正，直至符合精度要求。

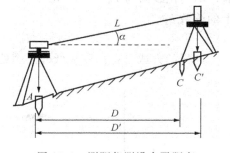

图 10.4 测距仪测设水平距离

10.2.3 设计高程的测设

根据附近的水准点将设计的高程测设到现场作业面上，称为高程测设。在建筑设计和施工中，为了计算方便，一般把建筑物的基础顶面假设高程为±0，基础、门窗等的标高都是以±0 为依据来确定的。

1. 水准尺测设法

如图 10.5 所示，A 为已知高程点，高程为 H_A，今欲测设 B 点，并使其高程等于设计高程 H_B。为此，可在 AB 间安置水准仪，后视 A 点上水准尺。若读数为 a，则水准仪的视线高程为 $H_i = H_A + a$。要使 B 点的高程为 H_B，则竖立于 B 点的水准尺读数应为 $b = H_i - H_B$。此时可上下移动 B 点木桩上的水准尺。当水准仪的中丝读数为 b 时，水准尺的零刻划位置即为欲设高程 H_B 的位置。然后在 B 点的木桩侧面紧靠尺底画一横线作为标志（此过程应变换仪器高重复一次，取中间位置）。

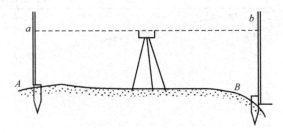

图 10.5　高程放样

2. 水准尺与钢尺联合测设法（高程的传递）

对建筑物基坑内进行高程放样时，设计高程点 B 通常远远低于视线，使安置在地面上的水准仪看不到立在基坑内的水准尺。此时可借助钢尺，配合水准仪进行，如图 10.6所示，MN 为支架，用于悬挂钢尺，使其零端向下。放样时使用两台水准仪，其中一台安置在地面上，另一台安置在基坑内，同时进行观测。若地面上水准仪的后视读数为 a_1，前视读数为 b_1，则其视线高为 $H'_i = H_A + a_1$。若基坑内水准仪的后视读数为 a_2，则其视线高为 $H''_i = H_A + a_1 - (b_1 - a_2)$。若 B 点的设计高程为 H_B，则基坑内水准尺上的读数 b_2 为

$$b_2 = H''_i - H_B = H_A + a_1 - (b_1 - a_2) - H_B \tag{10.3}$$

同样的方法可将高程从低处向高处引测。

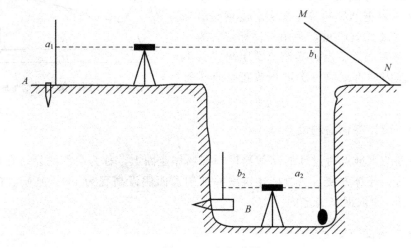

图 10.6　高程引测

10.2.4　圆曲线的测设

在线路施工中，线路转变处有时会遇到一些曲线的测设，这里仅以圆曲线为例说明

曲线的测设方法。圆曲线的测设应该放在点位放样中进行，其分两步进行，首先是圆曲线主点的测设，然后再进行圆曲线的细部测设。

图 10.7 为一圆曲线，ZY 为曲线的起点，QZ 为曲线的中点，YZ 为曲线的终点，称为圆曲线的三主点。JD 表示转向点。

圆曲线的元素包括：曲线转向角 α、曲线半径 R、切线长 T、曲线长 L、曲线外矢距 E 及切曲差 q。圆曲线元素的计算公式如下：

$$\left.\begin{array}{l} T = R\tan\dfrac{\alpha}{2} \\[2mm] L = \dfrac{\pi}{180}\alpha R \\[2mm] E = R\left(\sec\dfrac{\alpha}{2} - 1\right) \\[2mm] q = 2T - L \end{array}\right\} \qquad (10.4)$$

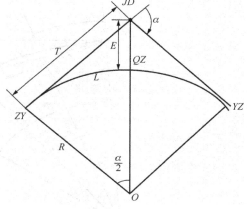

图 10.7 圆曲线元素

1. 圆曲线主点的测设

在 JD 上安置经纬仪，沿两切线方向各丈量切线长 T，分别得到曲线的起点和终点，并打入木桩写上桩号。然后由 JD 瞄准 $\dfrac{1}{2}(180-\alpha)$ 方向，得角分线方向。沿此方向量出外矢距 E，求得曲线中点 QZ，打入木桩，写上桩号。这样曲线三主点的位置就确定了。

2. 圆曲线细部点的测设

测设较长的曲线时，仅测定出曲线主点是不够的，还需要在曲线上测设出一系列的细部点，以便详细表示曲线在地面上的位置。

下面仅介绍一种常用的细部测设方法——偏角法。采用偏角法测设曲线的几何原理是切线与弦线间的夹角即偏角，等于该弦所对圆心角值的一半。如图 10.8 所示，设弧长为 S，半径为 R，则相应的偏角 δ 为

$$\delta = \frac{1}{2}S\frac{\rho}{R} \qquad (10.5)$$

当曲线上各点间的距离均等于 S 时，各点的偏角均为第一个点偏角的整数倍，即

$$\delta_2 = 2\delta_1$$
$$\delta_3 = 3\delta_1$$
$$\cdots$$
$$\delta_n = n\delta_1$$

实际测量时，不量弧长而量弦长。弦长的计算公式为

$$d = 2R\sin\delta_i \qquad (10.6)$$

偏角法测设细部点的步骤是先将仪器安置在起点 ZY 上，瞄准交点 JD，并使度盘

读数为 $0°00'00''$；然后转动照准部使度盘读数为 δ_1，沿视线方向量取长度 d_1，定出第一个曲线桩；再转动照准部，使度盘读数为 δ_2，由第一个曲线桩量取长度 d_2 与望远镜视线相交，定出第二个曲线桩。同法测设其他曲线桩，偏角法测设圆曲线。

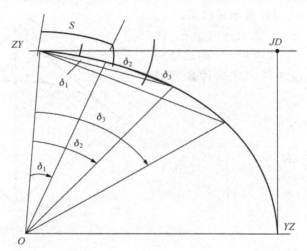

图 10.8　圆曲线的细部测设

10.3　测设点位的方法

设地面上至少有 2 个已知施工控制点，如 A、B（A、B 两点通视），其坐标为已知，实地上也有标志，待定点 P 的设计坐标为已知。点位的放样任务就是在实地上把 P 标定出来。测设点位的方法有极坐标法、直角坐标法、方向线交会法、前方交会法、轴线交会法、正倒镜投点法、距离交会法等。下面针对以上 7 种方法作业以及各种方法的精度分析介绍如下。

10.3.1　极坐标法放样

如图 10.9 所示，欲由已知点 A 和 B 放样设计点 P，用极坐标放样的步骤为

1）计算放样元素 β 和 s。

$$\left.\begin{aligned}\beta_{BAP} &= \alpha_{AP} - \alpha_{AB} = \arctan\frac{y_P - y_A}{x_P - x_A} - \arctan\frac{y_B - y_A}{x_B - x_A}\\ s_{AP} &= \sqrt{(x_P - x_A)^2 + (y_P - y_A)^2}\end{aligned}\right\} \tag{10.7}$$

2）在 A 点安置经纬仪，以目标点 B 定向，拨角度得方向 AP'。

3）沿方向 AP' 放样距离 s，在地面上标出设计点 P。

当放样精度较高时，需先在 P 点概略位置打一木桩，然后再将方向、距离放样在木桩顶部。在极坐标法标定点位中，设角度的放样误差为 m_β，距离的放样误差为 $m_{s_{AP}} = \left(\dfrac{m_s}{s}\right)s_{AP}$，点位的标定误差为 $m_{标}$，则点的放样误差为

$$m_P = \pm \sqrt{\left(\frac{m_\beta}{\rho} s_{AP}\right)^2 + m_{s_{AP}}^2 + m_{标}^2}$$

$$(10.8)$$

10.3.2　直角坐标法放样

当施工控制网为建筑方格网而待定点离控制网较近时，常采用直角坐标法测设点位。如图 10.10 所示，欲在地面上定出建筑物 A 点的位置，A 点的坐标

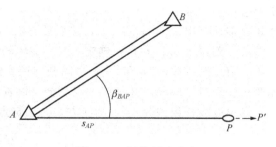

图 10.9　极坐标法定点

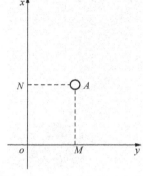

图 10.10　直角坐标法定点

(x_A, y_A) 已在设计图上确定。这时，只需求出 A 点相对于 o 点的坐标增量，即

$$\Delta x = x_A - x_o$$
$$\Delta y = y_A - y_o$$

放样时，将经纬仪置于 o 点上，瞄准 oy 方向，并沿此方向量取 Δy 得 M 点。然后将仪器置于 M 点，测设 y 轴的垂线方向，并量取 Δx 即得 A 点。同理，也可由 x 轴方向测设。

在此方法中，设角度的放样误差为 m_β。瞄准误差为 $m_\beta/\sqrt{2}$，距离放样误差为 $\dfrac{m_s}{s}$，则点的放样误差为

$$m_A = \pm \sqrt{\left(\frac{m_\beta}{\rho}\right)^2 \left(\Delta x^2 + \frac{1}{2} s_{AP}^2\right) + \left(\frac{m_s}{s}\right)^2 s_{AP}^2}$$

$$(10.9)$$

10.3.3　方向线交会法放样

方向线交会法是利用两条相互垂直的方向线交会放样点位。当施工控制为矩形网（矩形网的边与坐标轴平行或垂直），可以用方向线交会法进行点位放样。

如图 10.11 所示为矩形控制网 N_1、N_2、S_1 和 S_2 是矩形控制网的角点。为了放样点 P，先用矩形控制网角点坐标和放样设计坐标计算出放样元素 Δx 和 Δy。自点 N_1 沿矩形边 $N_1 S_1$ 和 $N_1 N_2$ 分别量取 $\Delta x_{N_1 P}$ 和 $\Delta y_{N_1 P}$ 得点 1 和点 $2'$。自点 S_2 沿矩形边 $S_2 N_2$ 和 $S_1 S_2$ 分别量取得点 $1'$ 和点 2。于是就可以在点 1 和点 2 安置经纬仪。分别照准点 $1'$ 和点 $2'$，得方向线 $1{-}1'$ 和 $2{-}2'$，两方向线的交点即为放样点 P。

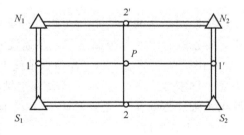

图 10.11　方向线交会法定点

10.3.4　前方交会法放样

角度交会法常用于放样一些不便量距或测设的远离控制点的独立点位。该法根据两个角度，从已有的两个控制点确定方向，交会出待求点的位置。如图 10.12 所示，A、

B 为已知点，坐标为 (x_A, y_A)、(x_B, y_B)，P 为设计点。放样时，首先根据坐标反算公式分别计算出 α_{AB}、α_{AP}、α_{BP}，然后计算出测设数据 β_1、β_2。在 A、B 两点上分别安置经纬仪，测设出 β_1、β_2 角，确定 AP 和 BP 的方向。在 P 点附近沿这两个方向定出 a、b 和 c、d。而后在 a、b 和 c、d 之间分别拉一细绳，它们的交点即为 P 点的位置。当精度要求较高时，应利用 3 个已知点交会，以资校核。

设角度放样误差为 m_β，则前方交会法定点的误差为

$$m_P = \frac{m_\beta}{\rho} \frac{\sqrt{s_{AP}^2 + s_{BP}^2}}{\sin(\beta_1 + \beta_2)} \qquad (10.10)$$

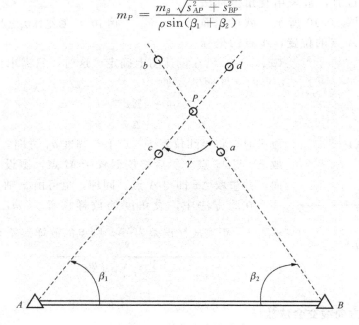

图 10.12　前方交会法定点

10.3.5　轴线交会法

轴线交会法的实质是一种侧方交会法放样，多用于水利枢纽工程轴线上的点位放样，特别是轴线左右控制点相互不通视时，十分方便。

如图 10.13 所示，A、B 为坝轴线上两端的控制点，M、N 为轴线两侧控制点，现需要放样坝轴线上的点 P_0。为此在坝轴线上的 P 点（P 点应尽量靠近 P_0）设置仪器，测出坝轴线方向在 P 点和 PM、PN 方向的夹角 β_1 和 β_2，以确定 P 点的坐标。

由 M 点求得

$$X'_P = X_{P_0}$$
$$Y'_P = Y_M \pm |\Delta X_1| \cot\beta_1$$

由 N 点求得

$$X''_P = X_{P_0}$$
$$Y''_P = Y_N \pm |\Delta X_2| \cot\beta_2$$

式中

$$|\Delta X_1| = |X_M - X_{P_0}|$$
$$|\Delta X_2| = |X_N - X_{P_0}|$$

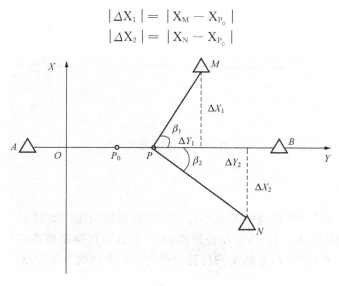

图 10.13　轴线交会法定点

当 $Y_{P_0} < Y_M$（或 Y_N），ΔX_1 前取 "一"，反之取 "十"，(X_{P_0}, Y_{P_0}) 为 P 点设计坐标。取两组坐标的平均值作为 P 点的最终坐标，即

$$X_P = X_{P_0}$$
$$Y_P = \frac{1}{2}(Y'_P + Y''_P)$$

这样在坝轴线上从 P 点量出 $Y_{P_0} - Y_P$ 的长度即得设计点 P_0。

10.3.6　正倒镜投点法

采用方向线法放样时，如控制点之间有障碍物影响通视，或者确定方向线的两定向点无法设置仪器，则可用正倒镜投点法恢复方向线进行放样。

1. 前视等偏法

如图 10.14 所示，A、B 为定向点，O 为仪器设置点（O 点可通视 A、B 两点）。若 A、O、B 三点在一条直线上，则 O 点设置仪器，盘左照准 A 点，倒镜后由于仪器的照准轴误差和水平轴误差的影响，视线不可能恰好通过 B 点，而是偏离 B 点到 B_1 点上。同理盘右照准 A 点，倒镜后，视线落到 B_2 点上。根据仪器轴系误差的影响，则有 $B_1B = B_2B$，即前视等偏。仪器设站点 O 在 AB 方向线上。粗略安置仪器在 AB 方向线上，并使仪器气泡居中，同时目估测站点到两定向点的距离。盘左照准 A 点（离 O 点较远的定向点），倒镜得 B_1 点，同法盘右得 B_2 点。若 B_1B、B_2B 相差较大，可重复上述过程。若相差较小，仪器不动，则在方向线的垂直方向上移动仪器照准部以改正偏离值。精平仪器，重复上述正倒镜过程，直到 $B_1B = B_2B$ 为止。当然仪器没有误差时 B_1、B_2 两点和定向点 B 重合。

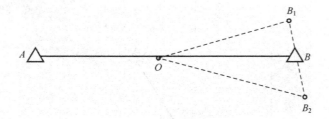

图 10.14　前视等偏法

2. 测站均位法

两定向点不易估计方向线偏差大小时，可用测站均位法。如图 10.15 所示，用盘左正倒镜照准两定向点 A、B，得盘左设站点 O_1。用盘右正倒镜照准两定向点 A、B，得盘右设站点 O_2。然后取 O_1O_2 的平均位置，即为 AB 方向线上的设站点。

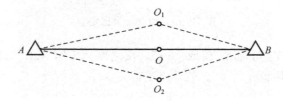

图 10.15　测站均位法

10.3.7　距离交会法

距离交会法适用于场地平坦、量距方便，控制点与待定点的距离又不超过钢尺的长度的情况，即由两个控制点向待定点丈量两个已知距离来确定点的平面位置，如图 10.16所示。从两个控制点 A、B 向同一待测点 P 用钢尺拉两段由坐标反算的距离 D_1、D_2，相交处即为测设点位 P，其具体步骤如下：

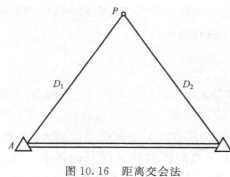

图 10.16　距离交会法

1）计算放样元素。

$$D_1 = \sqrt{(X_P - X_A)^2 + (Y_P - Y_A)^2}$$
$$D_2 = \sqrt{(X_P - X_B)^2 + (Y_P - Y_B)^2}$$

2）在实地用两把尺子分别以 A、B 为圆心，D_1、D_2 长为半径画圆弧，两圆弧交出的点位即为点 P。

3）设距离放样误差为 $\frac{m_s}{s}$，则距离交会点的误差为

$$m_P = \frac{m_s}{s} \frac{\sqrt{D_1^2 + D_2^2}}{\sin\gamma} \tag{10.11}$$

式中，γ——交会角度，$\gamma=\angle BAP$。

该方法有双解，但在实地很容易区分开来。

10.4　已知水平线及已知坡度线的测设

10.4.1　已知水平线的测设

墙体砌完后要用水准仪在室内墙上测设一条比地面高 500mm 的水平线，俗称"五零线"，弹上墨线，作为室内其他工程施工及地面抹灰时掌握标高的依据。

根据控制桩上±0.000 标高线（或已知高程的水准点），在控制桩和墙之间安置水准仪，读取控制桩上的标尺读数 a，则仪器的视线相对高程为

$$H_i = \pm 0.000 + a$$

那么"五零线"的尺上读数 b 应为

$$b = H_i - 0.500 = a - 0.500$$

然后紧贴墙的一端移动标尺，使其读数为 b，在尺底端画线。在墙的另一端同样使尺上读数为 b，在尺底画线。以两线为端点弹墨线，即为"五零线"。

10.4.2　已知坡度线的测设

在施工过程中，往往由于排水或者其他需要，要求地坪有一定的高度和坡度。坡度的大小一般用百分比表示。例如，水平距离为100m，高差变化为1m（升高或者降低），其坡度记为1‰（上坡时为正，下坡时为负）。坡度的放样实质上是高程的放样，可以根据设计的坡度和前进的水平距离计算点位间的高差，进而求得放样点高程。如图 10.17所示，坡度的计算为

$$\tan\alpha\text{（坡度）} = \frac{h_{AB}（AB\text{ 间高差}）}{D_{AB}（AB\text{ 间平距}）} \tag{10.12}$$

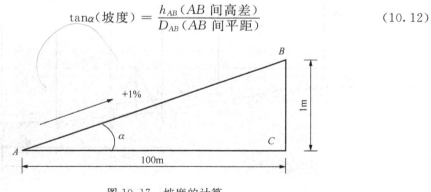

图 10.17　坡度的计算

1. 倾斜视线法

修筑道路和管线时，经常需要在实地测设已知设计坡度的直线。如图 10.18 所示，假设地面上有一点 A，其高程为 H_A，今欲由 A 点沿 AB 方向测设一条坡度为 $i_{坡}$ 的直线。若 A、B 两点间的水平距离为 D，则坡度线另一端 B 的高程为

$$H_B = H_A + i_{坡} \times D \qquad\qquad (10.13)$$

从而，可按标定高程的方法标出 B 点。

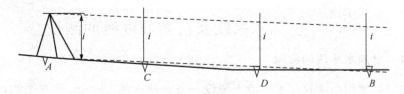

图 10.18　倾斜视线法

如果要在坡度线上设置同坡度的点，在坡度变化不大的地方可使用水准仪。如图 10.18所示，要在 AB 方向上定出与 AB 同坡度的点 C、D，可在 A 点安置水准仪，使其中一个脚螺旋在 AB 方向上，另两个脚螺旋连线垂直于 AB 方向，量得仪器高 i。视线照准 B 点的水准尺后，转动 AB 方向上的脚螺旋，使 B 尺的读数等于 A 点的仪器高，此时视线就平行于设计坡度线 AB 了。然后，在 C、D 等处各打入木桩，使立于桩上的尺子的读数均等于仪器高 i，则各木桩的连线即为设计的坡度线。

用经纬仪同样可以标定同坡点，不过不是转动脚螺旋，而是转动望远镜的制、微动螺旋，使视线平行于标出的坡度线。

2. 水平视线法

如图 10.19 所示，A、B 为设计坡度线的两端点，其设计高程分别为 H_A、H_B，AB 设计坡度为 i。为使施工方便，要在 AB 方向上每隔距离 d 定一木桩，要求在木桩上标定出坡度为 i 的坡度线，施测方法如下：

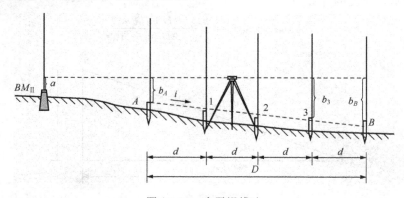

图 10.19　水平视线法

1）沿 AB 方向，标定出间距为 d 的中间 1、2、3 的位置。

2）计算各桩点的设计高程：

第 1 点的设计高程 $H_1 = H_A + id$；

第 2 点的设计高程 $H_2 = H_1 + id$；

第 3 点的设计高程 $H_3 = H_2 + id$；

B 点的设计高程 $H_B = H_3 + id$ 或 $H_B = H_A + iD$ (检核)。

坡度 i 有正有负。计算设计高程时,坡度应连同其符号一并运算。

3)安置水准仪于水准点 BM_{II} 和 A 点附近,后视水准点标尺得读数 a,则仪器视线高 H_i: $H_i = H_{II} + a$。然后根据各点设计高程计算测设点的应读前视尺读数 $b_{应} = H_i - H_{设}$。

4)将水准尺分别贴靠在各木桩的侧面,上、下移动尺子,直到尺读数为 $b_{应}$ 时,便可利用水准尺底面在木桩上画一横线,该线即在 AB 的坡度线上。或立尺于桩顶,读得前视读数 b,再根据 $b_{应}$ 与 b 之差,自桩顶向下画线。

10.5 垂 准 测 量

在建造高层建筑、电视发射塔、斜拉桥索塔、烟囱、电梯井、地下建筑和竖井等高耸建筑物或深入地下的建筑物时,需要测设以铅垂线为标准的点和线(称为垂准线)。利用垂准线进行测量的工作称为垂准测量(或称垂直投影、垂直测量)。建筑物的高差(垂直长度)越大,则垂直线测设的精度要求越高。

10.5.1 吊垂线法

最原始和最简便的建立垂准线的方法为悬挂垂球线。一般用于高度不大的建筑施工中,其垂准的精度约为 1/1000,即 1m 高差大约有 1mm 的偏差。将垂球加重,可以提高垂准精度。通常在建造高层房屋、烟囱和竖井时,传统的方法用直径不大于 1mm 的细钢丝,悬挂 10～50kg 重的大垂球,垂球浸没于油桶中,以阻止其摆动,可使垂准相对精度提高到 1/20 000 以上,但操作费力,容易受风力等影响而产生偏差。

10.5.2 经纬仪法

在垂直高度不大且有开阔场地的情况下,可以用两经纬仪架在平面上相互垂直的两个方向上,利用整平后仪器的视准轴上下转动形成铅垂平面,垂直相交而得到铅垂线。

如图 10.20 所示,当建筑物砌筑到两层以上时,把经纬仪安置在轴线控制桩 A、B 上,瞄准设在基础墙底部的轴线标志,用盘左盘右取平均的方法,将轴线投测到上一层楼板边缘或柱顶上。

10.5.3 激光垂准仪的应用

1. 激光垂准仪简介

激光垂准仪是一种专用的铅垂定位仪器,精度较高,操作也比较简单,适用于高层建筑物、烟囱及高塔架的铅垂定位测量。激光垂准仪的基本构造如图 10.21 所示,主要由氦氖

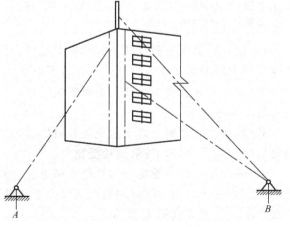

图 10.20 垂准测量经纬仪法

激光管、精密竖轴、发射望远镜、水准器、基座、激光电源及接收屏等部分组成。

激光器通过两组固定螺钉固定在套筒内。激光铅垂仪的竖轴是空心筒轴，两端有螺扣，上、下两端分别与发射望远镜和氦氖激光器套筒相连接，二者位置可对调，构成向上或向下发射激光束的铅垂仪。仪器上设置有两个互成 90°的管水准器，仪器配有专用激光电源。

2. 激光垂准仪的应用

(1) 用激光垂准仪铅直投点定位

图 10.22 为激光垂准仪进行轴线投测的示意图，其投测方法如下所述。

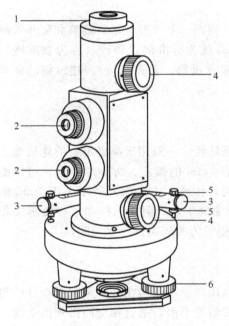

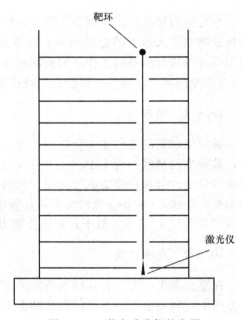

图 10.21　激光垂准仪　　　　　　　图 10.22　激光垂准仪的安置

1. 物镜；2. 目镜；3. 水准管；4. 物镜调焦
螺旋；5. 水准管校正螺旋；6. 脚螺旋

1) 在首层轴线控制点或预留标志上安置激光铅垂仪，利用激光器底端（全反射棱镜端）所发射的激光束进行对中，通过调节基座整平螺旋，使管水准器气泡严格居中。

2) 在上层施工楼面预留孔处放置接受靶。一般预留控制点应能够控制整个楼面放线，且不少于 3 个。

3) 接通激光电源，启动激光器发射铅直激光束。通过发射望远镜调焦，使激光束会聚成红色耀目光斑，投射到接受靶上。

4) 移动接受靶，使靶心与红色光斑重合。固定接受靶，并在预留孔四周作出标记。此时，靶心位置即为轴线控制点在该楼面上的投测点。为检校仪器的垂直误差，将仪器旋转 360°，如光点在靶上移动一个圆，则仪器应进一步调平，直到光点始终指向一点为止。当靶环中心的投测点和垂准仪中心即地面控制点在同一条铅垂线上时，投测点即为该楼层定位放线的基准点。

5）将各基准点投测完毕后，应检验各投测点间的距离、角度是否符合要求，然后根据基准点间连线即可进行该楼层的放样。

（2）激光垂准仪测量垂直度

激光垂准仪可代替经纬仪用来测量柱子以及建筑物的垂直度。把两台垂准仪安置在柱的纵、横轴线上，对中、整平后，分别瞄准基底座的标记，然后抬高望远镜，激光束的斑点即沿着柱中心垂线移动。施工人员可根据光点判断柱子是否垂直，并进行校正。

思考题与习题

1. 测设与测绘有何区别？

2. 测设的基本工作有哪些项目？简述各个项目的测设方法。

3. 测设点的平面位置有哪几种方法？各适用于什么场合？

4. 简述测设已知坡度直线的方法。

5. 已知钢尺的名义长度为 30.000m，检定时实际长度为 30.005m。用此钢尺在地面上测设 28.000m 的水平距离 AB，施测时拉力与检定时相同，温度比检定时高 10℃，A、B 两点高差为 $h_{AB} = +0.20$m。试求测设时沿地面测量的实际长度。

6. 已知控制点 A（200.756，542.983）、B（210.487，579.261），待测点 P（250.000，600.000）。试分别计算用极坐标法、角度交会法测设 P 点的测设数据，并试述其测设方法。

7. 如图 10.23 所示，测设出 $\angle AOB'$ 后，又用经纬仪精确测得 $\angle AOB' = 89°59'08''$。已知 OB' 长度为 50m，则在垂直于 OB' 方向上，B' 应移动多少距离才能得到 90°的角度？

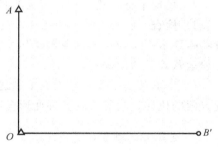

图 10.23　思考题图

第十一章　工业与民用建筑施工测量

11.1　建筑场地上的施工控制测量

11.1.1　建筑施工测量简述

各种工程建设的施工阶段和运营初期阶段进行的测量工作，称为施工测量。其目的就是将设计的建筑物、构筑物的平面位置和高程，按设计要求以一定精度测设在地面上或不同的施工部位，并设置明显标志，作为施工依据，以及在施工过程中进行一系列测量工作。

1. 建筑施工测量的主要内容

施工测量贯穿于整个施工过程，其主要内容如下：

1）施工前建立施工控制网。

2）场地平整、建（构）筑物的测设、基础施工、建筑构件安装定位等。

3）检查、验收工作。每道工序完成后，都要通过测量，检查工程各部分的实际位置和高程是否符合要求。根据实测验收的记录编绘竣工图，作为验收时鉴定工程质量和工程运营管理的依据。

4）变形观测工作。对于大中型建筑物，随着工程进展测定建筑物在水平位置和高程方面的位移，收集整理各种变形资料，确保工程安全施工和正常运行。

2. 建筑施工测量的特点

由于建筑施工测量工作的特殊性，其有以下特点：

1）施工控制网的精度要求应以工程建筑物建成后的允许偏差，即建筑限差来确定。一般来说，施工控制网的精度高于测图控制网的精度。

2）测设精度的要求取决于建（构）筑物的大小、材料、用途和施工方法等因素。一般高层建筑物的测设精度高于低层建筑物，钢结构厂房的测设精度高于钢筋混凝土结构厂房，装配式建筑物的测设精度高于非装配式建筑物。

3）施工测量工作应满足工程质量和工程进度的要求。测量人员必须熟悉图纸，了解定位依据和定位条件，掌握建筑物各部件的尺寸关系与高程数据，了解工程全过程，及时掌握施工现场变动，确保施工测量的正确性和即时性。

4）各种测量标志必须埋设在能长久保存、便于施工的位置，妥善保护，经常检查。施工现场工种多，交叉作业频繁，并有土、石方填挖和机械震动，应尽量避免测量标志被破坏，如有破坏，及时恢复，并向施工人员交底。

5）为了保证各种建筑物、管线等的相对位置满足设计要求，便于分期分批进行测设和施工，施工测量必须遵守以下原则：布局上从整体到局部，精度上从高级到低级，工作程序上先控制后碎部。

11.1.2　建筑场地上施工平面控制网的建立

1. 施工控制网的特点

与勘测阶段的测图控制网相比，施工控制网有如下特点：

1) 控制点的密度大，精度要求较高，使用频繁，受施工干扰多。这就要求控制点的位置应分布合理和稳定，使用方便，并能在施工期间保持桩点不被破坏。因此，控制点的选择、测定及桩点的保护等各项工作应与施工方案、现场布置统一考虑确定。

2) 在施工控制测量中，局部控制网的精度要求往往比整体控制网高，如有些重要厂房的矩形控制网，精度常高于整个工业场地的建筑方格网或其他形式的控制网。在一些重要设备安装时，也经常要求建立高精度的专门的施工控制网。因此，大范围的控制网只是给局部控制网传递一个起始点的坐标和起始方位角，而局部控制网可以布设成自由网形式。

2. 建筑场地施工平面控制网的形式

施工平面控制网经常采用的形式有三角网、导线网、建筑基线或建筑方格网。平面施工控制网的布设应综合考虑建筑总平面图和施工地区的地形条件、已有测量控制点情况及施工方案等因素确定布网形式。对于地形起伏较大的山区和丘陵地区，宜采用三角网或边角网形式布设控制网；对于地形平坦、通视条件困难的地区，如改、扩建的施工场地，或建筑物分布很不规则时，可采用导线网；对于地形平坦而简单的小型建筑场地，常布置一条或几条建筑基线，组成简单的图形作为施工放样的依据；对于地势平坦、建筑物分布比较规则和密集的大、中型建筑施工场地，一般布设建筑方格网。

采用三角网作为施工控制网时，常布设两级：一级基本网，以控制整个场地为主，可按《城市测量规范》的一级或二级小三角测量技术要求建立；另一级是测设三角网，它在基本网上加密，直接控制建筑物的轴线及细部位置。当场区面积较小时，可采用二级小三角网一次布设。

采用导线网作为施工控制网时，也常布设成两级：一级为基本网，多布设成环形，可按《城市测量规范》的一级或二级导线测量的技术要求建立；另一级为测设导线网，以用来测设局部建筑物，可按城市二级或三级导线的技术要求建立。

3. 建筑基线

(1) 施工坐标系统

在设计和施工部门，为了工作方便，建筑物的平面位置常采用一种独立坐标系统，称为施工坐标系（也称建筑坐标系）。施工坐标轴通常与建筑物的主轴线方向或主要道路、管线方向一致，坐标原点设在设计总平面图的西南角上，纵轴记为 A 轴，横轴记为 B 轴。

如果建筑基线或建筑方格网的施工坐标系与测图坐标系不一致，则应在测设前，将建筑基线或建筑方格主轴点的施工坐标换算成测图坐标，然后再进行测设。如图 11.1 所示，$O'AB$ 为施工坐标系，oxy 为测图坐标系。设 P 点是建筑基线的主点，它在施工坐标系中坐标是（A_P，B_P）。（$x_{o'}$，$y_{o'}$）是施工坐标原点在测图坐标系中的坐标。α 为 x 轴和 a 轴的坐标方位角。P 点的施工坐标化为测图坐标，公式如下：

$$x_P = x_d + A_P\cos\alpha - B_P\sin\alpha$$
$$y_P = y_d + A_P\sin\alpha + B_P\cos\alpha \qquad (11.1)$$

（2）建筑基线的布设要求

建筑基线是建筑场地施工控制的基准线，一般是由纵向的长轴线和横向的短轴线组成，适用于总平面图布置比较简单的小型建筑物。根据建（构）筑物的分布、场地情况，建筑基线通常的布设形式有"一"字形、"L"形、"丁"字形和"十"字形，如图 11.2 所示。

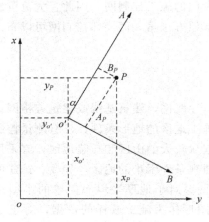

图 11.1　坐标变换

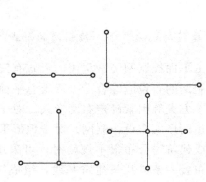

图 11.2　建筑基线形式

建筑基线布设的要求如下：

1）主轴线应尽量位于建筑区中心、中央通道的边沿上，其方向应与主要建筑物的轴线平行。为检查建筑基线的点位有无变动，主轴线上的主轴点（定位主轴线的点）数不应少于 3 个，边长 100～400m。

2）基线点位应选在通视良好、不易破坏、易于保存的地方，并埋设永久性混凝土桩。

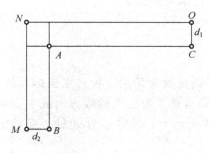

图 11.3　根据建筑红线测设建筑基线

（3）建筑基线的测设

根据建筑场地的情况不同，建筑场地的测设方法主要有以下两种。

1）根据建筑红线确定基线。在老建筑区，城市规划部门测设的建筑用地边界线（建筑红线）可作为测设建筑基线的依据。如图 11.3 所示，M、O、N 是建筑红线桩，A、B、C 是选定的建筑基线点。如果建筑基线和建筑红线平行，$\angle N = 90°$，可在现场利用经纬仪和钢尺推出平行线，得到建筑基线。标定点位后，在 A 点安置经纬仪，精确观测 $\angle BAC$。若角度值与 $90°$ 之差超过 $\pm 20''$，则应对 A、B、C 点按水平角精确测设的方法进行调整。

2）根据测图控制点测设。测设前，利用式（11.1）将施工坐标化为测图坐标，求得图 11.4 中 A、B、C 三个建筑基线点的测图坐标。计算测设基线点数据，通常采用极坐标放样方法，在实地定出基线点点位。由于测量误差的存在，三个基线点往往不在同一条直线上，如图 11.5 所示的 A'、B'、C' 点。需在 B' 点安置经纬仪，精确测定出 $\angle A'B'C'$。若此角与 $180°$ 之差超过 $\pm 20''$，则应对点位进行调整。调整时，将 A'、B'、C'

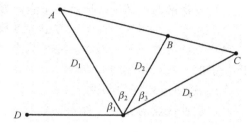

图 11.4　根据控制点测设建筑物基线

点沿与基线垂直的方向移动相等的调整值 δ，其值按下式计算为

$$\delta = \frac{ab}{a+b}\left(90° - \frac{1}{2}\angle A'B'C'\right)\frac{1}{\rho''} \tag{11.2}$$

式中，$\rho'' = 206\,225''$；

　　　δ——各点的调整值（m）；

　　　a、b——AB、BC 的长度（m）。

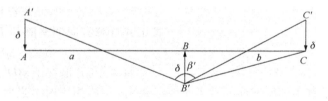

图 11.5　基线点的调整

当 $\angle A'B'C' < 180°$ 时，δ 为正值，B' 点向下移动，A'、C' 点向上移动；当 $\angle A'B'C' > 180°$ 时，δ 为负值，B' 点向上移动，A'、C' 点向下移动。此项调整反复进行，直至误差在允许范围之内。利用钢尺检查 AB、BC 的距离。若测量长度与设计长度的相对误差大于 1/10 000，则以 B 点为准，按设计长度调整到 A、B 两点的距离。

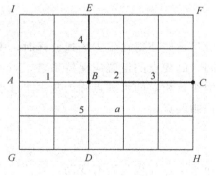

图 11.6　建筑方格网

4．建筑方格网

（1）建筑方格网的布设要求

建筑场地的施工平面控制网布设成与建筑物主要轴线平行或垂直的矩形、正方形格网形式，称为建筑方格网，如图 11.6 所示。建筑方格网中的两组互相垂直的轴线组成建筑坐标系，便于用直角坐标法对各建筑物定位，且精度较高。

布设建筑方格网时，应根据建筑物、道路、管线的分布，结合场地的地形等因素，先选定主轴线点，再全面布设方格网，布设要求与建筑基线基本相同。布设时还应考虑以下几个方面：

1) 主轴线点应接近精度要求较高的建筑物。

2) 方格网的纵横轴线应严格垂直，方格网点之间应能长期保持通视。

3) 在满足使用的情况下，方格网点数应尽量少。

4) 当场区面积较大时，方格网常分两级，首级可采用"十"字形、"口"字形或"田"字形，然后再加密方格网。

（2）建筑方格网的测设

1) 主轴线点的测设。首先根据原有控制点坐标和主轴线点坐标计算出测设数据，

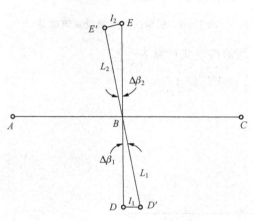

图 11.7　主轴线的调整

然后测设主轴线点。如图 11.7 所示，按建筑基线点测设的方法先测设长主轴线 ABC，然后测设与 ABC 垂直的另一主轴线 DBE。测设主轴线 DBE 的步骤如下：在 B 点安置经纬仪，瞄准 C 点，顺时针依次测设 $90°$、$270°$，并根据主轴点间的距离在地面上定出 D'、E' 两点。精确检测 $\angle CBD'$ 和 $\angle CBE'$，然后求出 $\Delta\beta_1 = \angle CBD' - 90°$ 及 $\Delta\beta_2 = \angle CBE' - 270°$。若校差超过 $\pm 10''$，按下式计算方向调整值 $D'D$ 和 $E'E$。

$$l_i = L_i \times \Delta\beta/\rho'' \qquad (11.3)$$

将 D' 点沿垂直于 BD' 方向移动 $D'D = l_1$ 距离，E' 点沿垂直于 BE' 方向移动 $E'E = l_2$ 距离。$\Delta\beta_i$ 为正时，逆时针改正点位；反之，顺时针改正点位。改正点位后，应检测两主轴线交角与 $90°$ 的校差是否超限（误差不超过 $\pm 5''$）。另外需校核主轴线点间的距离。一般精度应达到 1/10 000。

2) 方格网点的测设。如图 11.6 所示，沿纵横主轴线精密丈量各方格网边长，定出 1、2、3、4 等点，并按设计长度检核，精度应达到 1/10 000。然后将经纬仪分别安置在 2、5 点处，精确测出 $90°$，用交会法定出方格网点 a，标定点位。同法可测设其余方格网点，校核后埋设永久性标志。

11.1.3　建筑场地上施工高程控制网的建立

对施工场地高程控制网要求：①水准点的密度应尽可能使得在施工场地放样时，安置一次仪器即可测设所需要的高程点；②在施工期间，高程点的位置应保持稳定。当场地面积较大时，高程控制网可分为首级网和加密网两级，相应的水准点称为基本水准点和施工水准点。一般也可用平面控制网点作为高程控制网点。

1. 基本水准点

作为首级高程控制点，基本水准点用来检核其他水准点高程是否有变动，其位置应设在不受施工影响、无震动、便于施工、能永久保存的地方，并埋设永久性标志。在一

般建筑场地，通常埋设 3 个基本水准点，布设成闭合水准路线，按城市四等水准测量要求进行施测。对于为连续性生产车间、地下管道测设而设立的基本水准点，需要按照三等水准测量要求进行施测。

2．施工水准点

施工水准点直接用来测设建筑物的高程。为了使用方便和减少误差，施工水准点应尽量靠近建筑物。对于中、小型建筑场地，施工水准点应布设成闭合路线或附合路线，并根据基本水准点按城市四等水准或图根水准要求进行测量。

为便于施工放样，在较大的建筑物附近，还要测设幢号或 ±0.000 水平线，其位置多选在较稳定的建筑物外墙立面或柱的侧面，用红漆绘成上边为水平线的"▼"形。

11.2　一般民用建筑施工测量

11.2.1　建筑物测设前的准备工作

在施工测量之前，应先检校所使用的测量仪器设备。根据施工测量需要，还需做好以下准备工作。

1．熟悉、校对图纸

设计图纸是施工测量的依据。测量人员应了解工程全貌和对测量的要求，熟悉与放样有关的建筑总平面图、建筑施工图和结构施工图，并检查总尺寸是否与各部分尺寸之和相符，总平面图和大样详图尺寸是否一致。

2．校核定位平面控制点和水准点

对建筑场地上的平面控制点，使用前必须检查、校核点位是否正确，实地检测水准点高程。

3．制定测设方案

考虑设计要求、控制点分布、现场和施工方案等因素选择测设方法，制定测设方案。

4．准备测设数据

1）从建筑总平面图上查出或计算出设计建筑物与原有建筑物、测量控制点之间的平面尺寸和高差，以此作为测设建筑物总体位置的依据。

2）在建筑物平面图上查取建筑物的总尺寸和内部各定位轴线之间的尺寸，它是施工测量的基础资料。

3）从基础平面图上查出基础边线与定位轴线的平面尺寸以及基础布置与基础剖面的位置关系。

4）从基础详图（基础大样图）上查取基础立面尺寸、设计标高以及基础边线与定位轴线的尺寸关系，它是基础高程测设的依据。

5）从建筑物的立面图和剖面图上查取基础、地坪、楼板等设计高程，它是高程测设的主要依据。

5. 绘制测设略图

根据设计总平面图和基础平面图绘制测设略图，如图 11.8 所示，图上要标定拟建建筑物的定位轴线间的尺寸和定位轴线控制桩。

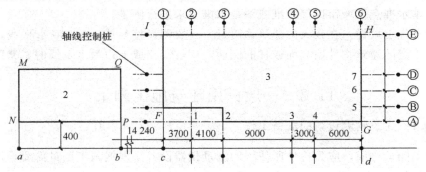

图 11.8　建筑物的定位和放线

11.2.2　场地平整的测量工作

施工场地确定后，为了保证生产运输有良好的联系及合理地组织排水，一般要对场地的自然地形加以平整改造。平整场地通常采用"方格网法"，具体步骤如下所述。

1. 测设方格网

方格网大小视地面起伏情况而定。平坦地区一般多用 20m×20m 的方格，地面起伏较大时可用 10m×10m 的方格，当采用机械施工时，可取 40m×40m 或 100m×100m 的方格，方格网点用木桩标定。

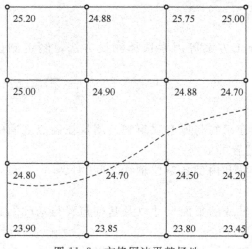

图 11.9　方格网法平整场地

2. 测量各个方格网点的高程

在测区布设好方格网以后绘一草图，如图 11.9 所示，然后测量各个方格顶点的高程。

3. 计算各个方格顶点的设计高程

此项工作的目的是决定填、挖的分界线。为了使场地的填、挖方工程量基本平衡，求场地的平均高程时必须乘以每个格网点高程所用次数，求得总和后除以总共用的次数。以图 11.9 为例，当平整场地后为平坡时，设计高程 H 计算如下：

$$H = [1 \times (25.20 + 25.00 + 23.90 + 23.45) + 2 \times (24.88 + 25.75 +$$
$$24.70 + 24.20 + 23.80 + 23.85 + 24.80 + 25.00) +$$
$$4 \times (24.90 + 24.88 + 24.50 + 24.70)] \div (1 \times 4 + 2 \times 8 + 4 \times 4)$$
$$= 24.65\text{m}$$

4. 计算各点的填挖深度

计算各点的填、挖深度的方法是用各点的地面高程减去设计高程。正号表示"挖"，负号表示"填"。然后计算土方量，测设填、挖边界，平整场地。

11.2.3　建筑物主轴线的定位测量

一般建筑物的轴线是指墙基础或柱基础沿纵轴方向布置的中心线，这里将控制建筑物整体形状的纵横轴线或起定位作用的轴线称为建筑物的主轴线，多指建筑物外墙轴线，外墙轴线的交点称为角桩。所谓定位就是把建筑物的主轴线交点标定在地面上，并以此作为建筑物放线的依据。由于设计条件不同，定位方法也不同，一般包括下面几种。

1. 根据与现有建筑物的位置关系放样主轴线

如图11.8所示，欲将3号拟建房屋外墙轴线交点测设于地面上，其步骤如下：

1）用钢尺紧贴已建的2号房屋的 MN 和 PQ 边，各量出4m（距离大小根据实地地形而定），得 a、b 两点，打入木桩，桩顶钉上铁钉标志。

2）把经纬仪安置在 a 点，瞄准 b 点，沿 ab 方向量取14.240m，得 c 点，再继续量取25.800m，得 d 点。

3）将经纬仪分别安置在 c、d 两点上，再瞄准 a 点，按顺时针方向精确测设90°，并沿此方向用钢尺量取已知距离，得 F、G 两点，再继续量取一段已知距离，得 I、H 两点。F、G、H、I 四点即为拟建房屋外墙轴线的交点。用钢尺检测各角桩之间的距离，其值与设计长度的相对误差不应超过1/2000。如房屋规模较大，则不应超过1/5000。在4个交点上架设经纬仪，检测各个直角，与90°之差不应超过±40″，否则应进行调整。

2. 根据"建筑红线"放样主轴线

在城镇建造房屋时，要按统一规划进行。建设用地边界或建筑物轴线位置由规划部门的拨地单位于现场直接测定。拨地单位直接测设的建筑用地边界点，称"建筑红线"桩。若建筑线与建筑物的主轴线平行或垂直，可利用直角坐标法放样主轴线，并检核各纵横轴线间的关系及垂直性。然后，还要在轴线的延长线上加打引桩，以便开挖基槽后作为恢复轴线的依据。

3. 根据建筑方格网放样主轴线

通过施工控制测量建立了建筑方格网或建筑基线后，根据方格网和建筑物坐标，利用直角坐标法就可以定出建筑物的主轴线，最后检核各顶点边、角关系及对角线长。一般角度误差不超过 ±20″，边长误差根据放样精度要求来决定，一般不低于 1/5000。此方法测设的各轴线点均设在基础中间，在挖基础时，大多数要被挖掉。因此，在建筑物定位时，要在建筑物边线外侧定一排控制桩。

4. 根据控制点放样主轴线

在山区或建筑场地障碍物较多的地方，一般采用布设导线点或三角点作为放样的控制点。可根据现场情况，利用极坐标法或角度交会法放样建筑物轴线。

11.2.4　建筑物放线

建筑物放线，是指根据已定位的建筑物主轴线交点桩详细测设出建筑物各轴线的交点桩（或称中心桩），然后根据交点桩用白灰撒出开挖边界线，其方法如下所述。

1. 在外墙轴线周边上测设中间轴线交点桩

如图 11.8 所示，将经纬仪安置在 F 点上，瞄准 G 点，用钢尺沿 FG 方向量出相邻两轴线间的距离，定出 1、2、…、5 各点。量距精度应达到 1/5000～1/2000。丈量各轴线间距离时，为了避免误差累积，钢尺零端应始终在一点上。

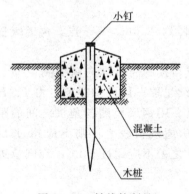

图 11.10　轴线控制桩

由于基槽开挖后，角桩和中心桩将被挖掉，为了便于在施工中恢复各轴线位置，应把各轴线延长到槽外安全地点，并做好标志，其方法有设置轴线控制桩和龙门板两种。

2. 测设轴线控制桩（引桩）

如图 11.8 所示，将经纬仪安置在角桩上，瞄准另一个角桩，沿视线方向用钢尺向基槽外量取 2～4m，打入木桩，用小钉在木桩顶准确标志出轴线位置，并用混凝土包裹木桩，如图 11.10 所示。如有条件也可把轴线引测到周围原有的地物上，并做好标志，以此来代替引桩。

3. 设置龙门板

在一般民用建筑中，常在基槽开挖线以外一定距离处设置龙门板，如图 11.11 所示，其设置步骤和要求如下：

1）在建筑物四角和中间定位轴线的基槽开挖线外约 1.5～3m 处（根据土质和基槽深度而定）设置龙门桩。桩要钉的竖直、牢固，桩外侧应与基槽平行。

2）根据场地内水准点，用水准仪将±0.000 的标高测设在每一个龙门桩的侧面，用红笔划一横线。

3）沿龙门桩上测设的±0.000 线钉设龙门板，使板的上缘恰好为±0.000。若现场条件不允许时，也可测设比±0.000 高或低一整数的高程。测设龙门板的高程允许误差为±5.0mm。

4）如图 11.11 所示，将经纬仪安置在 F 点，瞄准 G 点，沿视线方向在 G 点附近的龙门板上钉出一点，钉上小钉标志（也称轴线钉）。倒转望远镜，沿视线在 F 点附近的龙门板上钉一小钉。同法可将各轴线引测到各自的龙门板上。引测轴线点的误差小于±5.0mm。

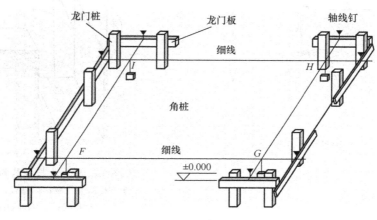

图 11.11　龙门板

5）用钢尺沿龙门板顶面检查轴线钉之间的距离，其精度应达到 1/5000～1/2000。经检核合格后，以轴线钉为准，将墙边线、基础边线、基槽开挖边线等标定在龙门板上。标定基槽上口开挖宽度时，应按有关规定考虑放坡的尺寸要求。

4. 撒出基槽开挖边界白灰线

在轴线两端根据龙门板标定的基槽开挖边界标志拉直线绳，并沿此线绳撒出白灰线，施工时按此线进行开挖。

11.2.5　建筑物基础工程施工测量

基础工程测量主要是控制基坑（槽）宽度、坑（槽）底和垫层的高程等，涉及的主要工作如下。

1. 控制基槽开挖深度

在即将挖到槽底设计标高时，用水准仪在槽壁各拐角和每隔 3～5m 的地方测设一些水平小木桩（又称水平桩，如图 11.12 所示），使木桩的上表面离槽底设计标高为一个固定值，用以控制挖槽深度。为了方便施工，必要时可沿水平桩的上表面拉白线或向槽壁弹墨线，作为基坑内高程控制线。

2. 在垫层上投测基础墙中心线

基础垫层打好后，根据龙门板上的轴线钉或轴线控制桩，用经纬仪或拉线绳挂垂球的方法，把轴线投测到垫层上（如图 11.13 所示），并用墨线弹出基础墙体中心线和基础墙边线，以便砌筑基础墙。

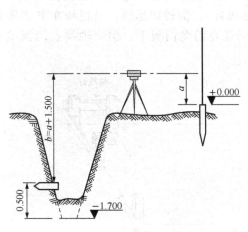

图 11.12　设置水平桩

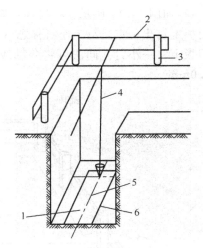

图 11.13　垫层上投测基础中心线
1. 垫层；2. 龙门板；3. 细线；4. 线锤；
5. 墙中线；6. 基础边线

3. 基础墙体标高控制

房屋的基础墙（±0.000 以下的墙体）的高度是利用基础皮数杆来控制的。基础皮数杆是一根木制的杆子（如图 11.14 所示）。事先在杆上按照设计的尺寸，在砖、灰缝的厚度划出线条，并标明 ±0.000、防潮层等的标高位置。立皮数杆时，先在立杆处打一木桩，用水准仪在木桩侧面定出一条高于垫层标高某一数值的水平线，然后将皮数杆上标明相同的一条线与木桩的同高水平线对齐，并用大铁钉把皮数杆和木桩钉在一起，作为基础墙砌筑时的依据。

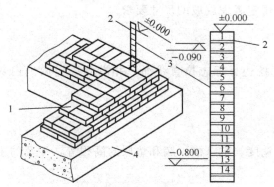

图 11.14　基础皮数杆的使用
1. 大放角；2. 防潮层；3. 皮数杆；4. 垫层

4. 基础墙顶标高检查

基础施工结束后，应检查基础墙顶面的标高是否符合设计要求。可用水准仪测出基础顶面若干点高程，并与设计高程比较，允许误差为 ±10mm。

11.2.6　墙身砌筑的测量工作

利用轴线引桩或龙门板上的轴线钉和墙边线标志，用经纬仪或拉线吊垂球的方法将轴线投测到基础顶面或防潮层上，然后用墨线弹出墙中线和墙边线。检查外墙轴线交角是否为直角。符合要求后，把墙轴线延伸并划在基础墙侧面，作为向上投测轴线的依据。同时把门、窗和其他洞口的边线也划在基础墙里面上。

在墙体施工中，墙身各部件也用皮数杆控制。根据设计尺寸在墙身皮数杆上，砖、灰缝厚度处划有线条，并标明 ±0.000m、门、窗、楼板的标高位置，如图 11.15 所示。一般墙身砌筑 1m 高以后就在室内砖墙上定出 0.500m 的标高，并弹墨线标明，供室内地坪抄平和装修用。当第二层以上墙体施工时，可用水准仪测出楼板面四角的标高，取平均值作为本层地坪标高，并以此作为本层立皮数杆的依据。

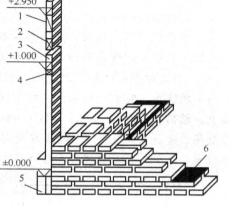

图 11.15　墙身各部件高程控制

1. 二层地面楼板；2. 窗口过梁；3. 窗口；
4. 窗口出砖；5. 木桩；6. 防潮层

当精度要求较高时，可用钢尺沿墙身自 ±0.000m 起直接丈量至楼板外侧，确定立杆标志。框架式结构的民用建筑，墙体砌筑是在框架施工结束后，可在柱面上刻线代替皮数杆。

11.3　工业厂房控制网和柱列轴线测设

11.3.1　工业厂房控制网的测设

工业建筑场地的施工控制网建立后，为了对每个厂房或车间进行施工放样，还需对每个厂房或车间建立厂房施工控制网。由于厂房多为排柱式建筑，跨度和间距大，所以厂房施工控制网多数布设成矩形，故也称厂房矩形控制网或简称厂房矩形网。

1. 布网前的准备工作

1）了解厂房平面布置情况、设备基础的布置情况。
2）了解厂房柱子中心线和设备基础中心线的有关尺寸、厂房施工坐标和标高等。
3）熟悉施工场地的实际情况，如地形变化、放样控制点的应用等。
4）了解施工的方法和程序，熟悉各种图纸资料。

2. 厂房控制网的布网方法

（1）角桩测设法

布置在基坑开挖范围以外的厂房矩形控制网的 4 个角点，称为厂房控制桩。角桩测设法就是根据工业建筑厂区的方格网，利用直角坐标法直接测设厂房控制网的 4 个角点（图 11.16）。用木桩标定后，检查角点间的角度和距离关系，并作必要的误差调整。一般来说，角度误差不应超过 ±10″，边长误差不得超过 1/10 000。这种形式的厂房矩形控制网适用于精度要求不高的中、小型厂房。

（2）主轴线测设方法

厂房主轴线指厂房长、短两条基本轴线，一般是互相垂直的主要柱列轴线或设备基础轴线，它是厂房建设和设备安装平面控制的依据。主轴线测设方法步骤如下：

1）首先根据厂区控制网定出厂房矩形网的主轴线，如图 11.17 所示。其中 A、O、B 为主轴线点，它们可根据厂区控制网或原有控制网测设，并适当调整使三点在一条直线上。然后在 O 点测设 OC 和 OD 方向，并进行方向改正，使两主轴线严格垂直，主轴线交角误差为 ±3″～±5″。轴线方向调整好后，以 O 点为起点精密量距，确定主轴线端点位置，主轴线边长精度不低于 1/30 000。

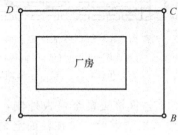
图 11.16　厂房矩形控制

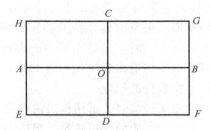
图 11.17　用主轴线测设厂房

2）根据主轴线测设矩形控制网。如图 11.17 所示，分别在 A、B、C、D 处安置经纬仪，后视 O 点，测设直角，交会出 E、F、G、H 各厂区控制桩，然后再精密丈量 AH、AE、GB、BF、CH、CG、DE、DF，其精度要求与主轴线相同。若量距所得交点位置与角度交会所得点位置不一样，则应调整。

11.3.2　柱列轴线的测设和柱基施工测量

1. 柱列轴线的测设

根据厂房平面图上所注的柱间距和跨距尺寸，用钢尺沿矩形控制网各边量出各柱列轴线控制桩的位置，如图 11.18 所示的 1′、2′、…，并打入大木桩，桩顶用小钉标出点位，作为柱基测设和施工安装的依据。丈量时应以相邻的 2 个距离指标桩为起点分别进行，以便检核。

2. 柱基定位和放线

1）安置 2 台经纬仪，在 2 条互相垂直的柱列轴线控制桩上，沿轴线方向交会出各柱基的位置（即柱列轴线的交点），此项工作称为柱基定位。

2）在柱基的四周轴线上，打入 4 个定位小木桩 a、b、c、d，如图 11.18 所示，其桩位应在基础开挖边线以外，比基础深度大 1.5 倍的地方。桩顶采用统一标高，并在桩顶用小钉标明中线方向，作为修坑和立模的依据。

3）按照基础详图所注尺寸和基坑放坡宽度，用特制角尺放出基坑开挖边界线，并撒出白灰线以便开挖，此项工作称为基础放线。

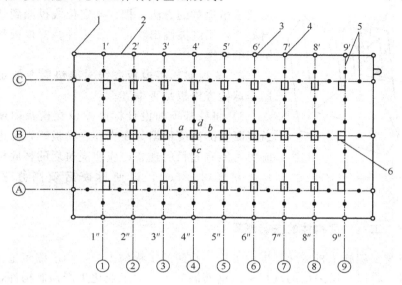

图 11.18　厂房柱列轴线和柱基测量

1.厂房控制桩；2.厂房矩形控制网；3.柱列轴线控制桩；4.距离指标桩；
5.定位小木桩；6.柱基础

4）在进行柱基测设时，应注意柱列轴线不一定都是柱基的中心线，而一般立模、吊装等习惯用中心线，此时应将柱列轴线平移，定出柱基中心线。

3.柱基施工测量

（1）基坑开挖深度的控制

当基坑挖到一定深度时，应在基坑四壁离基坑底设计标高 0.5m 处测设水平桩，作为检查基坑底标高和控制垫层的依据。此外还应在坑底边沿及中央打入小木桩，使桩顶高程等于垫层设计高程，以便在桩顶拉线打垫层，如图 11.19 所示。

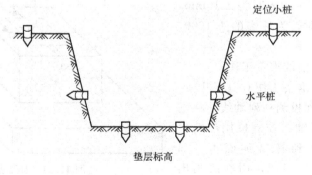

图 11.19　水平桩设置

（2）杯形基础立模测量

杯形基础立模测量有以下 3 项工作：

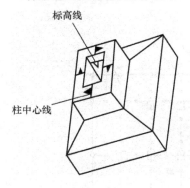

标高线

柱中心线

图 11.20　测设杯内标高

1）基础垫层打好后，根据基坑周边定位小木桩，用拉线吊锤球的方法，把柱基定位线投测到垫层上，弹出墨线，用红漆画出标记，作为柱基立模板和布置基础钢筋的依据。

2）立模时，将模板底线对准垫层上的定位线，并用锤球检查模板是否垂直。

3）将柱基顶面设计标高测设在模板内壁，作为浇筑混凝土的高度依据。在支杯底模板时，考虑到柱子预制时可能有超长的现象，应使浇筑后的杯底标高比设计标高略低 3～5cm，以便拆模后填高修平杯底，如图 11.20 所示。

11.3.3　工业厂房构件的安装测量

随着建筑工程施工机械化程度的提高，在建筑工程施工中，为了缩短施工工期，确保工程质量，将以往所采用的现场浇筑钢筋混凝土改为工业化生产预制构件，并在施工现场安装主要构件。在构件安装之前，必须仔细研究设计图纸所给预制构件尺寸，查预制实物尺寸，并考虑作业方法，使安装后的实际尺寸与设计尺寸相符或在容许的偏差范围以内。单层工业厂房主要由柱子、吊车梁、吊车轨道、屋架等安装而成。从安装施工过程来看，柱子的安装最为关键，它的平面、标高、垂直度的准确性，将影响其他构件的安装精度。

1. 柱子安装测量

（1）柱子安装应满足的基本要求

柱子中心线应与相应的柱列轴线一致，其允许偏差为 ±5mm。牛腿顶面和柱顶面的实际标高应与设计标高一致，其允许误差为 ±（5～8mm），柱高大于 5m 时为 ±8mm。柱身垂直允许误差：当柱高≤5m 时为 ±5mm，当柱高 5～10m 时为 ±10mm，当柱高超过 10m 时，为柱高的 1/1000，但不得大于 20mm。

（2）柱子安装前的准备工作

柱子安装前的准备工作有以下几项：

1）在柱基顶面投测柱列轴线。柱基拆模后，根据柱列轴线控制桩用经纬仪将柱列轴线投测到杯口顶面上，如图 11.21 所示，弹出墨线，用红漆画出"▼"标志，作为安装柱子时确定轴线的

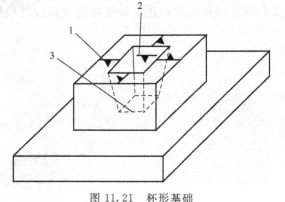

图 11.21　杯形基础

1. 柱中心线；2. −60cm 标高线；3. 杯底

依据。如果柱列轴线不通过柱子的中心线，应在杯形基础顶面上加弹柱中心线。在杯口内壁用水准仪测设一条一般为－0.600m 的标高线（一般杯口顶面的标高为－0.500m），画出"▼"标志，如图 11.21 所示，作为杯底找平的依据。

2）柱身弹线。柱子安装前，应将每根柱子按轴线位置进行编号。如图 11.22（a）所示，在每根柱子的三个侧面弹出柱中心线，并在每条线的上端和下端近杯口处画出"▼"标志。根据牛腿面的设计标高，从牛腿面向下用钢尺量出－0.600m 的标高线，并画出"▼"标志。

3）杯底找平。先量出柱子的－0.600m 标高线至柱底面的长度，再在相应的柱基杯口内量出－0.600m 标高线至杯底的高度，并进行比较，以确定杯底找平厚度。用水泥沙浆根据找平厚度在杯底进行找平，使牛腿面符合设计高程。

（3）柱子的安装测量

柱子安装测量的目的是保证柱子平面和高程符合设计要求，柱身铅直。

1）预制的钢筋混凝土柱子插入杯口后，应使柱子三面的中心线与杯口中心线对齐，如图 11.22（a）所示，用木楔或钢楔临时固定。

2）柱子立稳后，立即用水准仪检测柱身上的±0.000m 标高线，其容许误差为±3mm。

3）如图 11.22（a）所示，用两台经纬仪分别安置在柱基纵、横轴线上，离柱子的距离不小于柱高的 1.5 倍。先用望远镜瞄准柱底的中心线标志，固定照准部后，再缓慢抬高望远镜观察柱子偏离十字丝竖丝的方向，指挥用钢丝绳拉直柱子，直至从两台经纬仪中观测到的柱子中心线都与十字丝竖丝重合为止。

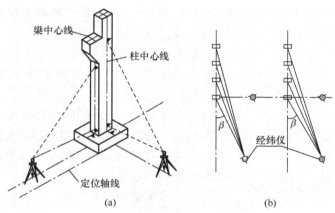

图 11.22　柱子垂直度校正

4）在杯口与柱子的缝隙中浇入混凝土，以固定柱子的位置。

5）在实际安装时，一般是一次把许多柱子都竖起来，然后进行垂直校正。这时，可把两台经纬仪分别安置在纵横轴线的一侧，一次可校正几根柱子，如图 11.22（b）所示，但仪器偏离轴线的角度应在 15°以内。

（4）柱子安装测量的注意事项

1）由于安装施工现场场地有限，往往安置经纬仪离目标较近，照准柱身上部目标时仰角较大。为了减小经纬仪横轴不垂直于竖轴所造成的倾斜面投影的影响，仪器必须进行检验校正，尤应注意横轴垂直于竖轴的检验。当发现存在这种误差时，必须校正好后方能使用或换一台满足条件的经纬仪。

2）由于仰角较大，仪器如不严格整平，竖轴可能不铅垂，仪器将产生倾斜误差。此时，远处高目标照准投影误差较大，因而仪器安置必须严格整平。

3）在强阳光下安装柱子，要考虑到各侧面受热不均匀产生柱身弯曲变形的影响，其规律是柱子向背阴的一面弯曲，使柱身上部中心位置有水平移位。为此，应选择有利的安装时间，一般早晨或阴云天较好。

4）为了校正柱子上部偏离中心线位置而用锤敲打下部杯口木楔或钢楔时，不应使下部柱子有位移，要保证柱脚中心线标记与杯口上的中心线标记一致，只使柱身上部作倾斜移位。

2. 吊车梁安装测量

吊车梁安装测量主要是保证吊车梁中线位置和吊车梁的标高满足设计要求。

（1）吊车梁安装前的准备工作

吊车梁安装前的准备工作有以下几项：

1）在柱面上量出吊车梁顶面标高。根据柱子上的 $\pm 0.000\text{m}$ 标高线，用钢尺沿柱面向上量出吊车梁顶面设计标高线，作为调整吊车梁面标高的依据。

2）在吊车梁上弹出梁的中心线。如图 11.23 所示，在吊车梁的顶面和两端面上用墨线弹出梁的中心线，作为安装定位的依据。

3）在牛腿面上弹出梁的中心线。根据厂房中心线，在牛腿面上投测出吊车梁的中心线，投测方法如下：

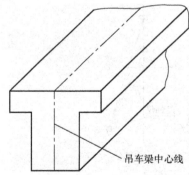

如图 11.24（a）所示，利用厂房纵轴线 A_1A_1，根据设计轨道间距，在地面上测设出吊车梁中心线（也是吊车轨道中心线）$A'A'$ 和 $B'B'$。在吊车梁中心线的一个端点 A'（或 B'）上安置经纬仪，瞄准另一个端点 A'（或 B'），固定照准部，抬高望远镜，即可将吊车梁中心线投测到每根柱子的牛腿面上，并用墨线弹出梁的中心线。

吊车梁中心线

图 11.23　在吊车梁上
弹出梁的中心线

（2）吊车梁的安装测量

安装时，首先使吊车梁两端的梁中心线与牛腿面梁中心线重合，误差不超过 5mm，这是吊车梁初步定位。然后采用平行线法，对吊车梁的中心线进行检测，校正方法如下：

1）如图 11.24（b）所示，在地面上，从吊车梁中心线向厂房中心线方向量出长度 $a(1\text{m})$，得到平行线 $A''A''$ 和 $B''B''$。

2）在平行线一端点 A''（或 B''）上安置经纬仪，瞄准另一端点 A''（或 B''），固定照准部，抬高望远镜进行测量。

3）此时，另外一人在梁上移动横放的木尺。当视线正对准尺上 1m 刻划线时，尺的零点应与梁面上的中心线重合。如不重合，可用撬杠移动吊车梁，使吊车梁中心线到 $A''A''$（或 $B''B''$）的间距等于 1m 为止。

吊车梁安装就位后，先按柱面上定出的吊车梁设计标高线对吊车梁面进行调整，然后将水准仪安置在吊车梁上，每隔 3m 测一点高程，并与设计高程比较，误差应在 ±5mm 以内。

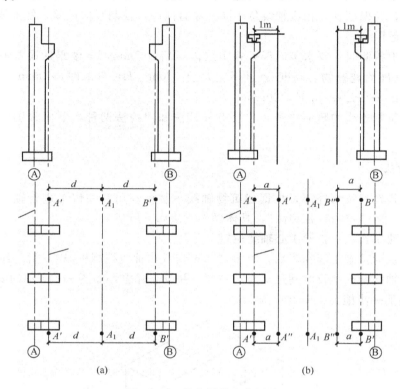

图 11.24　吊车梁的安装测量

3. 吊车轨道安装测量

吊车安装前，依然采用平行线方法检测梁上吊车轨道中心线。轨道安装完毕后，应进行以下几项检查：

1）中心线检查。安置经纬仪于轨道中心线上，检查轨道面上的中心线是否都在一条直线上，误差不超过 ±3mm。

2）跨距检查。用检定后的钢尺悬空丈量轨道中心线间的距离，并加上尺长、温度及其他改正。其与设计跨距之差不超过 ±5mm。

3）轨道标高检查。用水准仪根据吊车梁上的水准点检查，在轨道接头处各测一点，允许误差为 ±1mm，中间每隔 6m 测一点，允许偏差 ±2mm，两根轨道相对标高允许偏差 ±10mm。

11.4　高层建筑施工测量

11.4.1　高层建筑物的轴线投测

高层建筑物施工测量中的主要问题是控制垂直度，就是将建筑物的基础轴线准确地向高层引测，并保证各层相应轴线位于同一竖直面内，控制竖向偏差，使轴线向上投测的偏差值不超限。

轴线向上投测时，要求竖向误差在本层内不超过 5mm，全楼累计误差值不应超过 $2H/10\ 000$（H 为建筑物总高度），且不应大于：$30\text{m} < H \leqslant 60\text{m}$ 时，10mm；$60\text{m} < H \leqslant 90\text{m}$ 时，15mm；$H > 90\text{m}$ 时，20mm。

高层建筑物轴线的竖向投测，主要有外控法和内控法两种，下面分别介绍这两种方法。

1. 外控法

外控法是在建筑物外部，根据建筑物轴线控制桩利用经纬仪来进行轴线的竖向投测，亦称作"经纬仪引桩投测法"，具体操作方法如下所述。

（1）在建筑物底部投测中心轴线位置

高层建筑的基础工程完工后，可将经纬仪安置在轴线控制桩 A_1、A_1'、B_1 和 B_1' 上，把建筑物主轴线精确地投测到建筑物的底部，并设立标志，如图 11.25 中的 a_1、a_1'、b_1 和 b_1'，以供下一步施工与向上投测之用。

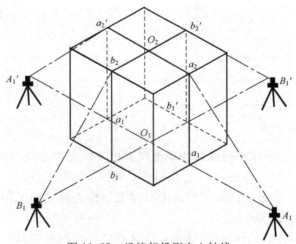

图 11.25　经纬仪投测中心轴线

（2）向上投测中心线

随着建筑物不断升高，要逐层将轴线向上传递。如图 11.26 所示，将经纬仪安置在中心轴线控制桩 A_1、A_1'、B_1 和 B_1' 上，严格整平仪器，用望远镜瞄准建筑物底部已标出的轴线 a_1、a_1'、b_1 和 b_1' 点，用盘左和盘右分别向上投测到每层楼板上，并取其中点作为该层中心轴线的投影点，如图 11.25 所示的 a_2、a_2'、b_2 和 b_2'。

（3）增设轴线引桩

当楼房逐渐增高，而轴线控制桩距建筑物又较近时，望远镜的仰角较大，操作不便，投测精度也会降低。为此，要将原中心轴线控制桩引测到更远的安全地方，或者附近大楼的屋面。

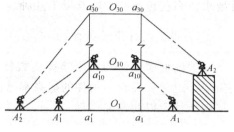

图 11.26　经纬仪引桩投测

具体做法是将经纬仪安置在已经投测上去的较高层（一般高于 10 层）楼面轴线 $a_{10} a_{10}'$ 上，如图 11.26 所示。瞄准地面上原有的轴线控制桩 A_1 和 A_1' 点，用盘左、盘右分中投点法，将轴线延长到远处 A_2 和 A_2' 点，并用标志固定其位置，A_2、A_2' 即为新投测的 $A_1 A_1'$ 轴控制桩。更高各层的中心轴线，可将经纬仪安置在新的引桩上，按上述方法继续进行投测。

2. 内控法

内控法是在建筑物内 ± 0.000m 平面设置轴线控制点，并预埋标志，以后在各层楼板相应位置上预留 200mm×200mm 的传递孔，在轴线控制点上直接采用吊线坠法或激光铅垂仪法，通过预留孔将其点位垂直投测到任一楼层。

（1）内控法轴线控制点的设置

在基础施工完毕后，在 ± 0.000m 首层平面上适当位置设置与轴线平行的辅助轴线。辅助轴线距轴线 500～800mm 为宜，并在辅助轴线交点或端点处埋设标志，如图 11.27 所示。

（2）吊线坠法

吊线坠法是利用钢丝悬挂重锤球的方法进行轴线竖向投测。这种方法一般用于高度在 50～100m 的高层建筑施工中。锤球的重量约为 10～20kg，钢丝的直径约为 0.5～0.8mm。投测方法如下：

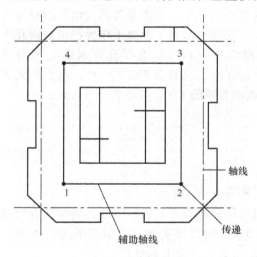

图 11.27　内控法轴线控制点的设置

在预留孔上面安置十字架，挂上锤球，对准首层预埋标志。当锤球线静止时，固定十字架，并在预留孔四周作出标记，作为以后恢复轴线及放样的依据。此时，十字架中心即为轴线控制点在该楼面上的投测点。

用吊线坠法施测时，要采取一些必要措施，如用铅直的塑料管套住坠线或将锤球沉浸于油中，以减少摆动。

11.4.2　高层建筑物的高程传递

在多层建筑施工中，要由下层向上层传递高程，以便楼板、门窗口等的标高符合设计要求。高程传递的方法有以下几种。

1. 利用皮数杆传递高程

一般的低层建筑物可用墙体皮数杆传递高程。在皮数杆上自±0.000m 标高线起，门窗口、过梁、楼板等构件的标高都已注明，一层砌好后，接着从一层的皮数杆起一层一层向上接，以此传递高程。

2. 利用钢尺直接丈量

对于高程传递精度要求较高的建筑物，通常用钢尺直接丈量来传递高程。对于二层以上的各层，每砌高一层，就从楼梯间用钢尺从下层的"＋0.500m"标高线向上量出层高，测出上一层的"＋0.500m"标高线，这样用钢尺逐层向上引测。

3. 吊钢尺法

用悬挂钢尺代替水准尺，用水准仪读数，从下向上传递高程。

11.5　烟囱、水塔施工测量

烟囱和水塔施工测量相近似，现以烟囱为例加以说明。烟囱多为截圆锥形的高耸构筑物，其特点是基础小、主体高、地基负荷大，这就要求施工测量工作要严格控制其中心位置，保证烟囱主体竖直。砖、混凝土烟囱筒身中心线垂直度允许误差为烟囱高 100m 以下，偏差不大于 0.15H％，且不大于 100mm；筒身高于 100m 时，偏差不大于 0.1H％。筒身任何截面的直径允许偏差为该截面直径的 1％，且不大于 50mm。

11.5.1　烟囱的定位、放线

1. 烟囱的定位

烟囱的定位主要是定出基础中心的位置，定位方法如下：

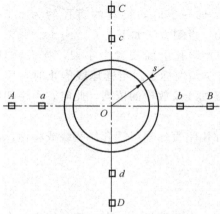

图 11.28　烟囱的定位、放线

1）按设计要求，利用与施工场地已有控制点或建筑物的尺寸关系，在地面上测设出烟囱的中心位置 O（即中心桩）。

2）如图 11.28 所示，在 O 点安置经纬仪，任选一点 A 作后视点，并在视线方向上定出 a 点。倒转望远镜，通过盘左、盘右分中投点法定出 b 和 B。然后，顺时针测设 90°，定出 d 和 D。倒转望远镜，定出 c 和 C，得到两条互相垂直的定位轴线 AB 和 CD。

3）A、B、C、D 四点至 O 点的距离为烟囱高度的 1～1.5 倍。a、b、c、d 是施工定位

桩，用于修坡和确定基础中心，应设置在尽量靠近烟囱而不影响桩位稳固的地方。

2. 烟囱的放线

以 O 点为圆心，以烟囱底部半径 r 加上基坑放坡宽度 s 为半径，在地面上用皮尺画圆，并撒出灰线，作为基础开挖的边线。

11.5.2　烟囱基础的施工测量

烟囱基础的施工测量包括以下步骤：

1）当基坑开挖接近设计标高时，在基坑内壁测设水平桩，作为检查基坑底标高和打垫层的依据。

2）坑底夯实后，从定位桩拉两根细线，用锤球把烟囱中心投测到坑底，钉上木桩，作为垫层的中心控制点。

3）浇筑混凝土基础时，应在基础中心埋设钢筋作为标志。根据定位轴线，用经纬仪把烟囱中心投测到标志上，并刻上"十"字，作为施工过程中控制筒身中心位置的依据。

11.5.3　烟囱的施工测量

1. 引测烟囱中心线

在烟囱施工中，应随时将中心点引测到施工的作业面上。

1）在烟囱施工中，一般每砌一步架或每升模板一次，就应引测一次中心线，以检核该施工作业面的中心与基础中心是否在同一铅垂线上。引测方法如下所述。

在施工作业面上固定一根枋子，在枋子中心处悬挂 8～12kg 的垂球，逐渐移动枋子，直到垂球对准基础中心为止。此时，枋子中心就是该作业面的中心位置。

2）烟囱每砌筑完 10m，必须用经纬仪引测一次中心线，引测方法如下：

如图 11.28 所示，分别在控制桩 A、B、C、D 上安置经纬仪，瞄准相应的控制点 a、b、c、d，将轴线点投测到作业面上，并作出标记。然后，按标记拉两条细绳，其交点即为烟囱的中心位置，并与垂球引测的中心位置比较，以作校核。烟囱的中心偏差一般不应超过砌筑高度的 1/1000。

3）对于高大的钢筋混凝土烟囱，烟囱模板每滑升一次，就应采用激光铅垂仪进行一次烟囱的铅直定位。定位方法如下：

在烟囱底部的中心标志上，安置激光铅垂仪，在作业面中央安置接收靶。在接收靶上，显示的激光光斑中心，即为烟囱的中心位置。

4）在检查中心线的同时，以引测的中心位置为圆心，以施工作业面上烟囱的设计半径为半径，用木尺画圆，如图 11.29 所示，以检查烟囱壁的位置。

2. 烟囱外筒壁收坡控制

烟囱筒壁的收坡，是用靠尺板来控制的。靠尺板的形状如图 11.30 所示，靠尺板两侧的斜边应严格按设计的筒壁斜度制作。使用时，把斜边贴靠在筒体外壁上，若锤球线恰好通过下端缺口，说明筒壁的收坡符合设计要求。

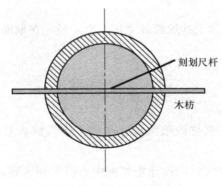

图 11.29　烟囱壁位置检查

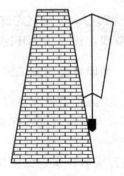

图 11.30　坡度靠尺板

3. 烟囱筒体标高的控制

一般是先用水准仪，在烟囱底部的外壁上测设出＋0.500m（或任一整分米数）的标高线，以此标高线为准，用钢尺向上直接量取高度。

11.6　大坝施工测量

筑坝是水利工程建设中的一项主要工程。对于不同结构、不同材料的坝，施工测量的方法和要求有所不同。本节以混凝土重力坝的放样为例说明大坝施工测量的一般工作。

11.6.1　坝轴线放样

大坝施工测量的任务就是将图上的坝轴线及附属物实地放样出来。坝轴线的放样分为两步：一是根据坝轴线两端点的设计坐标，依据测图控制网将其放样到实地，并将其作为施工控制网的一条边；二是根据施工控制网及坝轴线端点再来测设坝轴线的其他细部点。

大坝轴线可分为直线型和曲线型。对于直线型坝轴线端点常用的放样方法有交会法、极坐标法和全站仪坐标法等。对于其他坝墩中心位置，则可依据已放样出的坝轴端点及轴线两侧的平面控制点用轴线交会法或正倒镜投点法来标定。曲线型坝轴线有多种形式，可根据曲线形式计算坝轴线各点坐标，然后用前方交会或极坐标等方法实地测设坝轴线。为便于及时恢复轴线，需将坝轴线两端点延长，各定1～2点，分别埋桩。

11.6.2　坝体控制测量

1. 高程控制网的设置

为控制坝体各部分的高程，应在坝区施工范围之外设置一些永久性的水准点，各水准点应构成闭合环。这些点可应用混凝土桩或石桩来标示。水准点的高程按工程要求用三等或四等水准测量方法施测。为便于施工时高程放样，应考虑到安置 1～2 次仪器就能把高程传递到工作面上，因此还要测定一些具有一定密度的临时水准点。可按四等或五等水准测量施测，并附合到永久性水准点上。在施工期间要定期检查其高程有无变动。临时水准点可根据具体情况分布在工作面附近不同高程的山坡上和谷地上，选择在固定的岩石上或固定物体上，涂上红漆或打入大头铁钉作为标志。

2. 坝体控制网

混凝土坝的施工采取分层、分段、分块浇筑的方法。为方便测设坝体分段分块的控制线，在施工前要建立坝体平面控制网。坝体平面控制网是以坝轴线为基准，设置一些与坝轴线平行和垂直的直线，一般布设为矩形。如图 11.31 所示，是以坝轴线 AB 为基准，布设矩形控制网。网格尺寸按施工分块的大小而定。

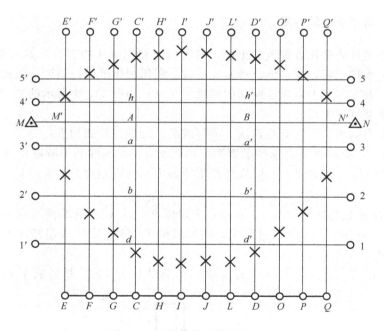

图 11.31　坝体分块控制线测设

（1）标定平行线

在大坝施工期间，由于坝上极为杂乱，要直接从坝轴线上量距不仅困难，而且精度不高，因而需在坝轴线的上、下游设置数条与坝轴平行的线。各平行线的间隔，可视施工分块的大小而定。如图 11.31 所示，M、N 为坝轴线两端点，在其中一点如 M 点上安置经纬仪，照准 N 点。在易于量距的河床两侧定出 A 和 B 两点。然后，分别在 A、B 点上架设经纬仪，作 MN 的垂直线，即后视 M 点和 N 点，使水平度盘旋转 $90°$，标出垂直线 AC、BD，并延长到 C' 和 D' 点。在 CC'、DD' 直线上，按平行线的间隔定出 a、b、d、h、… 和 a'、b'、d'、h'、… 点，把相对的点连接起来，则 aa'、bb'、dd'、

hh'…就是标定的坝轴线平行线。为了防止施工中损坏，应把各平行线延长到山坡上便于观测的地方，并埋设固定桩。

（2）标定垂直线

垂直线是进行横断面测量和坝体施工时放样的依据。测定时，应首先决定零号桩（0+000）的位置。坝轴线上坝顶与山坡相交点 M' 为零号桩点（见图 11.31）。测定零号桩的位置时，可在坝轴线的一端 M 点附近架设水准仪，后视某一已知高程为 H 的水准点，得水准尺后视读数 a，则视线高 $H_视 = H_A + a$。再计算零号桩的应有前视读数 $b = H_视 - H_设$，$H_设$ 为坝顶设计高程。然后在 M 点上安置经纬仪，瞄准 N 点，由经纬仪观测者指挥，使水准尺沿坝轴线移动，直至从水准仪内看到水准尺上读数恰好等于 b 时，此立尺点就是零号桩位置 M'，同样可测得 N'。测定出零号桩的位置后，在坝轴线上按预定的垂直线间隔，用钢尺丈量定出各垂直线的里程桩位置。然后，分别过各里程桩点测定坝轴线的垂直线，并延伸到施工范围以外，设置标桩。

11.6.3　清基范围的测定

清基工作的任务是挖去覆盖的土层、彻底风化和半风化的岩石，露出新鲜的基岩。修好围堰并将水排干后，就可测设清基开挖线。利用坝体平面控制网，依次在各个断面安置经纬仪，在方向线上定出该断面的基坑开挖点，如图 11.31 所示的"×"点，将这些点连接形成基坑开挖线。

基坑开挖点的测设方法有趋近法、平行线法。趋近法步骤如下：

1）图 11.32 所示的是 P 点的断面图。从图上查得坝轴线和上游坡角 A 的水平距离和 A 点的高程 H_A。在地面上由坝基点 P 沿断面方向测设距离 PA 得点 V，测出 V 点高程 H_V。

2）设基坑开挖边坡斜率为 $1:m$。在平坦地面，从 V 点沿断面方向测设距离 $S = m(H_V - H_A)$ 即可。如地面坡度较大，应先求得 S，然后从 V 点沿断面方向丈量距离 S_1，定出 a_1 点。

3）测得 a_1 点高程并算出与 A 的高差 h_2，求得 $S_2 = mh_2$。然后从 V 点沿断面方向

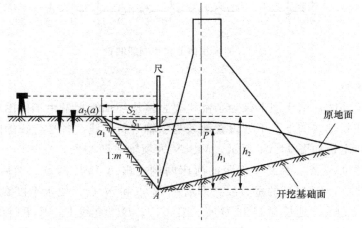

图 11.32　测设开挖点

丈量距离 S_2，定出 a_2 点。

4）如此反复，直到相邻两次所测距离之差满足精度要求，此时所定点就是所求开挖点。开挖点确定后，可用木桩标定，并沿断面方向在开挖范围外设立两个以上的保护桩。同法定出所有断面的开挖点，这些开挖点的连线称为开挖线。

11.6.4 坝体浇筑中的施工放样

1. 坝体坡面的立模放样

坝体坡面立模从基础开始，首先要用趋近法在横断面上找到坝坡线与基岩表面线的交点。图 11.33 是一个坝体的横断面，假定要浇筑混凝土块 $ABEF$，必须测设出坡脚点 A 的位置，步骤如下：

1）在设计图上查出 B 点高程 H_B 和它与坝轴线间的距离 b 以及上游坡度 $1:m$。

2）如果坝基面平坦则根据 A 点和坝轴线间的距离在横断面方向上直接量距得 A 点，如果坝基面有坡度，则先在横断面方向靠近坡脚的地方找一点 C，测出 C 点高程 H_C，求出 C 点到坝轴线间距离 $S_1 = b + m(H_B - H_C)$。如果实测距离 CF 等于 S_1，则 C 点就是坡脚点。否则，沿断面方向量距 S_1，标定 D 点。

3）测 D 点高程，计算 $S_2 = b + m(H_B - H_D)$。利用逐步趋近法就可得坡脚点 A 的位置。连接各相邻坡脚点即为坡脚线，沿此线按 $1:m$ 立模，并用垂球向下投影，检核坡度。

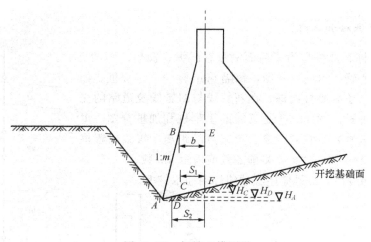

图 11.33　坝坡立模测设

2. 坝体分块的立模放样

在坝体中间部分分块立模时，根据大坝上下游的分段控制桩和左右岸的分块控制桩，直接在基础面或已浇好坝块上放样、弹线。为了检查与校正模板的位置，还要在分块线内侧弹出平行线（又称立模线）。立模线和分块线距离一般是 0.2～0.5m。

11.7　管道工程测量

管道包括给水、排水、煤气、暖气、电缆、通信、输油、输气等管道。管道工程测量的主要内容包括管道中线测量、管道纵横断面测量和管道施工测量。

11.7.1　管道中线测量

管道中线测量的任务是将设计管道中心线的位置在地面测设出来。中线测量的内容有管道转点桩的测设、交点桩的测设、线路转折角测量、里程桩和加桩的标定。

1. 测设转点桩、交点桩和测量转折角

图 11.34 为某设计管线示例，图中 1、2、3、4、5 点为管线转点，A、B、C、D 为已有导线点。根据导线点的坐标和管线转点的设计坐标计算出（或在 AutoCAD 中标注出）测设数据。可以使用极坐标法、距离交会法、角度交会法测设出管线转点，打桩作为点的标志。

当设计管道附近有明显可靠的地物时，也可以在设计图上量出交会边长，如图 11.34 中的 d_2、$d_2{'}$，根据地物的特征点，采用边长交会的方法测设管线转点。

沿管线转点进行导线测量，与附近的测量控制点连测，构成附合导线形式，以检查转点测设的正确性。

2. 测设里程桩和加桩

测设里程桩和加桩是为了后面测量管线纵、横断面图的需要。

沿管道中心线，自起点开始，每隔 50m 打一个里程桩。如果地势有变化，还需要打加桩。在新管线与旧管线及道路的交叉处，也应打加桩。图 11.35 是管线的里程桩和加桩草图。里程桩和加桩的编号表示它们距离管道起点的距离。管线里程桩和起点桩号为 0+000（"+"号前的数值表示 km 数，"+"号后的数值表示 m 数），桩号应用红油漆标明在木桩上。

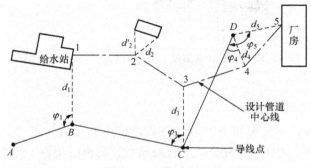

图 11.34　根据导线点和已有建筑物测设管线转点

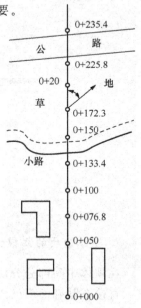

图 11.35　管线里程桩和加桩草图

11.7.2　管线纵、横断面测量

1. 管线纵断面测量和纵断面图的绘制

管线纵断面测量的内容是根据沿管线中心线所测得的桩点高程和桩号绘制成纵断面图。纵断面图反映了沿管线中心线的地面高低起伏和坡度陡缓情况，是设计管道埋深、坡度和计算土方量的主要依据。

为保证管线全线的高程测量精度，应先沿管线布设高程控制。高程控制应采用四等水准测量。一般每隔 1～2km 布设一个永久水准点，作为全线高程的主要控制点。中间每隔 300～500m 还应设置临时水准点，作为纵断面测量时分段闭合和施工时引测高程的依据。在沿线高程控制的基础上，以附合水准路线的形式、按图根水准测量的要求测设出中心线上各里程桩和加桩的高程。

绘制纵断面图时，以里程为横坐标、高程为纵坐标，按规定的比例尺将测得的各桩点绘制在透明毫米方格纸上。一般使纵断面的高程比例尺为水平距离比例尺的 10 倍或 20 倍。

也可以在 AutoCAD 中绘制。先执行直线命令 Line，以 Z 轴为水平距离（里程数），Y 轴为高程，按 1∶1 的比例尺绘制好纵断面图；再执行创建块命令 WBlock，将绘制好的纵断面图创建成一个名称为"管线纵断面图"的外部块；然后执行插入块命令 Insert，在弹出的"插入"对话框（图 11.36）中进行如图中所示的设置。图中是将 Y 轴的比例尺设置为 X 轴比例尺的 10 倍，单击"确定"按钮，在屏幕上指定插入点后即完成操作。插入的块是一个单一对象，如要修改，应先执行 Explode 命令将其分解。

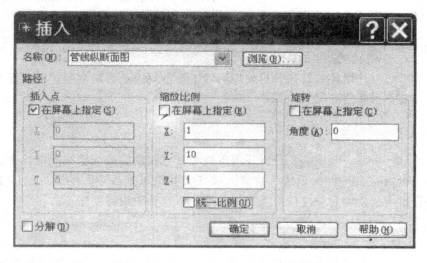

图 11.36　AutoCAD2004 中文版"插入"对话框的设置

2. 管线横断面测量和横断面图的绘制

管线横断面图用于表示中线两侧的地形起伏和计算管线沟槽开挖的土方量。在里程

桩和加桩处安置水准仪，测量中线两侧一定范围内的地形变化点至管道中线的水平距离和高差。以中线上的里程桩或加桩为坐标原点，以水平距离为横坐标，以与中线桩的高差为纵坐标，纵、横轴使用相同的比例尺将各地面特征点描绘在毫米方格纸上。绘图比例尺一般用 1：100，也可采用 AutoCAD 绘制横断面图。

根据纵断面图上的管线埋深、纵坡设计、横断面图上中线两侧的地形起伏，可以计算出管线施工的土方量。

11.7.3　管线施工测量

先检查管道中线上各种桩位的保存情况，如有破坏，应根据设计和测量数据恢复并进行检核。

1. 测设施工控制桩

管线开槽后，中线上的各桩位将被挖掉。因此，在开槽前，应在不受施工干扰、引测方便和易于保存的位置测设施工控制桩。施工控制桩分中线控制桩和位置控制桩，如图 11.37 所示。中线控制桩设置在管道中线的延长线上，位置控制桩设置在与中线垂直的方向上以控制里程桩和井位等。

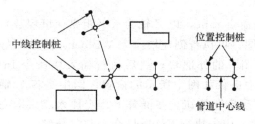

图 11.37　管道中线控制桩

2. 加密水准点

为了便于在施工期间测设高程，应在原有水准点的基础上，沿线每隔 150m 左右增设一个临时水准点。

3. 确定开槽口边线

按照管道的设计埋深和管径，再根据沿线土质情况决定开槽宽度。在地面上定出槽边线位置，撒上白灰线标明。

4. 设置坡度横板并测设中线钉

如图 11.38 所示，开槽后，应设置坡度横板，以控制管道沟槽按照设计中线位置进行开挖。一般每隔 10~20m 设置一块坡度横板，并编以桩号。在中线控制桩上安置经纬仪，将管道中线投测到坡度横板上，订上小铁钉（称中线钉）作标志。

5. 测设坡度钉

坡度钉的作用是控制管道沟槽按照设计深度和坡度开挖。坡度钉设置在坡度立板上，见图 11.38。

在坡度横板上竖直钉立坡度立板，坡度立板的一侧应与管道中线平齐。使用水准测量的方法，在坡度立板上测设一条高程线，使其高程与管底的设计高程相差一整分米数（称为下反数）。在该高程线上水平钉一小铁钉（称为坡度钉），以控制沟底的开挖深度和管道的埋设深度。

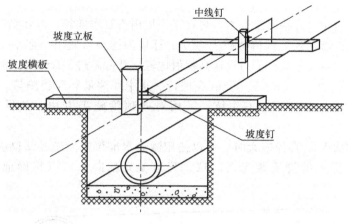

图 11.38 坡度板的设置

11.7.4 顶管施工测量

当地下管线穿越公路、铁路或其他重要建筑物时，常采用顶管施工法。顶管施工是在先挖好的工作坑内安放道轨（铁轨或方木），将管道沿所要求的方向顶进土中，再将管内的土方挖出来。顶管施工测量的目的是保证顶管按照设计中线和高程正确顶进或贯通。

1. 中线测量

如图 11.39（a）所示，先挖好顶管工作坑，根据地面的中线桩或中线控制桩用经纬仪将管道中线引测到坑壁上。然后在两个顶管中线桩上拉一条细线，紧贴细线挂两根垂球线，两垂球的连线方向即为管道中线方向［图 11.39（b）］。制作一把木尺，使其长度等于或略小于管径，分划以尺的中央为 0 向两端增加。将木尺水平放置在管内，如果两垂球的方向线与木尺上的零分划线重合［图 11.39（c）］，则说明管道中心在设计管线方向上，否则管道有偏差。可以在木尺上读出偏差值，偏差值超过 1.5cm 时，需要校正。

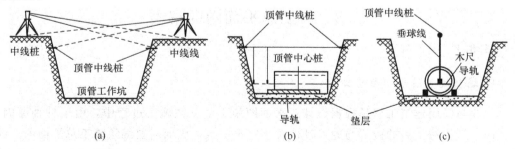

图 11.39 顶管施工测量

2. 高程测量

先在工作坑内布设好临时水准点，再在工作坑内安置水准仪，以在临时水准点上竖立的水准尺为后视，以在顶管内待测点上竖立的标尺为前视（使用一把小于管径的标尺），测量出管底高程。将实测高程值与设计高程值比较，其差超过 ±1cm 时，需要校正。

在管道顶进过程中，每顶进 0.5m 应进行一次中线测量和高程测量。当顶管距离较长时，应每隔 100m 开挖一个工作坑。采用对向顶管施工方法，其贯通误差不应超过 3cm。

当顶管距离太长、直径较大时，可以使用激光水准仪或激光经纬仪进行导向，也可以使用图 11.40 所示的管道激光指向仪。管道激光指向仪可以精确地测量出管道的坡度。

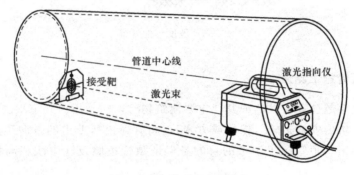

图 11.40　管道激光指向仪

11.7.5　管线竣工测量

管道竣工测量的内容是测绘竣工平面图和纵断面图。竣工平面图主要是测绘管道的起点、转折点、终点、检查井、附属构筑物的平面位置和高程、管道与附近重要地物（如永久性房屋、道路、高压电线杆等）的位置关系等。竣工纵断面图是用水准测量方法测定管顶的高程和检查井内管底的高程，用钢尺丈量距离。纵断面图的测绘应在回填土之前进行。

11.8　竣工总平面图的编绘

11.8.1　竣工测量

1. 编制竣工总平面图的目的

工业与民用建筑工程是根据设计总平面图施工的。在施工过程中，由于种种原因，建（构）筑物竣工后的位置与原设计位置不完全一致，因而需要编绘竣工总平面图。编制竣工总平面图的目的一是为了全面反映竣工后的现状，二是为以后建（构）筑物的管理、维修、扩建、改建及事故处理提供依据，三是为工程验收提供依据。竣工总平面图的编绘包括竣工测量和资料编绘两方面内容。

2. 竣工测量

建（构）筑物竣工验收时进行的测量工作，称为竣工测量。

在每一个单项工程完成后，必须由施工单位进行竣工测量，并提出该工程的竣工测量成果，作为编绘竣工总平面图的依据。

（1）竣工测量的内容

1）工业厂房及一般建筑。测定各房角坐标、几何尺寸，各种管线进出口的位置和高程，室内地坪及房角标高，并附注房屋结构层数、面积和竣工时间。

2）地下管线。测定检修井、转折点、起终点的坐标，井盖、井底、沟槽和管顶等的高程，附注管道及检修井的编号、名称、管径、管材、间距、坡度和流向。

3）架空管线。测定转折点、结点、交叉点和支点的坐标，支架间距、基础面标高等。

4）交通线路。测定线路起终点、转折点和交叉点的坐标，路面、人行道、绿化带界线等。

5）特种构筑物。测定沉淀池的外形和四角坐标、圆形构筑物的中心坐标、基础面标高、构筑物的高度或深度等。

（2）竣工测量的方法与特点

1）图根控制点的密度。一般竣工测量图根控制点的密度，要大于地形测量图根控制点的密度。

2）碎部点的实测。地形测量一般采用视距测量的方法测定碎部点的平面位置和高程。而竣工测量一般采用经纬仪测角、钢尺量距的极坐标法测定碎部点的平面位置，采用水准仪或经纬仪视线水平测定碎部点的高程，亦可用全站仪进行测绘。

3）测量精度。竣工测量的测量精度，要高于地形测量的测量精度。地形测量的测量精度要求满足图解精度，而竣工测量的测量精度一般要满足解析精度，应精确至厘米。

4）测绘内容。竣工测量的内容比地形测量的内容更丰富。竣工测量不仅测地面的地物和地貌，还要测底下各种隐蔽工程，如上、下水及热力管线等。

11.8.2　竣工总平面图的编绘

1. 编绘竣工总平面图的依据

1）设计总平面图，单位工程平面图，纵、横断面图，施工图及施工说明。

2）施工放样成果、施工检查成果及竣工测量成果。

3）更改设计的图纸、数据、资料（包括设计变更通知单）。

2. 竣工总平面图的编绘方法

1）在图纸上绘制坐标方格网。绘制坐标方格网的方法、精度要求与地形测量绘制坐标方格网的方法、精度要求相同。

2）展绘控制点。坐标方格网画好后，将施工控制点按坐标值展绘在图纸上。展点对所临近的方格而言，其容许误差为±0.3mm。

3）展绘设计总平面图。根据坐标方格网，将设计总平面图的图面内容按其设计坐标用铅笔展绘于图纸上，作为底图。

4）展绘竣工总平面图。对凡按设计坐标进行定位的工程，应以测量定位资料为依据，按设计坐标（或相对尺寸）和标高展绘。对原设计进行变更的工程，应根据设计变更资料展绘。对凡有竣工测量资料的工程，若竣工测量成果与设计值之差不超过所规定的定位容许误差，按设计值展绘；否则，按竣工测量资料展绘。

3. 竣工总平面图的整饰

1）竣工总平面图的符号应与原设计图的符号一致。有关地形图的图例应使用国家地形图图示符号。

2）对于厂房应使用黑色墨线，绘出该工程的竣工位置，并应在图上注明工程名称、坐标、高程及有关说明。

3）对于各种地上、地下管线，应用各种不同颜色的墨线，绘出其中心位置，并应在图上注明转折点及井位的坐标、高程及有关说明。

4）对于没有进行设计变更的工程，用墨线绘出的竣工位置与按设计原图用铅笔绘出的设计位置应重合，但其坐标及高程数据与设计值比较可能稍有出入。

随着工程的进展，逐渐在底图上将铅笔线绘成墨线。

4. 实测竣工总平面图

对于直接在现场指定位置进行施工的工程、以固定地物定位施工的工程及多次变更设计而无法查对的工程等，只好进行现场实测。这样测绘出的竣工总平面图，称为实测竣工总平面图。

思考题与习题

1. 简述施工测量的目的、内容和特点。
2. 建筑基线和建筑方格网如何测设？
3. 如何设置龙门板？它有什么作用？
4. 如何测设工业厂房控制网？
5. 如何进行柱子的竖直校正？
6. 高层建筑如何传递轴线？
7. 简述大坝控制网的建立步骤。
8. 简述烟囱、水塔的定位、放线的步骤。
9. 如何进行管道中线测量？如何测绘管线纵横断面图？
10. 什么情况下使用顶管施工？如何测设顶管施工中线？
11. 如何编绘竣工总平面图？

第十二章 道路和桥梁工程测量

12.1 概　　述

　　交通运输是国民经济的动脉，是经济发展的基础产业。随着社会经济发展，对交通运输的需求逐步加大，对道路等交通基础设施的需求也逐年增加。道路主要包括铁路、公路及其他道路，一条道路通常由线路、桥梁、涵洞、隧道及其他附属设施组成。道路由于其功能和行车等的需要，一般以平和直为理想路线，然而由于地形和其他一些客观条件的限制，一般的道路都是由直线和曲线共同组成的空间曲线。为了达到使路线经济、合理的目的，需要进行路线勘测。在路线勘测阶段，测量的目的是为道路的各个阶段设计提供详细资料，路线勘测分为初测和定测。

　　初测工作应在可行性研究报告审查立项后进行，根据初步提出的各个线路方案，对地形、地质及水文等情况进行较为详细的测量，需要在指定范围内布设导线，测量路线各个方案的带状地形图和纵断面图，收集沿线水文、地质等资料，为纸上定线、编制比较方案等初步设计提供资料。

　　定测是利用纸上定线选定的线路与初测控制网之间的关系，将初步设计中批准了的线路设计中线标定于实地上的测量工作。需要在选定方案的路线上进行中线测量、纵断面测量、横断面测量以及局部地区的大比例尺地形图测绘等。为路线纵坡设计、工程量计算等技术设计提供详细的测量资料，必要时还可以作为对设计方案作局部修改的依据。

　　道路设计完成后，即可进行施工，在施工前及施工过程中，需要中线复测、测设边坡、测设竖曲线，作为施工的依据。当工程项目施工结束后，还应进行竣工验收测量，以检查施工质量，并为竣工后道路的使用及养护等工作提供必要的资料，本章着重介绍中线复测、竖曲线测设、路基路面施工放样以及桥涵施工测量等内容。

12.2 中 线 复 测

　　设计后的线路中线是一条确定的平面曲线，在勘测时首先就确定了这条平面曲线并把它测设到了地面上，作为施工的依据。但是，由于勘测与施工有一定的时间间隔，在这段时间里，往往有一部分桩点受到碰动或丢失，为了保证线路中线位置的准确可靠，在施工前要对中线进行一次复测。在施工的过程中，中线桩也有可能被毁坏，因此也需要及时予以修复。对路线上一些主要的特征点，如线路的起终点、路线交点、曲线主点、公里桩等可以埋置护桩，以便随时恢复其位置。

　　线路中线复测可以检查定测的成果，并加密和恢复中线桩，保证道路按原设计施工。复测成果与定测成果的差别如在容许范围之内，则要以定测成果为准，如果超出了容许范围，则要从各个方面查找原因，如果证实桩点错误或移位，则应按照复测成果确定桩位。

12.2.1　中线复测方法

1. 交点坐标检查

交点是线路定测时的中线控制点，因此复测时首先要检查交点的位置是否正确。检查可以根据交点的坐标和其附近点的坐标之间的联系来进行，如图 12.1 所示，A、B 为测量控制点，1 为道路中心交点，进行检查的数据为

$B-1$ 距离：$D_{B1} = \sqrt{(X_1 - X_B)^2 + (Y_1 - Y_B)^2}$；

$B-1$ 方位角：$\alpha_{B1} = \arctan\dfrac{Y_1 - Y_B}{X_1 - X_B}$；

$B-A$ 方位角：$\alpha_{BA} = \arctan\dfrac{Y_A - Y_B}{X_A - X_B}$；

$B1$ 与 BA 的夹角：$\beta = \alpha_{B1} - \alpha_{BA}$。

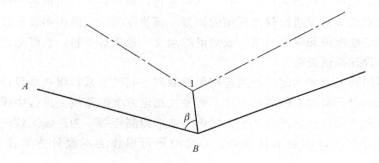

图 12.1　交点坐标检查示意图

检查方法：

1）如果使用经纬仪，则将经纬仪安放于控制点 B，照准后视 A 点，将水平度盘调零，然后转动 β 角，检查 1 点是否在其方向线上，如不在，则说明 1 点已移位；如在，则用钢尺量出 B 点和 1 点之间的距离，将其与计算结果 D_{B1} 相对照，如相吻合，则说明点 1 正确无误，如不相吻合，则说明 1 点有偏移。

2）如用全站仪检查，则只需将其安放于测站 B 点，将棱镜分别放于 A 点和 1 点，测出 $\angle AB1$ 及点 B 和 1 之间的距离，并将测量结果和计算结果相对照，如相吻合，则 1 点正确，如不相吻合，则 1 点有偏移。

2. 转向角检查

转向角是指线路由一个方向转向另一方向时，偏转后的方向和原方向的夹角，偏转后的方向位于原方向左侧的转角叫右转角，如图 12.2 所示 α_3，偏转后的方向位于原方向右侧的转角叫做左转角，如图中所示 α_2。图中 β 为道路方向的夹角，线路测量时，应沿其一侧进行，如沿右侧测量夹角，叫做右角，如沿左侧测量夹角，叫做左角，图中夹

角 β_2 和 β_3 均为右角。

线路的右角、左角和夹角之间有固定的几何关系，只要知道其中一个角，其余的两个角都可按其间的关系推算出来。测角方法按照测回法，换算转角 α 按照下式进行：

通常情况下是观测线路右角，则

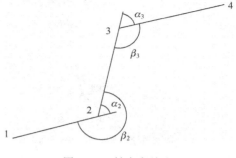
图 12.2 转向角检查

$$当 \beta_右 < 180° 时, \alpha_右 = 180° - \beta_右 \atop 当 \beta_右 > 180° 时, \alpha_左 = \beta_右 - 180° \Bigg\} \qquad (12.1)$$

如果观测线路左角，则

$$当 \beta_左 < 180° 时, \alpha_左 = 180° - \beta_左 \atop 当 \beta_左 > 180° 时, \alpha_左 = \beta 左 - 180° \Bigg\} \qquad (12.2)$$

左角或右角的观测，通常用 DJ2 型经纬仪用测回法观测一个测回。两半测回角度之差的不符值一般不超过 $40''$。

3. 距离检查

距离检查是对道路里程间距的检查，里程桩既表示中线位置，又表示该点至线路起点的里程。里程桩分为整桩和加桩两种，从起点开始，按规定每隔某一整数设一桩，此为整桩，根据不同的线路，整桩之间的距离也不同，一般为 20m、50m、100m 等。在相邻整桩之间线路穿越的重要地物处（如铁路、公路、管道等）及地貌变化处以及曲线主点处要增设加桩，因此加桩又分为地形加桩、地物加桩、曲线加桩和关系加桩等。

为了便于计算，线路中桩均按起点到该桩的里程进行编号，并用红油漆写在木桩侧面，如某整桩距起点为 2700m，则其桩号为 K2＋700，整桩和加桩统称为里程桩。

钉桩时，对于交点桩、转点桩、重要地物加桩以及曲线主点桩，都要打下断面为 6cm×6cm 的方桩，桩顶露出地面约 2cm，桩顶面钉一中心钉，表示点位，在其旁边钉一指示桩，指示桩为扁桩。交点桩的指示桩应钉在曲线圆心和交点连线外距交点 20cm 的位置，字面朝向交点。曲线主点的指示桩字面朝向圆心，桩号标志用汉语拼音缩写表示。其余的里程桩一般使用扁桩，一半露出地面，以便书写桩号，字面一律面向线路起点方向，以方便巡查。

距离的检查应从道路的起点开始，用钢尺或测距仪逐一检查各里程桩之间的距离，以校核和恢复其位置，复测限差为 1/1500。

12.2.2 控制桩的保护

在道路施工中，中桩极有可能被破坏，不及时恢复的话会影响施工的进度。中桩的恢复可以根据路线控制桩来进行，在控制桩上安置经纬仪，用其来拨角度或定方向，用钢尺量距，在路线主要控制桩的基础上进行其余中桩的加密，这种方法对路线控制桩的要求和依赖性很高，因此我们通常会对控制桩设置护桩。对控制桩的保护可采用三个距离交会定点，两个方向交会定点，还可采用一个方向和一段距离交会定点，如图 12.3

（a）、（b）、（c）、（d）所示，角度交会时，交会角应在 30°～120°，最好是 90°。

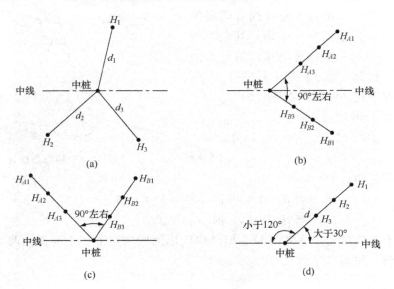

图 12.3 控制桩的复测

护桩设置：在控制点上安置经纬仪，盘左位置选定护桩方向，固定照准部，由远及近的钉设三个木桩，并在桩顶作出该方向的临时标记，然后盘右位置由远及近检查一遍，确认正确无误后在标记处钉上小钉，作为方向标志。护桩埋设处地面要坚实，远离施工区域，不易被破坏，又要方便使用，护桩间距要超过经纬仪的明视距，使照准清晰，为方便寻找，还要对每组护桩用草图或文字作记载。

12.3 纵、横断面水准测量

道路工程施工中经常要进行纵、横断面水准测量。纵断面水准测量又称中线水准测量，它的任务是在中线测定之后，测定中线上各里程桩的地面高程，绘制中线纵断面图，供线路纵坡设计使用；横断面水准测量主要是指测量各中线桩两侧垂直于中线方向的地面起伏，然后绘成横断面图，供横断面设计、土石方工程量计算和施工时确定断面填挖边界等使用。

12.3.1 纵断面水准测量

线路纵断面水准测量分两步进行：首先是在线路方向上设置水准点，建立高程控制点，即高程控制测量，亦称为基平测量；其次是在基平测量的基础上，根据各水准点高程，分段进行中桩水准测量，称为中平测量。

1. 基平测量

基平测量布设的水准点分永久水准点和临时水准点两种，是高程测量的控制点，在勘测设计和施工阶段甚至工程运营阶段都要使用。因此，水准点应选在地基稳固、易于连测以及施工时不易被破坏的地方。水准点间距一般为 300～1500m，山岭和丘陵地区可适当加密，大桥、隧道口及其他大型构造物两端应该增设水准点。水准点要埋设标石，也可设在永久性建筑物上，或将金属标志嵌在基岩上。

基平测量时，首先应将起始水准点与国家高程基准点进行连测，以获得绝对高程。在沿线途中，也应尽量与附近国家水准点进行连测，以便获得更多的检核条件。若线路附近没有国家水准点，也可以采用假定高程基准。将水准点连成水准路线，采用水准仪测量的方法，或光电测距、三角高程测量的方法进行，外业成果合格后要进行平差计算，得到各水准点的高程。

根据线路工程不同的要求应该采用不同的水准测量等级，铁路、高速公路、一级公路及其他大型线路工程应采用四等水准测量，二级及其以下公路和其他的一般线路工程可采用五等水准测量，其技术要求见表 12.1 和表 12.2。

表 12.1　公路及构造物水准测量等级

测量项目	等级	水准路线最大长度/km
2km 以上特大桥、4km 以上特长隧道	三等	50
高速公路、一级公路、1～2km 特大桥、2～4km 隧道	四等	16
二级及二级以下公路、1km 以下桥梁、2km 以下隧道	五等	10

表 12.2　公路及构造物水准测量精度

等级	每公里高差中数中误差/mm		往返较差、附合或闭合差/mm		检测已测测段高差之差
	偶然中误差	全中误差	平原微丘区	山岭重丘区	
三等	±3	±6	$±12\sqrt{L}$	$±3.5\sqrt{n}$ 或 $±25\sqrt{L}$	$±20\sqrt{L_i}$
四等	±5	±10	$±20\sqrt{L}$	$±6.0\sqrt{n}$ 或 $±20\sqrt{L}$	$±30\sqrt{L_i}$
五等	±8	±16	$±30\sqrt{L}$	$±45\sqrt{L}$	$±40\sqrt{L_i}$

注：计算往返较差时，L 为水准点间的路线长度（km），计算附合或环线闭合差时，L 为附合或环线的路线长度（km）；n 为测站数；L_i 为检测测段长度（km）。

2. 中平测量

中平测量是从一个水准点出发，逐个测定中线桩处的地面高程，附合到下一个水准点上，相邻水准点间构成一条附合水准路线，通常采用视线高法进行测量。在每个测站上，应该尽可能多地观测中桩，还需在一定距离内设置转点。两相邻转点间所观测的中桩，称为中间点。由于转点起传递高程的作用，转点标尺应立在尺垫、稳固的桩顶或坚石上，尺上读数至毫米，视距一般不应超过 150m。测量时，在每一测站上首先读取后、前两转点的标尺读数，再读取两转点间所有中间点的标尺读数。中间点标尺读数至厘米，要求尺子立在紧靠桩边的地面上。

如图 12.4 所示，水准仪置于测站①，后视水准点 $BM.1$，前视转点 $TP.1$，将观测结果分别记入中平测量记录计算表 12.3 的"后视"和"前视"栏内；然后观测中间的各个中线桩，由司尺员将标尺依次立于 $0+000$，$0+050$，…，$0+120$ 各中线桩处的地面上，将读数分别记入中平测量记录计算表 12.3 的"中视"栏内。转点时若用中线桩作转点，应将标尺立于桩顶，并记录桩高。仪器搬至测站②，后视转点 $TP.1$，前视转点 $TP.2$，然后观测各中线桩地面点。用同法继续向前观测，直至闭合于水准点 $BM.2$，计算过程见表 12.3。

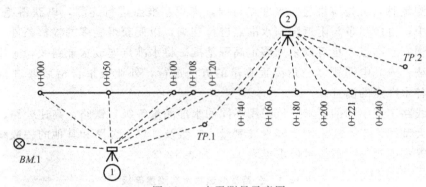

图 12.4　中平测量示意图

表 12.3　中线水准测量手簿

观测日期：2005－11－10　　　　　天气：晴转多云　　　　　仪器型号：DSZ3

观测：王以华　　　　　　　　　　计算：严岩　　　　　　　记录：乐小晰

点号	水准尺读数/m			视线高程/m	高程/m	备　注
	后视	中视	前视			
$BM.1$	1.185			157.575	156.390	HBM.1＝156.390m
DK0＋000		1.02			156.56	
DK0＋050		0.96			156.62	
DK0＋100		0.49			157.09	
DK0＋108		1.23			156.35	
DK0＋120		1.59			155.99	
$TP1$	2.686		1.315	158.946	156.260	
DK0＋140		1.84			157.11	
DK0＋160		0.98			157.97	
DK0＋180		0.65			158.30	
DK0＋200		1.29			157.66	
DK0＋221		1.57			157.38	
DK0＋240		1.98			156.97	
$TP2$	1.898		0.949	159.895	157.997	
…	…	…	…	…	…	
DK1＋240		2.05			164.89	

点号	水准尺读数/m			视线高程/m	高程/m	备　注
	后视	中视	前视			
BM.2			1.626		165.234	HBM.2=165.256m

检核：HBM.2－HBM.1＝165.256－156.390＝8.866m　　$\sum$ 后视 － $\sum$ 前视 ＝8.866m

f_h＝165.256－165.234＝22mm　　$f_{h容}$＝±50$\sqrt{L}$＝±50$\sqrt{1.14}$＝53mm　　满足精度要求

中桩的地面高程的计算应按照所属测站的视线高程进行。每一测站的各项计算依次按下列公式进行：

$$视线高程 ＝ 后视点高程 ＋ 后视读数$$
$$中桩高程 ＝ 视线高程 － 中视读数$$
$$转点高程 ＝ 视线高程 － 前视读数$$

中平测量只作单程观测，按普通水准测量精度。一段观测结束以后，先计算测段高差 $\sum h_{中}$，它与基平测量时所测得的两端水准点高差之差，即为测段的高差闭合差。中桩高程精度要求见表 12.4。

表 12.4　中桩高程测量的精度要求

路线	闭合差/mm	检测限差/cm
高速公路、一级公路	±30$\sqrt{L}$	±5
二级及二级以下公路	±50$\sqrt{L}$	±10

中平测量还可以用全站仪在放样中桩的同时进行，它是利用了全站仪的高程测量功能在定出中桩后随即测定中桩地面高程，这样可大大简化测量工作强度。图 12.4 中为中平测量，其结果记录于中线水准测量手簿中（表 12.3）。

3. 纵断面图的绘制

纵断面图是沿中线方向绘制的反映地面起伏和纵坡设计的线状图，它表示出各段纵坡的大小和中心位置的挖填尺寸，是线路设计和施工的重要资料。

纵断面图是在以中线桩的里程为横坐标、以其高程为纵坐标的直角坐标系中绘制。为了明显地表示地面起伏变化，一般取高程比例尺是里程比例尺的 10 倍，一般取里程比例尺为 1∶5000，1∶2000 或 1∶1000，相应的高程比例尺为 1∶500，1∶200 或 1∶100。

图 12.5 是道路工程的纵断面图，图的上部，从左至右绘有贯穿全图的两条线，一条是细的折线，表示中线方向的地面线，根据中平测量的中线桩地面高程绘制；另一条是粗折线，表示包含竖曲线在内的纵坡设计线。此外，上部还注有水准点的位置和高程；桥涵的类型、孔径、跨数、长度、里程桩号和设计水位；竖曲线示意图及其曲线参数；与公路、铁路的交叉点位置和有关说明等。图的下部注记有相关测量和纵坡设计的资料，在图纸左侧自下而上各栏注有直线和曲线、里程桩号、填挖土深度、地面高程、设计高程、坡度与距离等。在桩号一栏中，自左至右按规定的里程比例尺注上各中线桩的桩号；在地面高程一栏中，注上对应于各中线桩处的地面高程，并在纵断面图上根据

中线桩的地面高程按纵、横比例尺依次点出其相应的位置，用直线将各相邻点位一个一个连接起来，就得到地面线。

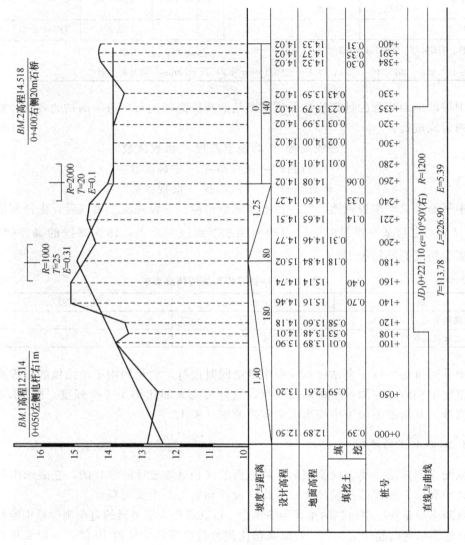

图 12.5　道路工程的纵断面图

在直线和曲线一栏中，按里程桩号标明线路的直线部分和曲线部分。曲线部分折线表示，上凸表示线路右偏，下凹表示线路左偏，并注明交点编号和圆曲线半径，带有缓和曲线的还应注明其长度，在不设曲线的交点位置，用锐角折线表示。在上部地面线部分根据实际工程的专业要求进行纵坡设计。设计时，一般要考虑施工时土石方工程量最小、填挖方尽量平衡及小于限制坡度等与线路工程有关的专业技术规定。在坡度和距离一栏内，分别用斜线或水平线表示设计坡度的方向，从左至右向上斜的直线表示上坡（正坡），下斜的直线表示下坡（负坡），线的上方注记坡度数值，下方注记坡长。

在设计高程一栏内，填写相应中线桩处的路基设计高程。设计高程在路线的纵坡确定后，根据设计坡度和两点间的水平距离，由一点的高程计算另一点的设计高程。

填挖土一栏内，正值为挖土深度，负值为填土高度。地面线与设计线相交的点为不填不挖处，称为"零点"。零点也给以桩号，可由图上直接量得，以供施工放样时使用。

12.3.2 横断面测量

由于横断面测量是测定中桩两侧垂直于中线的地面线，因此首先要确定横断面的方向，然后在此方向上测定地面坡度变化点的距离和高差。横断面测量的宽度，应根据线路工程的实际要求和地形情况确定。一般在中线两侧各测 15~50m，距离和高差只需精确到0.1m 即可满足要求。因此，横断面测量多采用简易的测量工具和方法，以提高工效。

1. 横断面方向的测定

直线段上的横断面方向是与线路中线相垂直的方向。在直线段上如图 12.6 所示，将杆头有十字形木的方向架立于欲测设横断面方向的 A 点上，用架上的 $1-1'$ 方向线照准交点或直线段上某一转点，则 $2-2'$ 即为 A 点的横断面方向。如图 12.7 所示，曲线段上的横断面方向是与曲线的切线相垂直的方向，为了测设曲线上里程桩处的横断面方向，在方向架上加一根可转动的定向杆 $3-3'$，如图 12.8 所示。如要确定点 P_1 和 P_2 处的横断面方向，先把方向架立在点 ZY 上，用 $1-1'$ 方向照准切线方向，则 $2-2'$ 方向即为 ZY 的横断面方向。然后转动定向杆 $3-3'$ 对准 P_1 点并将其固定。将方向架移至点 P_1，用 $2-2'$ 对准点 ZY，则 $3-3'$ 所指的方向即为点 P_1 的横断面方向。

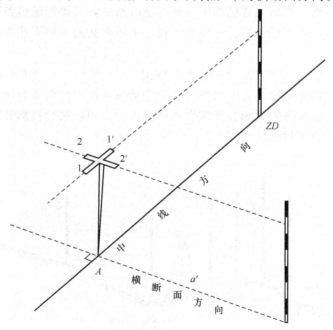

图 12.6 用方向架定横断面方向

为了继续测设曲线上点 P_2 的横断面方向，在点 P_1 定好横断面方向后，转动方向架，松开定向杆，用定向杆 $3-3'$ 对准点 P_2 并将其固定，然后将方向架移至点 P_2，用 $2-2'$ 对准点 P_1，则 $3-3'$ 方向即为点 P_2 的横断面方向。

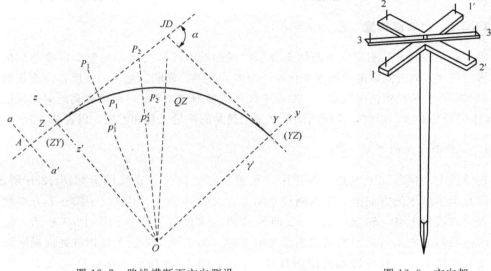

图 12.7 路线横断面方向测设   图 12.8 方向架

2. 横断面的水准测量方法

横断面上中线桩的地面高程已在纵断面测量时测出，只要测量出各变坡点相对于中线桩的平距和高差，就可以确定其点位和高程。平距和高差可用下述方法测定。

（1）水准仪法

在平坦地区可以用水准仪测量横断面。如图 12.9 所示，安置水准仪后，以中线桩为后视，以中线桩两侧横断面方向的各变坡点为前视，标尺读数读至厘米，测得各变坡点高程。用钢尺或皮尺分别量出各变坡点到中线桩的平距，然后根据各变坡点到中桩的平距和其高程即可绘制横断面图。

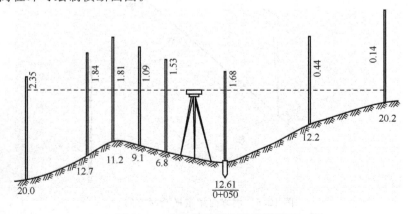

图 12.9 水准仪法测定路线横断面

（2）经纬仪法

在地形复杂、山坡较陡的地段宜采用经纬仪。安置经纬仪于中线桩上，可直接用经纬仪测定出横断面方向。量出至中线桩地面的仪器高度，用视距法测出各特征点与中线桩间的平距和高差，此不详述。

（3）全站仪法

利用其对边的测量功能可以轻松地测得横断面方向各点相对中桩的平距和高差，此处不详述。

3. 横断面图的绘制

横断面图的绘制应根据实际工程要求，依据横断面测量得到的各点间的平距和高差进行，手工绘图时一般在毫米方格纸上绘出各中线桩的横断面图，绘图比例尺一般采用 1∶100 或 1∶200。绘制时，先标定中线桩位置，由中线桩开始，逐一将变坡点标在图纸上，用细线连接各相邻点，即绘出横断面的地面线。

对于道路工程中线的路基断面设计，一般在透明图上按相同的比例尺分别绘出路堑、路堤和半填半挖的路基设计线，称为标准断面图。路基断面图的绘制可依据纵断面图上该中线桩的设计高程把标准断面图套绘到横断面图上，也可将路基断面设计的标准断面直接绘在横断面图上。图 12.10 为半填半挖的路基横断面图的套绘。

图 12.10　标准断面和横断面图套绘

12.4　竖曲线的测设

纵断面上两相邻纵坡线的交点称为变坡点。为缓和纵向变坡处行车动量产生的离心力，保证行车安全、舒适及视距的需要，在变坡点处用一段曲线来缓和，这段曲线称为竖曲线。竖曲线分为凸形竖曲线和凹形竖曲线，如图 12.11 所示。

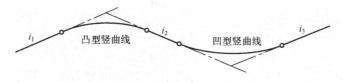

图 12.11　竖曲线

竖曲线测设时，根据路线纵断面图设计中所设计的竖曲线半径 R 和相邻坡道的坡度 i_1，i_2 计算测设数据。如图 12.12 所示，竖曲线的元素计算可用平曲线的计算公

式，即

$$T = R\tan\frac{\alpha}{2}$$

$$L = R\frac{\alpha}{\rho}$$

$$E = R\left(\sec\frac{\alpha}{2} - 1\right)$$

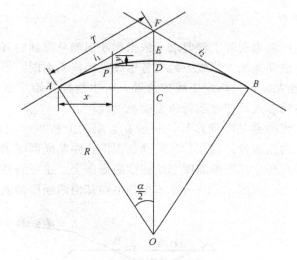

图 12.12　竖曲线测设元素

由于竖曲线的坡度转折角 α 很小，$\alpha = \rho(i_1 - i_2)$，故 $\tan\frac{\alpha}{2} \approx \frac{\alpha}{2\rho}$，于是计算公式可简化为

$$T = R(i_1 - i_2)/2$$
$$L = R(i_1 - i_2)$$

对于 E 值也可按下面的近似公式计算：

因为 $DF \approx CD = E$，$\triangle FAC \backsim \triangle AOC$，则 $OA : AC = AF : CF$，即 $R : AC = AF : 2E$，即

$$E = \frac{AC \cdot AF}{2R}$$

又因为 $AC \approx AF = T$，得

$$E = \frac{T^2}{2R} \tag{12.3}$$

在测设竖曲线细部点时，通常按直角坐标法计算出竖曲线上某细部点 P 至竖曲线起点或终点的水平距离 x 以及该细部点至切线的纵距 y。由于 α 角较小，所以 x 值与 P 点至竖曲线起点或终点的值很接近，故可用其代替，而 y 值可按下式计算为

$$y = \frac{x^2}{2R} \tag{12.4}$$

在凹形竖曲线内，其上各点的设计高程为

$$设计高程 = 坡道高程 + y$$

在凸形竖曲线内，其上各点的设计高程为

$$设计高程 = 坡道高程 - y$$

【例 12.1】　测设凸形竖曲线，$i_1 = 2.50\%$，$i_2 = -2.50\%$，变坡点处桩号为 K5+500，高程为 200m，竖曲线半径 $R = 2000$m，试求竖曲线元素以及起终点的桩号和高程，曲线上每隔 10m 间距整桩的设计高程。

【解】　竖曲线元素为

$$T = \frac{2000}{2} \times (2.5\% + 2.5\%) = 50\text{m}$$

$$L = 2000 \times (2.50\% + 2.50\%) = 100\text{m}$$

$$E = \frac{50^2}{2 \times 2000} = 0.625\text{m}$$

竖曲线起点桩号为 K5+(500−50)=K5+450

终点桩号为 K5+(500+50)=K5+550

起点高程为 200−50×2.50%=198.75m

终点高程为 200−50×2.50%=198.75m

竖曲线上细部点的设计高程计算结果见表 12.5。

表 12.5　竖曲线桩点高程计算

桩号	各桩点起点或中点距离 x/m	纵距 y/m	坡道高程/m	竖曲线高程/m	备注
K5+450	0.0	0.00	198.75	198.75	起点 $i=2.5\%$
K5+460	10.0	0.03	199.00	198.97	
K5+470	20.0	0.10	199.25	199.15	
K5+480	30.0	0.23	199.50	199.27	
K5+490	40.0	0.40	199.75	199.35	
K5+500	50.0	0.63	200.00	199.37	变坡点
K5+510	40.0	0.40	199.75	199.35	$i=-2.5\%$ 终点
K5+520	30.0	0.23	199.50	199.27	
K5+530	20.0	0.10	199.25	199.15	
K5+540	10.0	0.03	199.00	198.97	
K5+550	0.0	0.00	198.75	198.75	

12.5　路基、路面施工放样

12.5.1　路基施工放样

1. 路基边桩放样

路基边桩放样就是将每一个横断面路基边坡线与地面的交点用木桩标定出来，边桩的位置由两侧边桩至中桩的距离来确定，常用的边桩放样方法如下。

（1）图解法

就是在横断面图上直接量取中桩至边桩的距离，然后在实地用钢尺沿横断面方向将边桩丈量并标定出来。在横断面测量和绘图准确，且挖填方量不大时，使用此法较多。

（2）解析法

通过计算得出路基中桩至边桩的距离，然后在实地沿横断面方向将边桩放样出来。

1）平坦路段地基边桩的放样。

填方路基称为路堤，挖方路基称为路堑，图 12.13 为路堤，图 12.14 为路堑，由图可得边桩至中桩的距离 D 为

对填方路堤

$$D = \frac{B}{2} + mH \tag{12.5}$$

对挖方路堑

$$D = \frac{B}{2} + S + mH \tag{12.6}$$

式中，B——路基宽度；

　　　m——边坡率；

　　　H——挖填方高度；

　　　S——路堑边沟顶部宽度。

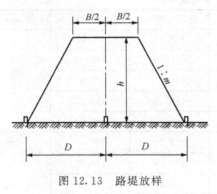

图 12.13　路堤放样

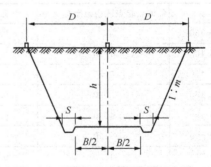

图 12.14　路堑放样

以上是断面位于直线段求算 D 值的方法。如果断面位于弯道上且有加宽时，按上述方法求出 D 值后，还要在加宽一侧的 D 值中加上加宽值。放样时只需沿横断面方向，在实地从中桩向两侧放出该距离，用木桩标定即可。

2）倾斜地段路基边桩的放样。

在倾斜地段，边桩至中桩的平距随着地面坡度的变化而变化。如图 12.15 和图 12.16所示，路堤坡脚或路堑坡顶至中桩的距离 $D_上$ 和 $D_下$ 分别为

对于路堤

$$\left.\begin{array}{l} D_上 = \dfrac{B}{2} + m(H - h_上) \\[2mm] D_下 = \dfrac{B}{2} + m(H + h_下) \end{array}\right\} \tag{12.7}$$

对于路堑

$$
\left.
\begin{aligned}
D_{上} &= \frac{B}{2} + s + m(H + h_{上}) \\
D_{下} &= \frac{B}{2} + s + m(H - h_{下})
\end{aligned}
\right\}
\qquad (12.8)
$$

式中，$h_{上}$、$h_{下}$——上、下坡脚或坡顶至中桩的高差；

　　　　H——中桩处的填挖高度，为已知量。

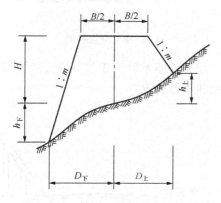 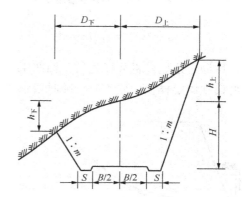

图 12.15　斜坡地段路堤边桩放样　　　　图 12.16　斜坡地段路堑边桩放样

由于边桩未定，故 $h_{上}$ 和 $h_{下}$ 均为未知数，实际放样时，先在某点上立水准尺，测定该点与中桩的高差，代入式（12.7）或式（12.8）中计算出 D，再用钢尺量出该点至中桩的距离 D'，若 $D < D'$，则说明边桩的位置应该在内侧；若 $D > D'$，则说明边桩的位置应该在外侧。按该方向移动水准尺一段距离 $\Delta D = D - D'$ 再进行试测、试算，直至 $\Delta D < 0.1 \mathrm{m}$，即可认为该点为边桩位置，该法即所谓"逐点趋近法"。

2. 路基边坡放样

在放样出边桩后，为了保证填、挖的边坡达到设计要求，还应把设计边坡在实地标定出来，以方便施工。

（1）用竹竿和绳索放线

如图 12.17 所示，O 为中桩，A、B 为边桩，CD 为路基宽度。放样时在 C、D 处立竖杆，于高度等于中桩填土高度 H 处的 C' 和 D' 用绳索连接，同时由点 C' 和 D' 用绳索连接到边桩 A、B 上，设计边坡就标定于实地。

当路堤填土不高时，可采用上述方法一次挂线，当填土较高时，可采用分层挂线，如图 12.18 所示。

（2）用边坡样板放样

施工前按照设计边坡坡度做好边坡样板，施工时按照边坡样板进行边坡放样。

用活动边坡尺放样边坡：如图 12.19 所示，当水准器气泡居中时，边坡尺的斜边所指示的坡度恰好为设计边坡坡度，故由此可以指示并检核路堤的填筑。同理，边坡尺也可以指示并检查路堑的开挖。

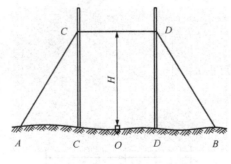

图 12.17　一次挂线

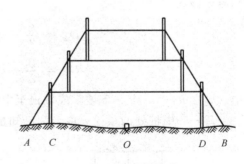

图 12.18　分层挂线

用固定边坡样板放样边坡：如图 12.20 所示，在开挖路堑时，于坡顶桩外侧按设计坡度设立固定样板，施工时可随时指示并检查开挖和整修情况。

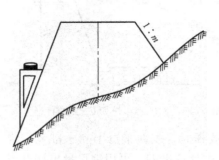

图 12.19　活动边坡尺放样

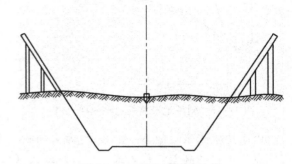

图 12.20　固定边坡尺放样

12.5.2　路面施工放样

路面的结构层一般可由面层、基层、垫层组成，路面各结构层的放样方法仍然是先恢复中线，由中线控制边线，然后放样高程来控制各结构层的标高，除面层外，各结构层的横坡可按直线形式放样，需要注意的是路面的加宽与超高。

1. 路面边桩放样

首先在路基顶面恢复线路中线，然后在各中桩上用皮尺或钢尺沿横断面方向左右各量出路面宽度的一半，定出路面边桩。在高等级公路路面施工中，还可以直接根据坐标放出边桩。

2. 路拱放样

为有利于排水，在保证行车平稳的前提下，路面应做成中间高且向两侧倾斜的路拱。路拱的类型通常采用抛物线形或屋顶线形。路拱横坡坡度通常为 $1\%\sim4\%$。二次抛物线形的路拱形状可表示为

$$x^2 = 2py \qquad\qquad (12.9)$$

当 $x=\dfrac{b}{2}$，$y=h$ 时，$2p=\dfrac{x^2}{y}=\dfrac{4h}{b^2}x^2$，所以

$$y=\frac{x^2}{2p}=\frac{4h}{b^2}x^2 \tag{12.10}$$

式中，x——横距；

　　　y——纵距；

　　　b——路面宽度；

　　　h——拱高。

一般将路幅分成 10 等份，即 $b=10b'$，则有 $b'=b/10$，$h_1=h=bi/2$，i 为路拱坡度，$h_2=0.96h_1$，$h_3=0.84h_1$，$h_4=0.64h_1$，$h_5=0.36h_1$，放样见图 12.21。

路拱的测设还可采用路拱样板进行，然后可进行路面施工。

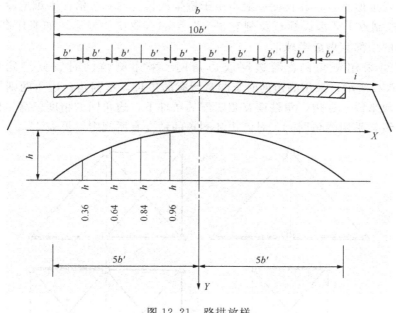

图 12.21　路拱放样

12.6　桥、涵施工测量

桥梁是道路工程的重要组成部分，有铁路桥梁、公路桥梁、铁路公路两用桥梁以及城市立交桥和高架桥等。在工程建设中桥梁的投资比重、施工期限、技术要求等都比较高。一座桥梁的建设在勘测阶段，建筑施工和运营阶段都需要进行大量的测量工作，其中包括勘测选址、地形测量、施工测量、竣工测量等。

桥梁按其轴线长度一般分为特大型（＞500m）、大型（100～500m）、中型（30～100m）和小型（8～30m）四类。不同类型的桥梁各阶段的测量内容不尽相同，本节以大中型桥梁为例介绍桥梁施工阶段的测量方法及精度要求，主要内容包括平面控制测量、高程控制测量、墩台定位轴线放样、墩台细部放样等，同时简要介绍涵洞施工阶段的测量方法。

12.6.1　桥梁施工测量

1. 桥位平面控制测量

桥位平面控制测量的目的是测定桥轴线长度并据此进行墩、台位置的放样，也可用于施工过程中的变形监测。平面控制测量可根据现场及设备情况采用导线测量和三角测量等，三角网的几种布设形式如图 12.22 所示，图中点划线为桥轴线，控制点尽可能使桥的轴线作为三角网的一个边，如不能，也应将桥轴线的两个端点纳入网内，以间接计算桥轴线长度，从而提高桥轴线的测量精度。

桥位三角网的布设，力求图形简单，除满足三角测量本身的要求外，还要求控制点选在不被水淹、不受施工干扰的地方，便于交会桥墩，其交会角不宜太大或太小。基线应与桥梁中线近似垂直，其长度一般不小于桥轴线长度的 0.7 倍，困难地段也不应小于 0.5 倍。在控制点上要埋设标石及刻有"＋"字的金属中心标志，如兼作高程控制点，则中心标志的顶部宜做成半球形。

控制网可采用测角网、测边网或边角网。采用测角网时宜先测定两条基线，图 12.22 中双线所示；采用测边网时宜测量所有的边长，不测角；边角网则要测量边长和角度。一般来说，在边、角精度互相匹配的条件下，边角网的精度较高。桥梁控制网分为五个等级，采用测角网时，对测边和测角的精度有所规定，见表 12.6。

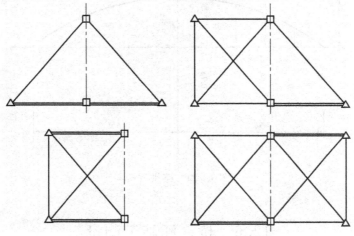

图 12.22　桥位三角网的几种布设形式

表 12.6　测边和测角的精度规定

三角网等级	桥轴线相对中误差	测角中误差/（"）	最弱边相对中误差	基线相对中误差
一	1/175 000	±0.7	1/150 000	1/400 000
二	1/125 000	±1.0	1/100 000	1/300 000
三	1/75 000	±1.8	1/60 000	1/200 000
四	1/50 000	±2.5	1/40 000	1/100 000
五	1/30 000	±4.0	1/25 000	1/75 000

2. 桥位高程控制测量

桥位的高程控制测量，一般在路线基平时就已经建立，施工阶段只需要复测和加密。2000m 以上的特大桥应该采用三等水准测量，2000m 以下的桥梁可以采用四等水准测量。在桥址两岸布设一系列基本水准点和施工水准点，用精密水准测量连测，组成桥梁高程控制网。桥址高程控制测量采用的高程基准必须与连接的两端线路所采用的高程基准完全一致，一般多采用国家高程基准。

水准点应在两岸各设 1～2 个，河宽小于 100m 的桥梁可以只在一岸设置一个；河宽 100～200m 的桥梁每岸设置一个；河宽 200m 以上的桥梁两岸各设置两个。

当跨河视线较长或前后视距相差悬殊时，水准尺上读数精度将会降低，水准仪的 i 角误差和地球曲率、大气折光的影响将会增加，这时可采用跨河水准测量的方法或光电测距三角高程测量方法。

（1）跨河水准测量的方法

跨河水准测量用两台水准仪同时作对向观测，两岸的测站点和置尺点成如图 12.23 所示的对称图形。图中，A、B 为立尺点，C、D 为测站点，要求 AD 与 BC 长度基本上相等，且不应小于 100m。可用两台水准仪同时做对向观测，在 C 站先测本岸 A 点尺上读数，得 A_1，然后测对岸 B 点尺上读数 2～4 次，取其平均值得 B_1，高差为 $I_1 = A_1 - B_1$；同时，在 D 站先测本岸 B 点尺上读数，得 B_2，然后测对岸 A 点尺上读数 2～4 次，取其平均值得 A_2，高差为 $I_2 = A_2 - B_2$，取 I_1 和 I_2 的平均值，得出高差，即完成一个测回。

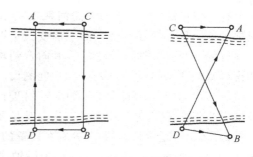

图 12.23　跨河水准测量的布设

按国家三、四等水准测量规范规定，跨河水准测量一般进行两个测回。其两测回高差不符值，三等水准测量时不应大于 8mm，四等水准测量时不应大于 16mm，如在限差以内，取其平均值作为最后结果。

若因河流较宽，水准仪读数有困难时，可以在水准尺上安装一个能沿尺面上下移动的特制觇板，见图 12.24。观测员指挥司尺员上下移动觇板，直至觇板中横线被水准仪横丝平分，然后由司尺员根据觇板中心孔在水准尺上读数做下记录，每次观测前应将觇板作较大的移动。

（2）光电测距三角高程测量

如有电子全站仪，则可以用光电测距三角高程测量的方法，即在河的两岸布置 1、2 两个水准点，在 1 点安置全站仪，在 2 点安置棱镜，分别量取仪器和棱镜高。全站仪照准棱镜中心，测得垂直角和斜距，计算 1、2 两点

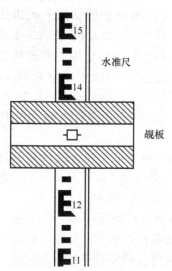

图 12.24　觇板示意图

间的高差。由于视距较长且穿过水面，高差的测定会受到地球曲率和大气垂直折光的影响，但是大气结构在短时间内不会有很大的变化，故可以采用对向观测的方法，即在 1 点观测完毕将全站仪与棱镜位置对调，用同样的方法再进行一次测量，取对向观测高差的平均值作为 1、2 两点间的高差。

3. 桥梁墩、台中心定位及轴线放样

在桥梁墩、台施工测量中，最主要的工作就是准确地定出桥梁墩、台的中心位置及墩、台的纵横轴线。其放样数据由控制点坐标和墩、台中心的设计位置计算确定。

（1）直线桥的墩、台中心定位

直线桥的墩、台中心都在桥轴线的方向上，墩、台中心的设计里程及桥轴线起点的里程是已知的，根据地形条件可采用直接丈量法、交会法或电磁波测距法测设墩、台中心的位置。

1）直接丈量法。在无水的河滩上或水面较窄钢尺可以跨越时，可用直接丈量法。根据图纸计算出各段距离，测设前要检定钢尺，按精密量距方法进行。一般从桥的轴线一端开始，测设出墩、台中心，并附合到轴线的另一端以便校核。也可以从中间向两端测设，只有不得以时才从两端向中间测设。若在限差之内，则按各段测设的距离在测设点位上打好木桩，同时在桩上钉一小钉进行标识。直接丈量定位必须丈量两次以上作为校核，当误差不超过 ±2cm 时，认为满足要求。

2）方向交会法。如果桥墩所在位置的河水较深，无法直接丈量时，可采用方向交会法测设。如图 12.25 所示，AB 为桥轴线，C、D 为桥梁平面控制网中的控制点，P_i 点为第 i 个桥墩设计的中心位置（待测设的点）。在 C、A、D 三点上各安置一台 DJ2 或 DJ1 经纬仪，A 点上的经纬仪照准 B 点，定出桥轴线方向；C、D 两点上的经纬仪均先照准 A 点。并分别根据 P_i 点的设计坐标和控制点坐标计算出控制点上的应测设角度，定出交会方向线。由于测量误差的存在，从 C、A、D 三点指来的三条方向线一般不会正好交会于一点，而是形成误差三角形 $P_1P_2P_3$。如果误差三角形在桥轴线上的边长 P_1P_3 对于墩底定位不超过 25mm，对于墩顶定位不超过为 15mm，则从 P_2 向 AB 作垂线 P_2P_i，P_i 即为桥墩中心，在桥墩施工中，随着桥墩的逐渐筑高，桥墩中心的放样工作需要重复进行，而且要迅速和准确。为此，在第一次求得正确的桥墩中心位置 P_i 以后，将 CP_i 和 DP_i 方向线延长到对岸，设立固定的照准标志 C'、D'，如图 12.26 所示。以后每次作方向交会法放样时，从 C、D 点直接照准 C'、D' 点，即可恢复对点 P_i 的交会方向。

实践表明，交会精度与交会角 CP_iD 有关，当交会角在 90°～120° 时，测回精度较高。故在选择基线和布网时应考虑使交会角在 60°～120°，不小于 30° 且不大于 150°。超出这个范围时可以用加设交会用的控制点或设置辅助点的办法予以解决。

3）极坐标法。如果有全站仪或测距仪，被放样的点位上可以安置棱镜，且测距仪或全站仪与棱镜或反光镜可以通视的条件下，即用极坐标法放样桥墩中心位置。做法是先算出欲放样墩台的中心坐标，求出放样角度和距离，即可将仪器安置于任意控制点上进行放样。这种方法比较简便，迅速。测设时应该根据当时的气象参数对距离进行气象

修正。为保证测设点准确，常用换站法校核。

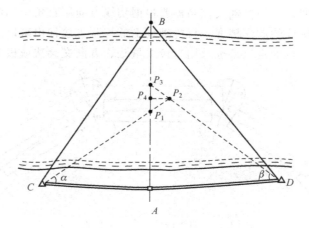

图 12.25　三方向交会时的误差三角形

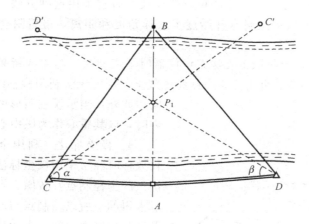

图 12.26　方向交会的固定瞄准目标

（2）曲线桥的墩、台中心定位

曲线桥与直线桥不同，当梁为曲梁时梁的中心线与线路中线可以重合，当梁为直梁时梁的中心线与线路中线就不会重合，如图 12.27 所示。直梁在曲线上的布置是使各梁的中线联结起来，成为与线路中线基本吻合的折线，即桥梁工作线。墩、台中心一般位于桥梁工作线转折角的顶点上，那么墩、台的定位就是要放样这些转折角顶点的位置。图中 E 为桥墩偏距，一般是以梁长为弦线的中矢值的一半，称为平分中矢布置；α 为相邻梁跨工作线偏角，称为桥梁偏角；L 为每段折线的长度，称为桥墩中心距。这些数据在设计图纸中都会给出。

从上面的分析可以看出，直线桥的墩、台中心定位主要误差来源于距离放样，而曲线桥梁的墩、台中心定位误差来源于距离和角度放样，所以曲线桥对测量工作要求较高，放样中要进行多方面的检核。

曲线桥放样墩、台的方法与直线桥类似，也要在桥的两端放样出两个控制点，作为墩、台放样和检核的依据。在放样之前要从线路平面图上弄清桥梁在曲线上的位置及墩、台里程。位于曲线上的桥轴线控制桩要根据切线方向用直角坐标法放样，要求切线的放样精度高于桥轴线的放样精度。将桥轴线上的控制桩放样出来以后就可根据控制桩及图纸资料进行墩、台的定位，也采用直接丈量法、方向交会法或极坐标法。

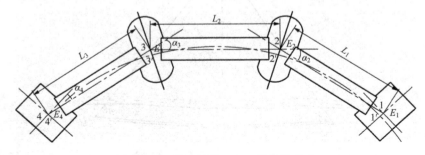

图 12.27　曲线桥墩、台、梁位置示意

1）直接丈量法。在墩、台中心可以架设仪器时宜采用这种方法。因为墩中心距桥梁偏角是已知的，可以从控制点开始逐个放样角度和距离，最后附合到另一个控制点上，以利校核。

2）方向交会法。当桥墩上无法架设仪器时采用此法。与直线桥采用此法定位不同之处在于，曲线桥的墩、台中心未在线路中线上，因此无法利用桥轴线方向作为交会方向；此外，当示误三角形的边长在容许范围内时，取其重心作为墩中心位置。

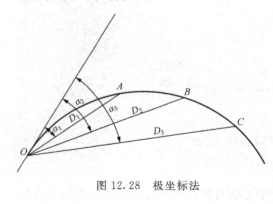

图 12.28　极坐标法

3）极坐标法。利用全站仪或光电测距仪放样时经常采用极坐标法，也称长弦偏角法。因为控制点及各墩、台中心的坐标是可以求得的，所以控制点与墩、台中心的距离及其与切线方向间的夹角可以求得，在控制点架设仪器即可进行放样，如图 12.28 所示。要求对各墩、台中心距进行检核，若误差在 2cm 之内，则认为成果可靠。

4. 桥梁墩、台纵横轴线的放样

为了进行墩、台施工的细部放样，需要放样其纵、横轴线。纵轴线是指过墩、台中心平行于线路方向的轴线；横轴线是指过墩、台中心垂直于线路方向的轴线。

直线桥墩、台的纵轴线与线路的中线方向重合，在墩、台中心架设仪器，自线路中线方向放样 90°角，即为横轴线方向，如图 12.29 所示。

曲线桥的墩、台纵轴线位于桥梁偏角的分角线上，在墩、台中心架设仪器，照准相邻的墩、台中心，测设 $\alpha/2$ 角，即为纵中心方向。自纵轴线方向测设 90°角，即为横轴线方向，如图 12.30 所示。

墩、台中心的定位桩在基础施工中要被挖掉，因而需要在施工范围以外钉设护桩，来方便恢复墩、台中心位置。所谓护桩就是在墩、台的纵横轴线两侧，每侧至少要钉有两个控制桩，以用于恢复轴线的方向，为防止破坏也可以多设几个，如图 12.29、图 12.30 中轴线上的黑点所示。

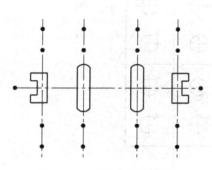

图 12.29　直线桥纵横轴线

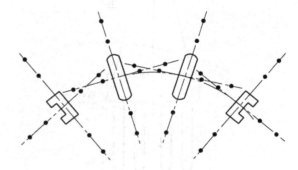

图 12.30　曲线桥纵横轴线

5. 桥梁细部放样

桥梁施工放样应先放样桥轴线，再放样桥墩、桥台，再根据桥墩、台的轴线放样各个细部构件。由于桥梁结构不同，细部项目较多，施工方法千差万别，所以放样的内容和方法各不相同。总体来说包括基础放样、墩台细部放样及架梁时的放样工作。

（1）基础放样

对于普通桥梁最常用的是明挖基础和桩基础。明挖基础如图 12.31 所示，要求先进行基坑开挖，再灌注基础和桥墩。根据已经放样出的桥墩中心位置及纵横轴线及基坑的长宽，放样出基坑的边界线。在开挖基坑时，根据基础周围地质条件，进行适当放坡，从而可得出边坡桩至墩、台轴线的距离计算公式即

$$D = \frac{B}{2} + Hm + s \qquad (12.11)$$

式中，B——基础底边的长度或宽度；

H——基坑与地面的高差；

M——坡度系数；

S——附加宽度。

桩基础的构造如图 12.32 所示，桩位放样如图 12.33 所示，它以墩、台纵横轴线为坐标轴，按设计位置用直角坐标法放样，也可根据基桩的坐标按极坐标的方法进行放样。

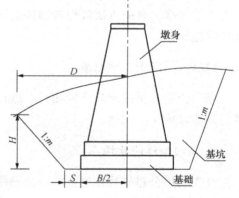

图 12.31　明挖基础

基桩施工完毕后，在承台浇筑之前应再次复核其位置，以做竣工资料。明挖基础和桩基础以及墩、台的施工放样，都是先根据护桩放样出墩、台的纵横轴线，再根据轴线设立模板，即在模板上标出中线位置，使模板中线与桥墩的纵横轴线对齐，放样出其正确位置。

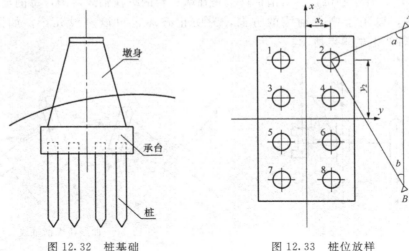

图 12.32　桩基础　　　　　　　　　图 12.33　桩位放样

（2）梁的施工放样

架梁是建造桥梁的关键工序之一，无论是混凝土梁还是钢梁，无论是现浇梁还是预制梁，都需要相应的放样工作。梁的两端是用位于桥墩顶部的支座支撑，支座放在底板上，而底板用螺栓固定在墩台的支撑垫石上。架梁的测量工作主要是放样支座底板的位置，测设时也是先测设出它的纵横中心线位置。支座底板的纵横中心线与墩、台纵横轴线的位置关系是在设计图中给出的。因而，在墩、台顶部的纵横轴线放样出来以后，即可根据它们之间的相互关系，用钢尺将支座底板的纵、横中心线放样出来。对于现浇梁则要测设出模板的位置，并检查模板不同部位的高程。

桥梁细部放样中除了平面位置放样外还有高程放样，通常是在墩台附近设立一个水准点，按水准测量的方法放样各细部的设计高程，对于高差较大的还可采用悬挂钢尺的办法传递高程。

12.6.2　涵洞工程测量

涵洞测量与桥位测量比较相近，进行涵洞测量时，利用公路的导线就可以进行，无需另外建设施工控制网。

1. 涵洞轴线的放样

首先利用公路导线控制点将涵洞轴线和公路轴线的交点放样出来，然后放样涵洞的轴线。涵洞轴线与路线有正交的也有斜交的，轴线的放样可以用全站仪根据坐标放出；也可用经纬仪和钢尺放样，即在轴线交点处架设经纬仪，根据涵洞轴线和公路轴线的交角放样。

2. 涵洞基础的放样

涵洞基础和基坑边线根据涵洞的轴线放样，在基础轮廓线的转折处要钉设木桩。有时还要根据开挖深度和土质情况定出基坑的开挖界线，通常在离开挖界线 1~2m 处设置龙门板，将基础及基坑边线投放在龙门板上，并用小钉做出标记。

涵洞细部的平面位置放样也以涵洞轴线为依据。涵洞细部的高程放样，一般是利用附近的水准点用水准测量或三角高程测量的方法进行。

思考题与习题

1. 道路中线复测的必要性和内容是什么？

2. 为什么要对道路控制桩进行保护？

3. 测设凹形双曲线，已知 $i_1 = -1.425\%$，$i_2 = 1.486\%$，变坡点的桩号为 K5+360，高程为 105.85m，欲设置 $R = 2500$m 的竖曲线。求各测设主元素、起点、终点的桩号和高程，曲线上每 10m 间距里程桩处的标高改正数和设计高程。

4. 试述路基边桩测设方法。

5. 什么是测角网、测边网、边角网？各有什么优缺点？

6. 简述桥梁墩、台施工定位常用的几种方法。

7. 如图 12.34 所示为一桥梁三角网，已知 $AB = 77.89$m，$AC = 45.65$m，$AD = 51.36$m，$BC = 97.65$m，$BD = 92.45$m，其中 A、B 位于桥位线上，P_1 为一个桥墩位置，已知 $AP = 36.00$m。试计算角度交会法测定桥墩位置 P 的放样数据。

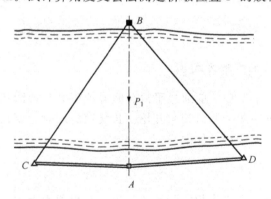

图 12.34　桥梁三角网

第十三章　地下工程测量

13.1　地面控制测量

13.1.1　地下工程测量综述

地下工程测量指地下工程在规划、设计、施工、竣工及经营管理各阶段所进行的测量工作，包括铁路隧道、道路隧道、城市地下铁道、地下防空建筑群、地下电站、水工隧洞、航运隧道、舰艇掩蔽隧洞、飞机掩蔽隧洞、地下油库、地下仓库、地下工厂等的工程测量，它的主要任务是保证地下工程在预计范围内的贯通。

1. 地下工程测量的工作内容

1）在地面建立施工测量的平面和高程控制网。

2）伴随施工进展，将地面的平面位置和高程传递到地下的联系测量。

3）建立地下平面和高程控制的地下导线和地下水准点。

4）指导隧道开挖方向、放样砌体几何形状和安模定位、确定隧道坡度等施工测量工作。

5）测绘竣工图。

2. 地下工程与地面的贯通方式

根据地形条件，地下工程一般通过平洞、竖井或斜井与地面相通，如图 13.1 所示。为了加快施工进度，可在两个洞口相向开挖。长隧道施工时还要在两洞口间增设井口以缩短相向开挖距离，增加掘进工作面。

3. 地下施工测量的精度

地下施工测量的精度主要指相向开挖的隧道，在贯通面上中线的横向允许偏差和垂线方向上的高程允许偏差。测量工作应根据不同地下工程允许偏差要求确定地面控制网的等级，选择适当的测量仪器和合理的观测方法。

13.1.2　地面控制网布设步骤

1. 收集资料

主要资料包括施工地区的大比例尺地形图，地下工程所在地段的线路平面图，地下工程的设计断面图、平面图，施工技术设计，周边控制点资料，该地区水文、气象、地质及交通运输等方面的资料。

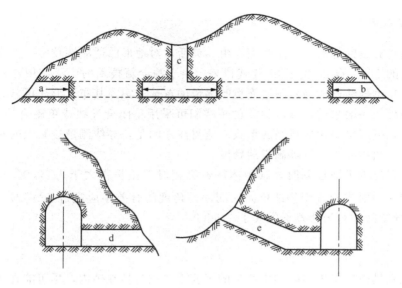

图 13.1　地下工程贯通方式

a、b、d. 平洞；c. 竖井；e. 斜井

2. 现场踏勘

初步分析收集资料后，对地下工程穿越地区进行详细勘察，了解地下工程两侧地形，特别注意工程的走向、地形与施工设施的布置情况。

3. 选点布网

先在大比例尺地形图上选点，然后到实地标定，也可直接到现场踏勘选点，要注意充分利用已知控制点。选点时注意以下几点：

1）在隧道的进出口，斜井与平洞的标桩位置，竖井的附近，曲线的起点、终点及交点处选点。

2）控制点要选在稳定、牢靠的地方，不受施工影响。

3）每个洞口至少有 3 个控制点，确保洞内导线测量有足够的起始和检测数据。

4）相邻点要通视。

13.1.3　地面控制网布设形式和要求

地面控制包括平面控制和高程控制。对于地形复杂的山区平面控制通常采用三角锁、边角网、GPS网的布设形式。对于城市地铁、地下人防等工程采用导线更为方便。地面导线尽可能沿隧道中心线方向布设。为减少测角误差对隧道横向贯通精度的影响，导线点不宜布设太多。地面高程控制点采用三、四等水准测量或光电三角高程的方法进行测定。水准路线应包括所有洞口和井口水准点。每个洞口或井口应设置两个水准点，以便检核。水准点应设置在便于施工和不易破坏的地方。

1. 导线测量

导线测量方案的优点是选点布网自由、灵活，对地形的适应性较好，工作量一般只是三角测量的 1/3。自 20 世纪 80 年代以来，由于测绘新技术的广泛应用，光电测距导线及全站仪三维导线已成为隧洞地面控制测量的首选方案。其布设形式可分为单一导线和导线网两种。一般来讲，2km 以下的短隧洞可采用单闭合导线或单附合导线的形式，而对于中、长隧洞可采用导线网的形式。值得注意的是，导线测量控制点的布设应尽量靠近隧道的贯通中线上，以提高贯通精度。

采用导线作为平面控制时，其距离往返测相对误差不得大于 1/5000。角度用 DJ2 型经纬仪测一测回或 DJ6 型经纬仪测两测回。角度闭合差不应超过 $\pm 24'' \sqrt{n}$（n 为测角的个数）。导线的相对闭合差不应大于 1/5000。

2. 三角测量

敷设三角锁时应考虑将隧洞中线上的主要中线点包括在锁内，尽可能在各洞口附近布置有三角点，以便施工放样，并力求将洞口、转折点等选为三角点，以减小计算工作量，提高放样精度。三角锁的等级随隧洞长度、形式、贯通精度要求而异。对于长度在 1km 以内、横向贯通误差容许值为 $\pm 10 \sim \pm 30cm$ 的隧洞，布设三角网的精度应满足下列要求：

1）基线丈量的相对误差为 1/20 000。

2）三角网最弱边（即精度最低的边）的相对误差为 1/10 000。

3）三角形角度闭合差为 30″。

4）角度观测时，用 DJ2 型经纬仪测一测回，用 DJ6 型经纬仪测两测回。

三角网的施测与平差计算可按前面章节所述方法进行，以求得各控制点的坐标和各边的方位角。

3. GPS 定位测量

美国的全球定位系统（简称 GPS）是伴随现代科学技术的迅速发展而建立起来的。目前使用最为广泛的一种新一代精密卫星导航和定位系统。它不仅具有全球性、全天候、连续的三维导航与定位能力，而且具有良好的抗干扰性。随着 GPS 系统步入实用阶段，其定位技术的高度自动化及所达到的高精度和巨大的潜力，给原本用于军事目的的 GPS 定位系统注入了新的生命力。特别是近几年来，GPS 定位技术在基础应用的研究、新应用领域的开拓、软硬件的开发研制等方面都取得了迅速发展。目前，GPS 精密定位技术已经广泛地渗透到了经济建设和科学技术的许多领域，尤其是在大地测量学及其相关学科，如地球动力学、海洋大地测量学、天文学、地球物理学和土地资源勘察、精密工程测量、城市控制测量等方面的广泛应用，充分显示了这一定位技术的高精度和高效益，预示着测绘界将面临着一场意义深远的变革，从而使测绘领域进入一个崭新的时代。

GPS 定位技术在隧洞贯通测量中的应用，给这一领域传统的野外测量作业带来了巨大的冲击。根据实际应用情况来看，使用这一先进技术带来了较好的经济和社会效益，也使得野外测量技术水平得到了显著提高。今后传统的大型隧洞贯通地面控制测量将逐渐被 GPS 测量技术所取代。

4. 地面高程控制测量

其主要任务是按照设计精度施测两相向开挖洞口附近水准点间的高差，以便将统一的高程系统引入洞内，提供隧洞施工的高程依据，保证隧洞在竖向正确贯通。一般采用等级水准测量进行。随着光电测距仪的广泛应用，光电测距导线成为隧洞洞外、洞内平面控制的主要方法。大量的实践和研究证明，光电测距三角高程完全可代替三、四等水准测量，即使对于地形复杂、植被茂密和气候条件较差的地区也具有足够的精度。特别方便的是可以与导线测量一起进行，从而可大大减轻外业工作量，其优越性对山区和丘陵地区尤为突出。三角高程可采用对向观测的方法。但是对平坦地区，采用三、四等几何水准测量仍较好。不论什么等级和采用什么方法，隧道洞口均应埋设两个水准点，以备使用过程中的互相检核。

（1）光电测距三角高程对向观测高差计算数学模型

地面两点 A、B 之间的高差按对向观测计算，其公式为

$$h = \frac{1}{2}(D_1 \cos Z_1 - D_2 \cos Z_2) + \frac{1}{2}(c_1 - c_2)S^2 + \frac{1}{2}(i_1 - i_2) - \frac{1}{2}(v_1 - v_2) \quad (13.1)$$

式中，D_1、D_2——往、返测斜距；

Z_1、Z_2——往返测天顶距；

I_1、i_2——往、返测仪器高；

v_1、v_2——往、返测反光棱镜高；

c_1、c_2——往、返测的球气差系数；

S——两点间的平距。

如果往、返测是在相近的条件下观测的，可认为折光系数 K 对于对向观测来说是相同的，故有

$$c_1 = c_2 = c = \frac{1-K}{2R} \quad (13.2)$$

式中，R——地球曲率半径。

于是，式（13.1）中有关球气差的一项可以消去。

（2）光电测距三角高程对向观测高差中误差

对式（13.1）微分，并设 $m_{D1} = m_{D2} = m_D$，$m_{z1} = m_{z2} = m_z$，$m_{i1} = m_{i2} = m_{v1} = m_{v2} = m_i$，可得对向观测的高差中误差公式，即

$$m_h = \pm \sqrt{\cos^2 Z m_D^2 + \sin^2 Z \frac{D^2}{2\rho^2} m_z^2 + m_i^2} \quad (13.3)$$

由上式可见，m_h 主要受天顶距精度 m_z 的影响。

13.2　地下控制测量

13.2.1　地下导线测量

地下导线测量的目的是以必要的精度，按照与地面控制测量统一的坐标系统，建立地下的控制系统。根据地下导线的坐标，就可以标定隧道中线及其衬砌位置，保证贯通等施工精度。地下导线的起始点通常设在隧道的洞口、平洞口、斜井口。起始点坐标和起始边方位角由地面控制测量或联系测量确定。

（1）地下导线的特点

与一般地面导线相比，地下导线有如下特点：

1）地下导线随隧道开挖逐段敷设支导线。支导线采用重复观测的方法。

2）导线形状取决于坑道的形状。导线点选择余地小。

3）先敷设低精度施工导线，然后敷设精度较高的基本控制导线。

（2）地下导线的分类

1）施工导线，也称二级导线。在开挖面推进时，每隔 25～50m 布设的导线点，主要用于放样，指导施工。

2）基本控制导线，也称一级导线。当掘进 100～300m 时，为了检查隧道的方向是否符合设计，提高导线精度，选择一部分施工导线点布设边长较长、精度较高的基本控制网。

3）当掘进大于 2km 时，可选择一部分基本导线点，边长 150～800m。对精度要求较高的大型贯通，可在导线中加测陀螺边以提高方位精度。一、二级导线点与一般中线点可以共点。若点位是一级导线点，应加固且便于保存。

洞内导线控制测量一般按图 13.2 的形式进行。

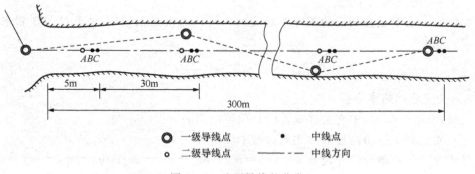

　　◎ 一级导线点　　　• 中线点
　　○ 二级导线点　　　——·—— 中线方向

图 13.2　地下导线的分类

13.2.2　地下水准测量

地下水准测量，以四等水准测量的精度进行。每隔 50m 左右设置一个水准点，一般将水准点设在隧道墙上或隧道顶部，也可以利用中线桩或导线点。地下水准测量的作业方法与地面水准测量相同。由于隧道内通视条件差，应把仪器到水准尺的距离控制在

50m 以内。水准尺可直接立于导线点上，测出导线点高程。变仪高所测得高差之差不超过±3mm。当水准点设在顶板时，以尺底零点顶住测点，此时倒立尺的读数作为负值，仍按 $h_{AB}=a-b$ 计算，如图 13.3 所示。

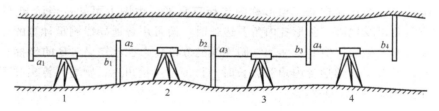

图 13.3　洞内高程传递示意图

当往返测高差校差满足要求，取高差平均值作为终值。每次水准支线向前延伸时，须先进行原有水准点的检测。当隧道贯通后，应将两水准支线连成附合在洞口水准点的单一水准路线。

13.3　联系测量

井上、井下采用统一坐标系统所进行的测量工作，称为联系测量。联系测量包括平面联系测量和高程联系测量。前者简称定向，后者简称导入高程。一般而言，定向可分为几何定向和物理定向。

几何定向又分为通过平洞或斜井的几何定向，一井定向，两井定向。物理定向分为磁性仪器定向，投向仪定向，陀螺经纬仪定向。通过平洞或斜井的几何定向只需以洞口控制点作为地下控制起始点布设导线即可。这里主要介绍一井定向和陀螺经纬仪定向。

13.3.1　一井定向

一井定向是通过一个竖井的几何定向，概括讲，就是在井筒内挂两根钢丝，钢丝的一端固定在地面，另一端系有定向专用的垂球，自由悬挂至定向水平（又称垂球线）。再按地面坐标系统求出两垂球线平面坐标和连线的方位角。然后，在定向水平上把垂球线与井下导线点连接起来。这样达到定向目的。一井定向工作可分成投点、连接两部分。

1. 投点

投点就是由地面向井下投点，常用方法有单重稳定投点和单重摆动投点。前种方法指投点过程中垂球重量不变，垂球放在水筒内，使其静止。实际摆幅不超过 0.4mm 即可认为静止。投点设备包括垂球、钢丝和稳定垂球线的设备。

2. 连接

投点工作完毕后，应立即进行上、下连接测量工作，其任务是在地面上测定两垂球线的坐标及其连线的方位角，根据垂球线的坐标及连线的方位角来测定井下导线起始点的坐标和起始边的方位角，通常采用连接三角形和瞄直法等。

（1）连接三角形法

图 13.4 就是井上、下连接三角形的平面投影。由于垂球 A、B 处不能安置仪器，因此选定井上、下的连接点 C 和 C'。此时，形成以 AB 为公共边的井上、下三角形 ABC 和 ABC'，一般把这样的三角形称为连接三角形。由图上可知，当已知 D 点坐标和 DE 的方位角以及地面三角形各内角及边长时，便可用普通导线测量计算的方法计算出 A、B 在地面坐标系统中的坐标和它们连线的方位角。在已知 A、B 的坐标和它们连线的方位角以及井下三角形各内角和边长时，再测定连接角 δ'，则可计算出井下导线起始边 $D'E'$ 的方位角和 D' 点坐标。

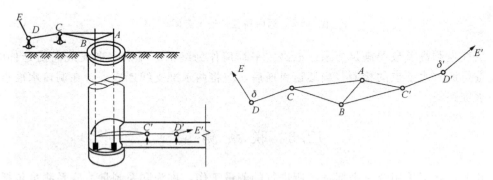

图 13.4　井定向连接三角形示意图

（2）瞄直法

瞄直法又称穿线法。该法实质是连接三角形的一个特例。在连接时，如果使得连接点 C、C' 设在 A、B 连线的延长线上，此时连接三角形不存在。精确丈量距离、观测角度就可完成定向工作。瞄直法定向精度取决于瞄直和测角，量边误差对定向无影响。一般适用于精度要求不高的竖井定向。

13.3.2　陀螺经纬仪定向

陀螺经纬仪定向具有精度高、灵活性大、作业简单、速度快的优点。陀螺定向工作可分成以下几个部分：

1）经竖井由地面向地下巷道（隧道）投点，所需设备及方法如一井定向。

2）井上、下与垂球线的连接测量。如图 13.5 所示，地面连接由 EF 布设一级复测导线至连接点 Ⅰ、Ⅱ，在 Ⅱ 点架设仪器与 A 连接。井下连接由陀螺定向边 $E'F'$ 敷设一级或二级复测导线至连接点 1、2、3、4 点。在 4 点架仪器与垂球线 A 连测。井上、下连接导线与垂球线的连接应独立进行两次，其最大相对闭合差对地面一级导线不超过 $1/12\,000$，对二级导线不超过 $1/8000$。

3）定向。在井下陀螺定向边 $E'F'$ 上进行陀螺仪定向，测出该边方位角。

4）内业计算。根据外业记录成果计算井下导线起始点坐标。

13.3.3　竖井导入高程

导入高程的方法有钢尺导入法，钢丝导入法，测长器导入法及光电测距导入法，其作业方法如同高程传递法。钢尺导入法传递时，使用的钢尺应经过鉴定，井下的尺端应挂垂球。地面地下两台水准仪同时读数。

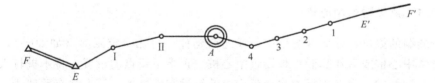

图 13.5　陀螺经纬仪定向

　　如图 13.6 所示，根据地面上已知水准点 A 的高程（H_A）测定井底水准点 B 的高程（H_B）。方法是在地面上和井下各安置一架水准仪，并在竖井中悬挂一根经过检定的钢尺（分划零点在井下），钢尺的下端悬挂重锤（重量与检定钢尺时的拉力同），浸入盛油桶中，以减小摆动。A、B 点上竖立水准尺。观测时，两架水准仪同时读取钢尺上及水准尺上的读数，分别为 a_1、b_1 和 a_2、b_2，由此即可求得 B 点的高程为

$$H_B = H_A + a_1 - (b_1 - a_2) - b_2 \tag{13.4}$$

　　为了校核，应改变仪器高 $2\sim3$ 次进行观测。各次所求高程的差值若不超过 ±5mm，则取其平均值作为 B 点的高程。

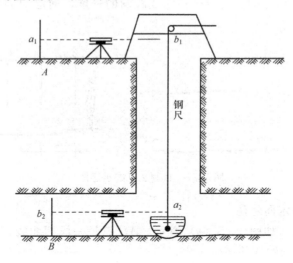

图 13.6　由竖井传递高程

13.4　隧道施工测量

　　隧洞掘进中的施工放样任务是把图上设计隧洞随着隧洞不断向前掘进逐步地标设于实地，也就是要标定出隧洞的中线方向和坡度及开挖断面。隧洞水平投影的几何中心线称为隧洞中线。标定隧洞中线就可以控制隧洞在水平面内的掘进方向。隧洞的坡度是用腰线来表示的，所谓腰线就是在隧洞洞壁用高出洞底设计坡度线一定距离且平行于设计

坡度线的一组高程点连线。隧道施工测量工作包括测设隧道中心线、测设隧道断面及测设隧道坡度和高程。

13.4.1　测设隧道中心线

随着隧洞的掘进，需要继续把中心线向前延伸。每隔一定距离（如 20m），应在隧洞底部设置中心桩或者在隧洞顶板设置中心桩。顶板中线点的设置：将木桩打入预先在顶板测设并钻好的孔内，顶板中线点就用小铁钉设在木桩上，钉上挂有垂球线。隧洞地面的中线桩应用直径为 2cm、长约 20cm 的钢筋头。桩顶应埋设在底板 10cm 以下，上加护盖，四周挖排水小沟，防止积水。

隧洞中线的测设方法有以下几种。

（1）经纬仪法

实质上是以极坐标法原理测设隧洞中线点的方法。随着隧洞的不断开拓延伸，利用经纬仪拨角在隧洞内测设中线点位，不断地指示隧洞开拓的方向和位置。

（2）目测法

如图 13.7 所示，A、B、C 是测量人员根据经纬仪法在隧洞顶板设置的一组中线点，垂球线分别挂有垂球，按三点成线互检的原理，工作人员站在隧洞的 M 处目测三垂线可确定 P 点的灯位方向，丈量已拓完成隧洞的长度，确定 P 点处的开拓位置和拓尺长度。

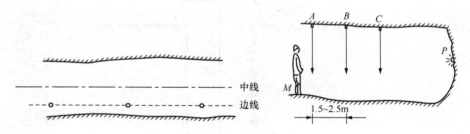

图 13.7　目测法延线示意图

（3）曲线隧洞的定向定位

一般采用弦线法。如图 13.8（a）所示，AB 弧是一段圆曲线，半径为 R，转角为 α，现以 AP_1 为例说明曲线的测设方法。

1）计算决定弦 AP_1 的方向 β_A。

首先按隧洞的净宽 D 求取 AP_1 的弦长 l，即

$$l = 2\sqrt{R^2 - (R-S)^2} \tag{13.5}$$

式中，S——弓弦高。

由图 13.8（b）可见，为使弦线 l 不受隧洞内侧的影响，必须使 $S < D/2$。

然后求 $\alpha'/2$，即

$$\frac{\alpha'}{2} = \arcsin\left(\frac{l}{2R}\right) \tag{13.6}$$

最后求 β_A，即

$$\beta_A = 180° + \frac{\alpha'}{2} \tag{13.7}$$

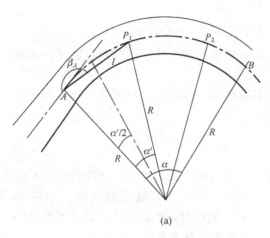 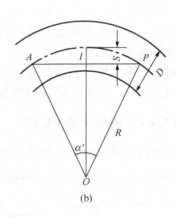

图 13.8　弦线法示意图

2）测设。在 A 点安置经纬仪瞄准 A'，拨角给出隧洞开拓的方向线 AP_1，同时随时丈量开拓的隧洞长度，直至开拓长度为 l 时，在隧洞设立中线点 P_1。

3）按 P_1 点位的测设方法，依次测设 P_1P_2、P_2P_3、…，逐步解决隧洞开拓的定向定位，指示隧洞的开拓过程。

13.4.2　测设隧道断面

断面的放样工作随断面的形式不同而异，通常采用的断面形式有圆形、拱形和马蹄形等。隧道开挖时可用支距法测设断面，断面的起拱线，腰线、轨面和垫层面之间的尺寸由设计图提供。

图 13.9 为一圆拱直墙式的隧洞断面，其放样工作包括侧墙和拱顶两部分。从断面设计中可以得知断面宽度 S，拱高 h_0，拱弧半径 R 和起拱线的高度 L 等数据。放样时，首先定中垂线和放出侧墙线，其方法是，将经纬仪安置在洞内中线桩上，后视另一中线桩，倒转望远镜，即可在待开挖的工作面上标出中垂线 AB，由此向两边量取 $S/2$，即得到侧墙线。然后根据洞内水准点和拱弧圆心的高程，将圆心 O 测设在中垂线上，则拱形部分可根据拱弧圆心和半径用几何作图方法在工作面上画出来。也可根据计算或图解数据放出圆周上的 a'、b'、c' 等点。放样精度要求较高

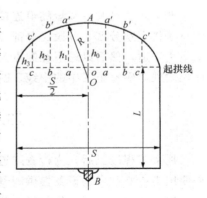

图 13.9　圆拱直墙式断面

时可采用计算的方法，其中放样数据 oa、ob 等（起拱线上各点与 o 的距离）根据断面宽度和放样点的密度决定，通常 a、b、c 等点取相等的间隔（如 1m）。由起拱线向上量取高度 h_i，即得拱顶 a'、b'、c' 等点，h_i 可按下式计算，即

$$h_1 = aa' = \sqrt{R^2 - oa^2} - (R - h_0) \\ h_2 = bb' = \sqrt{R^2 - ob^2} - (R - h_0) \\ h_3 = cc' = \sqrt{R^2 - oc^2} - (R - h_0)$$ \qquad (13.8)

这样，根据这些数据即可进行拱形部分的开挖放样和断面检查，也可在隧洞衬砌时依此进行模板的放样。

对于圆形断面，其放样方法与上述方法类似，即先放出断面的中垂线和圆心，再以圆心和设计半径画圆，测设出圆形断面。

13.4.3　测设坡度和高程

隧道坡度的测设可用控制隧道腰线和顶部高程方法。对于先开挖底部后开挖顶拱的

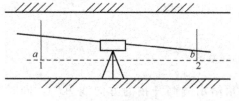

图 13.10　测设腰线

地下工程，用腰线控制坡度，如图 13.10 所示。测设时，先测定 1 点腰线高程 H_1；在 1、2 点间安置水准仪，瞄准立尺点 1，得读数 a。根据设计坡度 i 及 1、2 点间的水平距离 D，计算两点应有高差 h_{12} 为

$$h_{12} = D \times i \qquad (13.9)$$

在 2 点立尺时水准尺读数 b 为

$$b = a + h_{12} \qquad (13.10)$$

此时，在水准尺底部画线，标出 2 点腰线位置。然后过 1、2 点弹线到边墙上标志出隧道的腰线。对于先开挖拱顶的隧道，坡度用测设在拱顶的高程点控制。定测时倒立尺的零端即为拱顶高程。

13.4.4　硐室施工测量

地下硐室是有许多短隧道连接而成的，具有长度小、跨度大、净空高的特点。施工中总是将硐室分区、分段、分部开挖。硐室施工一般是从地面控制通过硐口将点连测到地下主干道，然后以地下控制点为基础进行硐室的施工测量。对于施工测量工作，除整体控制外，硐室施工中的中线、断面和高程均可按照上述方法测设。

13.5　竣工图的测绘

地下工程竣工后，为检查隧道和硐室主要构筑物的位置是否符合设计要求、便于工程使用中检修和安装设备提供测量数据，施工单位必须提供竣工图。

竣工测量的主要工作包括以下内容：

1）检测隧道和主要硐室中心线，在直线段每隔 50m、曲线段每隔 20m 检测一点。

2）隧道中线与各硐室中线交点、曲线交点、终点应留永久标志，并编号，入档保存。

3）竣工测量要测绘纵断面和横断面图。纵断面沿中线方向测定底部和拱顶高程，

每隔 10~20m 测定一点，绘制纵断面图，并套绘设计坡度线进行比较。隧道和硐室应测定横断面。直线隧道每隔 10m、曲线隧道每隔 5m 测定一个断面。横断面测量可用支距法。测量时以中线为纵轴，起拱线为横轴，分别量出起拱线至拱顶的纵距和横距，还要量出起拱线与底部的纵距和到腰线的距离，如图 13.11 (a) 所示。横断面测量也可采用极坐标法，如图 13.11 (b) 所示。

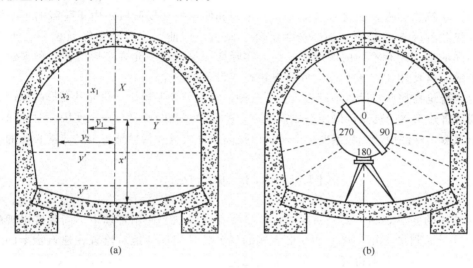

(a)　　　　　　　　　　　　　　　　(b)

图 13.11　隧道横断面测量

　　4) 地下工程竣工后，还应提交有关施工测量的各种数据和图表资料，如地面控制测量外业资料与成果表、地下导线测量资料、贯通测量资料、施工测量中重大技术问题记录、地下工程平面图、纵断面图、横断面图及技术总结等，装订成册作为技术档案保存。

思考题与习题

　　1. 地下施工测量包括哪些内容？
　　2. 地下导线与地面导线相比有何特点？
　　3. 什么是联系测量？联系测量如何分类？
　　4. 隧道施工测量的主要内容是什么？
　　5. 竣工测量的主要工作包括哪些内容？

第十四章　建筑物的变形观测

高层建筑物和重要的设备基础在施工过程和使用的初期阶段，由于荷载的不断增加以及外界各种因素的影响，都会产生沉降、倾斜、弯曲、挠度、裂缝及位移变形等现象。不同的建筑物有不同的变形值，如果实际变形值超过了允许变形值就会危害建筑物或设备的正常使用，严重时还会危及建筑物或设备的安全。

对于建筑物和重要设备基础进行变形观测，掌握其变形规律，研究其变形的原因，以及发现危害建筑物的现象，以便采取措施，来保证建筑物的质量和安全使用。对建筑物进行变形观测，验证设计和积累变形资料，对提高设计质量和指导施工也是非常必要的。

14.1　变形观测概述

建筑物的变形观测主要是对建（构）筑物在其施工和使用管理中不同程度出现的变形现象进行的测量工作。建筑物变形观测的任务就是周期性地对设置在建筑物上的观测点进行重复观测，以求得观测点位置的变化量。

建筑物的变形观测主要包括沉降（即垂直位移）观测、倾斜观测、裂缝观测和水平位移观测，本章将分别阐述。

14.1.1　建筑物产生变形的原因

1. 产生变形的原因

对于大型或超大型建（构）筑物，由于设计、施工、结构和地质等因素的原因，在施工过程中及以后的运营阶段，总有一些不同程度的变形。如建（构）筑物在施工过程中，自身重量不断增加，有些建筑物还要承受各种荷载，所以建（构）筑物在建筑过程中和以后的一段时间内都会产生不同程度的下沉和变形。另外，在建筑物基础较深的情况下，基槽土石方工程完成后，地基会产生一定的回弹。

建筑物发生变形的原因主要有两方面，一是由于自然条件及其变化所引起的，例如建筑物基础的地质构造不均匀、地下水位季节性和周期性的变化、土壤的物理性质不同、大气温度变化等；二是与建筑物本身相联系的原因，例如建筑物本身的荷重、建筑物的结构及动荷载（机械振动、风振、地震等）的作用。此外，勘测、设计、施工以及运营管理等方面工作做得不合理还会引起建筑物产生额外的变形。

2. 变形的分类

（1）按变形时间长短分

1）长周期变形：由建筑物自重引起的沉降和倾斜等。

2）短周期变形：由于温度的变化（如日照）所引起的建筑物变形等。

3）瞬时变形：由于风震引起高大建筑物的变形等。

（2）按变形类型分

1）静态变形：是确定物体的局部位移。其观测结果只表示建筑物在某一期间内的变形值，如定期沉降观测值等。

2）动态变形：是受外力影响而产生的。其观测结果是表示建筑物在某瞬间的变形，如风震引起的变形等。

3. 变形观测及意义

实践证明，建筑物的变形观测已成为工程建设中的一项十分重要的工作，也为建筑基本理论科学研究工作提供重要数据和资料。

所谓变形观测，是用测量仪器或专用仪器测定建（构）筑物及其地基在建（构）筑物荷载和外力作用下随时间变形的工作。进行变形观测时，一般在建筑物特征部位埋设变形观测标志，在变形影响范围之外埋设测量基准点，定期的测量观测标志相对于基准点的变形量，从历次的观测结果中了解变形随时间发展的情况。变形观测周期随单位时间内变形量的大小而定，变形量较大时观测周期宜短一些；变形量减小，建筑物趋向稳定时，观测周期宜相应放长。"变形"是一个总体的概念，既包括地基沉降回弹，也包括建筑物的裂缝、倾斜、位移及扭曲等。

变形观测的目的：通过精密测量和观测，了解建筑物施工对周围其他建筑及附近设施的影响；在交付使用后的运营阶段，了解建筑物本身的变形情况，为预防和处理变形提供详细适时的数据；为设计反馈信息，积累科学可靠的资料，使今后的设计更加安全合理。

14.1.2　变形观测精度要求及内容

变形观测的精度要求，取决于工程建筑物的预计允许变形值的大小和进行观测的目的。观测目的通常分为检查施工、监视建筑物安全和研究变形过程三种情况。一般来说检查施工对建筑物变形观测精度的要求较低，监视安全稍高，研究变形过程要求精度最高。

实际上由于工程建设项目种类很多，工程复杂程度不同，观测周期不一样，所以对变形观测的精度要求定出统一的规格比较困难。通常"以当时达到的最高精度为标准"进行观测。对建筑物变形观测的精度要求应掌握在允许变形值的 $1/10 \sim 1/20$ 之间，其摆动幅度较大，取值灵活，易被人们接受。

根据国家标准《建筑变形测量规范》（JGJ 8—2007）变形观测等级划分及精度要求见表 14.1。

建筑物的变形观测的内容包括垂直位移和水平位移两个方面，垂直位移就是沉降，不均匀的沉降会使建筑物产生倾斜和裂缝。

变形观测和观测周期应因建（构）筑物的特征、形状大小、结构形式、高度、荷载、变形速率、观测精度要求和工程地质情况条件等因素综合考虑。在观测过程中，应根据变形量的大小适当调整观测周期。

表 14.1　变形测量的等级划分和精度要求

等级	垂直位移测量/mm		水平位移测量	适 用 范 围
	高程中误差	相邻点高程中误差	变形点的点位中误差	
一等	±0.3	±0.1	±0.1	变形特别敏感的高层建筑、工业建筑、高耸建筑物、重要古建筑物、精密工程设施等
二等	±0.5	±0.3	±0.3	变形比较敏感的高层建筑、工业建筑、高耸建筑物、古建筑物、重要工程设施和重要建筑场地的滑坡监测等
三等	±1.0	±0.5	±0.5	一般性的高层建筑、工业建筑、高耸建筑物、滑坡监测等
四等	±2.0	±1.0	±1.0	观测精度要求较低的建筑物、构筑物和滑坡监测等

根据观测结果，应对变形观测的数据进行分析，得出变形的规律和变形的大小，以判定建筑物是否趋于稳定，还是变形继续扩大。如果变形继续扩大，变形速率加快，则说明变形将超出允许值，会影响建筑物的正常使用。如果变形量逐渐缩小，则说明建筑物趋于稳定，到达一定程度，即可终止观测。

14.2　建筑物沉降观测

建（构）筑物的变形观测的一个重要方面是沉降观测。沉降观测是根据水准点测定建筑物上所设沉降点的高程随时间变化的工作。对于高层建筑物，重要厂房的柱基及主要设备基础，连续性生产和受震动较大的设备基础，工业高炉，水塔和烟囱，地下水位较高或大孔性地基的建筑物，人工加固的地基，回填土以及建造在不良地基上的建筑物等，都应进行系统的沉降观测。

14.2.1　水准基点和沉降观测点的布设

1. 水准基点的布设

沉降观测是根据水准点进行的。水准点是测量观测点沉降量的高程控制点，为保证水准点高程的正确性和便于互相检核，一般应埋设不得少于三个水准点，水准点应深埋。埋设要求首先是保证有足够的稳定性，即其高程不变；其次是使用方便，水准点和观测点不能相距太远，一般应在 100m 范围之内。为此，必须将水准点设置在受压、受震的沉降影响的范围以外。当埋设水准点处有基岩露出时，可用水泥砂浆直接将水准标志浇灌于岩石层中。在冰冻地区，水准点一般埋设在冻土深度线以下 0.5m 处。水准基点可以用相对高程，也可以用绝对高程。

水准基点的埋设示意如图 14.1 所示。

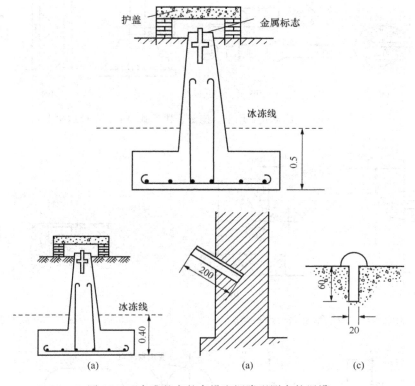

图 14.1　水准基点的布设和沉降观测点的埋设

2. 沉降观测点的布设

进行沉降观测的建（构）筑物上应埋设沉降观测点，其数量和位置应能全面反映建（构）筑物的沉降情况，这与建筑物的大小、形状、结构、荷载及地质条件等有关。观测点一般是沿房屋的周围每隔 10~20m 设置一点，但在荷载有变化部位、平面形状改变处、沉降缝的两侧、具有代表性的柱子基础上、地质条件变化或不良之处，设备基础四周、动荷载周围应均匀设置足够的观测点。当房屋宽度大于 15m 时，还应在房屋内部承重墙等有关地点设置观测点。观测点可设在基础面上，也可设在接近基础的墙体上。观测点的标志形式可用圆钢或铆钉预埋在基础内，或用角钢或钢筋加工成的标志埋在墙或柱子上，如系钢结构，可将观测点焊在钢柱上。

观测点的表面要光滑、上部呈半圆形，且不生锈。对于高级装修的建筑，观测点也可做成隐蔽式的，观测时将球形标志旋入螺孔内，观测结束再将圆形堵盖旋上，以免碰撞破坏，损坏建筑物的美观。

高耸建筑物，如电视塔、烟囱、水塔、大型贮藏罐等的观测点应布设在基础轴线的对称部位，且不少于 4 个观测点。

沉降观测点的布设示意如图 14.2~图 14.5 所示。

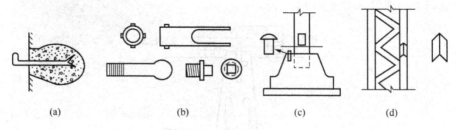

图 14.2　观测点的形式（墙上、隐蔽、柱子基础上、焊接钢架上）

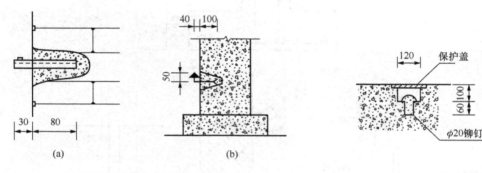

图 14.3　沉降观测点的埋设形式　　　　　图 14.4　基础观测点的埋设形式

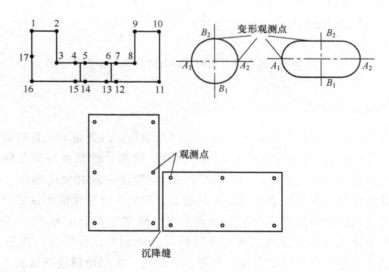

图 14.5　观测点的布设图

14.2.2　沉降观测

　　建筑物的沉降观测通常是根据水准点，用水准仪定期进行水准测量方法进行的。根据固定的水准点的高程，确定建筑物上观测点的高程的变化情况，了解建筑物的沉降情况，从而计算出沉降量。

1. 沉降观测的等级和精度要求

沉降观测的等级和精度要求及适用范围见表 14.2。

表 14.2 沉降观测的等级划分和精度要求

等级	垂直位移测量/mm		适 用 范 围
	高程中误差	相邻点高程中误差	
一等	±0.3	±0.1	变形特别敏感的高层建筑、工业建筑、高耸建筑物、重要古建筑物、精密工程设施等
二等	±0.5	±0.3	变形比较敏感的高层建筑、工业建筑、高耸建筑物、古建筑物、重要工程设施和重要建筑场地的滑坡监测等
三等	±1.0	±0.5	一般性的高层建筑、工业建筑、高耸建筑物、滑坡监测等
四等	±2.0	±1.0	观测精度要求较低的建筑物、构筑物和滑坡监测等

2. 四个等级的观测方法

一等除按国家一等精密水准测量的技术要求实施外，尚需设双转点，视线≤15m，前后视差≤0.3m，视距累距≤1.5m，精密液体静力水准测量和微水准测量。

二等按国家一等精密水准测量的技术要求实施精密液体静力水准测量，微水准测量。

三等按国家二等精密水准测量的技术要求实施精密液体静力水准测量。

四等按国家三等精密水准测量的技术要求实施精密液体静力水准测量，短视线三角高程测量。

对于精度要求不高的沉降观测，可用 DS$_3$ 水准仪和双面尺，按三、四等水准测量的方法及精度进行观测。对于高层建筑物或大型建筑物以及桥梁、大坝的沉降观测，通常采用 DS$_1$、DS$_{05}$ 精密水准仪。

观测时，为提高精度，应在成像清晰、稳定时进行；视线长度应小于50m；前后视距应相等；每次应采用固定的观测路线，使用固定的仪器和固定的观测人员进行沉降测量。

水准点之间要定期进行复测，以检查其稳定性。

3. 沉降观测

建（构）筑物沉降量与施工进度及荷载有直接关系，沉降观测工作一般宜在基础施工或基础垫层浇灌后开始观测。施工期间每次增加较大荷重前后均应施测，如基础浇灌；回填土；安装柱子、屋架；每砌筑砖墙一个楼层；设备安装、运转；电视塔、烟囱等每增高10~15m；停工时和复工前，都应进行沉降观测。竣工后要按沉降量的大小，定期进行观测。一般情况下，为安全运行和维修管理，竣工后投入使用开始每隔一个月观测1次，连续观测3或6次，其后一年观测2~4次，最后一年观测1~2次，直到沉降稳定时为止。当半年内沉降量不超过 1mm 时，便认为沉降已稳定。

　　建（构）筑物完成后，均匀沉降是连续三个月内月平均沉降量不超过 1mm 时，每三个月观测一次；连续两次每三个月内平均沉降量不超过 2mm 时，每六个月观测一次；外界发生剧烈变化时，如地震、滑坡、水患等发生后应及时观测；交工后建设单位应每六个月观测一次；直至基本稳定，不再沉降，平均每 100 天沉降量小于 1mm 为止。

　　沉降观测是一项长期的连续观测工作，为了保证观测成果的正确性，应尽可能做到观测人员固定，使用固定的水准基点、固定的水准仪和水准尺，并按规定的日期、方法，按既定的路线、测站进行观测。

14.2.3　沉降观测的成果整理

1. 沉降观测成果表格

沉降观测成果表格可参考表 14.3。

表 14.3　沉降观测手簿

工程名称：　　　　　　　　记录：　　　　　　计算：　　　　　　校核：

观测次数	观测日期/(年、月、日)	各观测点沉降情况										施工进度情况	荷载情况/(t/m²)
		1			2			3			…		
		高程/m	本次沉降量/mm	累计沉降量/mm	高程/m	本次沉降量/mm	累计沉降量/mm	高程/m	本次沉降量/mm	累计沉降量/mm			
1	1999.7.1	30.126	±0	±0	30.124	±0	±0	30.127	±0	±0		一层	
2	1999.7.15	30.124	−2	−2	30.122	−2	−2	30.123	−4	−4		二层	40
…												…	
备注													

　　需将建（构）筑物施工情况详细在表中备注栏中注明，其主要内容包括建筑物平面图及观测点布置图；水准点号码及说明；基础的长度、宽度与高度；基础地质土壤及地下水情况；施工过程中荷重增加情况；建筑物观测点周围工程施工及环境变化情况；建（构）筑物出现的新情况，如是否发生倾斜、有无裂缝；中间停工日期情况等其他情况。

2. 沉降观测成果整理步骤

（1）整理原始记录

每次观测结束后，应检查记录的数据和计算是否正确，精度是否合格，然后调整高差闭合差，推算出各沉降观测点的高程，并填入沉降观测成果表中。

（2）计算沉降量

根据水准点的高程和改正后的高差计算得各观测点的高程，用各观测点的本次观测所得的高程与上次观测得的高程之差，即为该观测点的本次沉降量，每次沉降量相加得累计沉降量，其计算内容和方法如下：

1）计算各沉降观测点的本次沉降量。沉降观测点的本次沉降量等于本次观测所得的高程减去上次观测所得的高程。

2）计算累积沉降量。累计沉降量等于本次沉降量与上次累积沉降量之和。

3）将计算出的沉降观测点本次沉降量、累计沉降量和观测日期、荷载情况等记入沉降观测成果表中。

（3）绘制沉降曲线

沉降曲线分为两部分，即时间与沉降量关系曲线和时间与荷载关系曲线。

1）绘制时间与沉降量关系曲线。首先，以沉降量 S 为纵轴，以时间 T 为横轴，组成直角坐标系；然后，以每次累积沉降量为纵坐标，以每次观测日期为横坐标，根据每次观测日期和相应的沉降量画出各点的位置；最后，用曲线将各点依次连接起来，并在曲线的一端注明沉降观测点号码，这样就绘制出了时间与沉降量关系曲线。

2）绘制时间与荷载关系曲线。首先，以荷载 P 为纵轴，以时间 T 为横轴，组成直角坐标系。再根据每次观测时间和相应的荷载画出各点位，将各点依次连接起来，即可绘制出时间与荷载关系曲线。

还可以将以上两种曲线结合绘成一个图，即以横坐标仍为时间 T，纵坐标向上为荷载 P，纵坐标向下为累计沉降量 S，可绘制成沉降量与日期及荷载关系曲线图。亦即横坐标下面为 S-T 曲线，横坐标上面为 P-T 曲线，该曲线图可以直观地看出各观测点的沉降的变化情况，如图 14.6 所示。

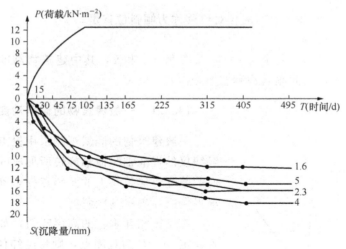

图 14.6　沉降观测曲线图

（4）沉降量曲线展开图

若将各观测点的沉降量，以建筑平面图为基础，沿四边轮廓线，将沉降量展开绘出，则为沉降量曲线展开图，即可以更加形象地看出各点及全楼的沉降大小。沉降量曲线展开图如图 14.7 所示。

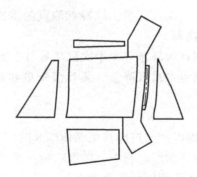

图 14.7　沉降量曲线展开图

14.3　建筑物倾斜观测

建（构）筑物由于地基基础不均匀沉降或其他原因，往往会产生倾斜。为了分析因建筑物的倾斜而影响其稳定性，应进行建筑物的倾斜观测，以便及时采取措施。

建（构）筑物的倾斜通常用倾斜度 i 表示，即

$$i = \text{tg}\alpha = \frac{e}{h} \tag{14.1}$$

式中，α——倾斜角；

e——建筑物上部与下部的相对位移称为倾斜位移量；

h——建筑物高度。

由式（14.1）可知，要求得 i 值，就要测出 e 和 h，其中建筑物高度可以用直接丈量和间接丈量求得，因此倾斜观测主要是测定 e 的值。

14.3.1　一般建筑物的倾斜观测

一般建筑物的倾斜观测采用投点法，就是根据经纬仪的视准轴绕横轴旋转所形成的面一定是竖直面的原理将建筑物上的倾斜点投影到固定点，从而求得偏距，确定其倾斜度。

对墙体相互垂直的高层建筑，如图 14.8 所示，若设定 M，P 为观测点，则将经纬仪安置在大于建筑物高度的 2 倍的 A 点，照准高层 M，用盘左盘右分中法定出低点 N，同样方法在另一侧面仪器安置在 B 点用点 P 测定 Q 点。经过一段时间后，仪器分别安置在 A，B 点，按正倒镜方法分别定出 N'，Q' 点。若 N' 与 N，Q' 与 Q 不重合，说明建筑物产生倾斜，此时用钢尺量出其位移值 a、b，从而求得建筑物总的位移量为

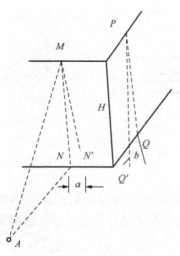

图 14.8　一般建筑物的倾斜观测

$$\Delta = \sqrt{a^2 + b^2} \tag{14.2}$$

设建筑物高度为 h，则倾斜度为

$$i = \frac{\Delta}{h} \tag{14.3}$$

设建筑物倾角为 θ，则

$$\theta = \arctan \frac{b}{a} \tag{14.4}$$

14.3.2　塔式建筑物的倾斜观测

在测定塔式建筑物（如水塔、烟囱等）的倾斜度时，首先要求顶部圆心对底部中心的偏距，如图 14.9 所示。

可在靠近建筑物底部地面上相互垂直的方向，平稳地横放水准尺 A、B，在垂直于水准尺的方向上，并距建筑物底大于建筑物高度 h 处，安置一架经纬仪，经纬仪分别照准顶部及底部边缘，投测到标尺上，读数分别为 a_1、a_2、a_3、a_4，在另一侧投测到标尺上，读数分别为 b_1、b_2、b_3、b_4，则顶部中心 O 对底部圆心 O' 在 A 方向的偏距为

$$\Delta a = \frac{a_1 + a_2}{2} - \frac{a_3 + a_4}{2} \tag{14.5}$$

在 B 方向的偏距为

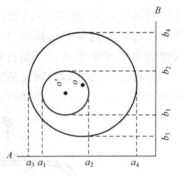

图 14.9　塔式建筑物的倾斜观测

$$\Delta b = \frac{b_1 + b_2}{2} - \frac{b_3 + b_4}{2} \tag{14.6}$$

因此建筑物顶部中心相对于底部中心的总偏距 Δ 为

$$\Delta = \sqrt{\Delta a^2 + \Delta b^2} \tag{14.7}$$

故建筑物的总倾斜度 i 按式（14.2）求得，建筑物的倾角 θ 则按式（14.4）求得为

$$\theta = \arctan \frac{\Delta b}{\Delta a} \tag{14.8}$$

14.3.3　倾斜观测仪

倾斜观测仪常用的有水准管式倾斜仪、水平摆倾斜仪、气泡式倾斜仪和电子倾斜仪等。倾斜仪一般具有能连续读数、自动记录和数字传输等特点，有较高的观测精度，因此在倾斜观测中得到广泛应用。

下面简单介绍气泡式倾斜仪的使用。

如图 14.10 所示，气泡式倾斜仪是由一个高灵敏度的气泡水准管 e 和一套精密的测微器组成。

气泡水准管 e 固定在架 a 上，a 可绕 c 转动，在 a 下装一弹簧片 d，在底板 b 下放置装置 m，测微器中包括测微杆 g、读数盘 h 和指标 k。观测时将倾斜仪安置在需观测的

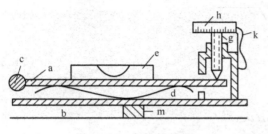

图 14.10　气泡倾斜仪

位置上，转动读数盘，使测微杆向上（向下）移动，直至水准管气泡居中为止。此时在读数盘上读数，即可得出该位置的倾斜度。

我国制造的气泡倾斜仪灵敏度为 $2''$，总的观测范围为 $1°$。气泡式倾斜仪适用于观测较大的倾斜角或量测局部地区的变形，例如测定设备基础和平台的倾斜。

为了实现倾斜观测的自动化，可采用电子水准器，如图 14.11 所示，它是在普通的玻璃管水准器的上、下方装 3 个电极 1、2、3，形成差动电容器。此电容器构成差动桥式电路图，如图 14.12 所示。设 u_0 为输入的高频交流电压，差动电容器 C_1 与 C_2 构成桥路的两臂，Z_1 和 Z_2 为阻抗，R 为负载电阻。电子水准器的工作原理是当玻璃管水准器倾斜时，气泡向旁边移动（x），使 C_1 与 C_2 中介质的介电常数发生变化，引起桥路两臂的电抗发生变化，因而桥路失去平衡，可用测量装置将其记录下来。

这种电子水准器可固定地安置在建筑物或设备的适当位置上，能自动地进行动态的倾斜观测。当测量范围在 $200''$ 以内时，测定倾斜值的中误差在 $\pm 0.2''$ 以下。

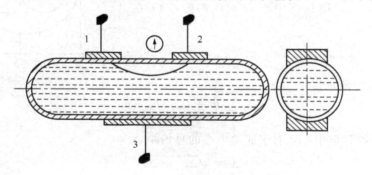

图 14.11　电子水准器

14.3.4　激光铅垂仪

激光铅垂仪是利用激光器发射激光束，使通过望远镜集射成一束可见又位于垂直位置光束的仪器，它的主要部件为氦氖激光器、发射望远镜、接收靶。

用激光铅垂仪进行倾斜观测是在顶部适当位置安置接收靶，在其垂线下的地面或地板上安置激光铅垂仪或激光经纬仪。按一定的周期观测，在接收靶上直接读取或量出顶部的水平位移量和位移方向。作业中仪器应严格置平、对中。

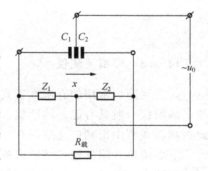

图 14.12　电容器的差动桥式电路图

当建筑物立面上观测点数量较多或倾斜变形比较明显时，也可采用近景测量的方法进行建筑物的倾斜观测。

　　建筑物倾斜观测的周期，可视倾斜速度每 1～3 个月观测一次，如遇基础附近因大量堆载或卸载，场地降雨长期积水多而导致倾斜速度加快时，应及时增加观测次数。施工期间的观测周期与沉降观测周期取得一致。倾斜观测应避开强日照和风荷载影响大的时间段。

14.4　建筑物的水平位移观测

14.4.1　建筑物水平位移观测方法

　　建筑物水平位移观测就是测量建筑物在水平位置上随时间变化的位移量。当要测定某建筑物的水平位移时，应根据建筑物的形状和大小，布设专用的各种形式的平面控制网进行水平位移观测。

　　当要测定建筑物在某一方向上的水平位移量，则可在垂直于待测的方向上建立某一基准点或一条基准线。定期测定标志偏离基准线的距离，以确定建筑物的水平位移情况。当建筑物分布较广、点位较多时，可采用控制网方法。当建筑物的位移观测的精度要求较高，可先测设高精度的控制网进行观测。

14.4.2　建立基准线的方法

　　建立基准线的方法有视准线法、引张线法、激光准直法等。

1. 视准线法

　　视准线法是由经纬仪的视准面形成固定的基准线，以测定各观测点相对基准线的垂直距离的变化情况，而求得其位移量。采用此方法，首先要在被测建筑物的两端埋设固定的基准点，以此建立视准基线，然后在变形建筑体布设观测点。观测点应埋设在基准线上，偏离的距离不应大于 2cm，一般每隔 8～10m 埋设一点，并作好标志。观测时，经纬仪安置在基准点上，照准另一个基准点，建立视准线方向，以测微尺测定观测点至视准线的距离，从而确定其位移量。

　　测定观测点至视准线的距离还可以测定视准线与观测点的偏离角度，通过计算求得，由于这些角很小，所以称为“小角法”。小角 β 的测定通常采用仪器精度不低于 $2''$ 的经纬仪，测回数不小于 4 个测回，仪器至观测点的距离 d 可用测距仪或钢尺测定，则其水平位移 Δ 值为

$$\Delta = \frac{\Delta\beta}{\rho}d \tag{14.9}$$

为了保证精度，基准点之间距离不可太近，最少要大于 30m。

2. 引张线法

　　引张线法是在两固定端点之间用拉紧的不锈钢作为固定的基准线。由于各观测点上的标尺是与建筑体固连的，所以对不同的观测期，钢尺在标尺上的读数变化值，就是该观测点的水平位移值。引张线法常用在大坝变形观测中，引张线安置在坝体廊道内，不

受外界的影响，因此具有较高的观测精度。

3. 激光准直法

激光准直法可以通过望远镜发射高精度激光束，在观测点上用光电接收器接收，用以观测建筑物的水平位移，精度高而且方便。

4. 控制点观测法

对于非线性建筑物，若受场地条件限制，建立基准线不方便，可采用精密导线法，也可利用变形影响范围以外的控制点，用前方交会法、极坐标法等方法。将每次观测求得的坐标值与前次比较，求得纵、横坐标增量 Δx，Δy，从而得到水平位移量 Δ 值为

$$\Delta = \sqrt{\Delta x^2 + \Delta y^2} \tag{14.10}$$

其精度与观测夹角精度有关。

水平位移观测的周期，对于地基不良地区的观测，可与同时进行的沉降观测协调考虑确定；对于受基础施工影响的有关观测，应按施工进度的需要确定，可逐日或隔数日观测一次，直至施工结束；对于土体内部侧向位移观测，应视变形情况和工程进展而定。

14.5　建筑物裂缝观测

14.5.1　建筑物裂缝观测的方法

由于受突发性火害或地基基础不均匀下沉的影响，建筑物往往会产生裂缝。当裂缝出现时，除要增加沉降观测的次数外，还应进行裂缝观测，以便全面了解建筑物的变形情况，监视建筑物的安全，并查明原因，及时采取必要的有效措施。

当建筑物出现多处裂缝变形时，应立即全面检查建筑物裂缝的分布情况，对裂缝进行编号，对每条裂缝进行定期观测，密切注意裂缝的位置、走向、长度、宽度等项目的发展变化状况，绘制裂缝分布图。为了系统地对裂缝变化进行观测，还需要在裂缝处设置观测标志。

14.5.2　裂缝观测的标志和常用的方法

裂缝观测的标志和常用的方法有下述三种。

1. 石膏标志

在裂缝两端抹一层石膏，宽度为 5～8cm，厚度约 1cm，长度视裂缝的大小而定，石膏干后，用红漆垂直裂缝方向绘几条红线，经一定时间，如石膏标记也出现裂缝，说明建（构）筑物的裂缝在继续发展，则定期测量红线处裂缝的宽度并作记录。

2. 铁皮片标志

如图 14.13 所示，在裂缝两侧用两块镀锌薄铁片，下边的一块稍宽大，为 200mm

×200mm；上边的一块稍短小，为 50mm×200mm；并使其中的一部分紧贴在相邻的方形铁片上，边缘相互平行，其搭接长度约 75mm，两铁片固定好后，在其表面投上红油漆，下铁片被上铁片覆盖部分仍为原来颜色。裂缝扩展时，两铁片相互位移，露出下铁片上原被覆盖没有涂漆的部分，其宽度即为裂缝加大的宽度，然后每隔一定时间观测一次，每次量取应做记录，相邻两次观测标记的距离就是裂缝变化的大小。

观测周期视裂缝大小、性质和开展速度而定。

3. 金属棒标志

如图 14.14 所示，在裂缝两侧埋设金属棒标志，标志中心有十字，作为量测间距的依据，埋设稳定后，量出标志之间的距离 d，以后定期量测并进行比较，即可了解裂缝发展情况。

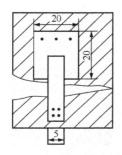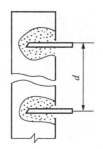

图 14.13　裂缝观测　　　　　图 14.14　建筑物的倾斜观测

裂缝观测，应详细记录观测日期、裂缝部位、裂缝尺寸（包括长宽和深度）、设置标志日期、标志编号、裂缝发展情况、观测人员姓名等。同时应附以图示，供分析研究造成裂缝的原因和制定处理方案时参考。

思考题与习题

1. 简述建筑物变形观测的意义。常规变形测量的内容有哪些？
2. 如何布设沉降观测的基准点？沉降观测布设的一般原则是什么？
3. 沉降观测资料整理有哪些具体的内容？
4. 简述如何进行建筑物的倾斜观测。
5. 建筑物是如何进行水平位移观测的？
6. 叙述裂缝观测的常用方法。
7. 试述建筑物的倾斜和位移观测有何异同点。

主要参考文献

付开隆. 2007. 现代公路测量技术 ［M］. 2 版. 北京：科学出版社.

何东坡，刘旭春. 2009. 测量学 ［M］. 北京：科学出版社.

覃辉. 2005. 土木工程测量 ［M］. 2 版. 上海：同济大学出版社.

张国辉. 2008. 土木工程测量 ［M］. 北京：清华大学出版社.

陈胜华，苏登天. 2007. 工程测量 ［M］. 北京：科学出版社.

李仕东. 2002. 工程测量 ［M］. 北京：人民交通出版社.